田伟军 易卫国 主编

烧碱生产与操作

SHAOJIAN SHENGCHAN YU CAOZUO

化学工业出版社
·北京·

图书在版编目（CIP）数据

烧碱生产与操作/田伟军，易卫国主编. —北京：
化学工业出版社，2012.10（2023.7重印）
ISBN 978-7-122-15275-6

Ⅰ.①烧…　Ⅱ.①田…②易…　Ⅲ.①烧碱生产
Ⅳ.①TQ114.26

中国版本图书馆 CIP 数据核字（2012）第 210934 号

责任编辑：王　琰　　　　　　　　装帧设计：张　辉
责任校对：宋　夏

出版发行：化学工业出版社(北京市东城区青年湖南街 13 号　邮政编码 100011)
印　　装：北京科印技术咨询服务有限公司数码印刷分部
850mm×1168mm　1/32　印张 11　字数 282 千字
2023 年 7 月北京第 1 版第 8 次印刷

购书咨询：010-64518888
售后服务：010-64518899
网　　址：http://www.cip.com.cn
凡购买本书，如有缺损质量问题，本社销售中心负责调换。

前　言

工业上将采用电解饱和 NaCl 溶液的方法来制取 NaOH、Cl_2 和 H_2，并以它们为原料生产一系列化工产品的行业，称为氯碱工业。氯碱工业是最基本的化学工业之一，其产品除应用于化学工业本身外，还广泛应用于轻工业、纺织工业、冶金工业、石油化学工业以及公用事业等。NaOH、Cl_2 和 H_2 都是重要的化工生产原料，可以进一步加工成多种化工产品，氯碱工业及相关产品几乎涉及国民经济及人民生活的各个领域。

中国的氯碱工业目前主要采用隔膜法和离子膜法两种生产工艺，近年来氯碱工业发展迅速，原有的氯碱企业纷纷扩大了生产能力，一些新的企业也相继投产，产能快速提升，氯碱工业在产量、质量、品种、生产技术等方面都得到了长足的发展，呈现出加速向规模化，高技术含量方面发展的态势。中国氯碱工业在产能迅速提升的同时，技术也获得了长足发展，规模化装置增多，装置技术水平提高。2008 年年底，我国烧碱年产量达到 1852.1 万吨，居世界第一位。2010 年，中国的氯碱产能增至 2000 万吨/年，占到全球总产能的 30% 左右。未来 5 年中国新增氯碱产能将约占全球新增产能的 70%。

本书主要阐述典型氯碱化工产品烧碱的生产技术与操作，全书共分三篇，第一篇隔膜法电解，着重介绍金属阳极电解槽电解工艺，包括盐水精制、隔膜法电解和氯氢处理。第二篇离子膜法制碱，介绍了当今最先进的制碱工艺离子膜制碱技术，包括盐水的二次精制、离子膜法电解原理及离子膜电解槽的生产操作。第三篇电解产品加工重点介绍了液氯、盐酸和液体烧碱的生产工艺。本书绪论部分由湖南化工职业技术学院易卫国编写，第一篇由湖南化工职业技术学院田伟军、李志松编写，第二篇由湖南化工职业技术学院周国娥、田伟军编写，第三篇由湖南化工职业技术学院周国娥、黄铃和李志松编写，中盐湖南株洲化工集团有限公司烧碱厂的伍焕、钟君、罗剑翔对本书的编写提出了宝贵意见，全书由田伟军、易卫国负责统稿。本书内容较为丰富，通俗易懂，可读性较强，力求贯彻理论与实际相结合的原则，既对基本概念基本原理作了详细阐述，更注重实际操作技能的培养和实际问题的解决，加强了课本知识与生产现场需求的联系。本书可作为烧碱生产人员的培训教材，也可作为专业技术人员的参考用书。

在本书编写过程中得到了编者所在单位湖南化工职业技术学院领导和同事们的关心和帮助，同时也得到了中盐湖南株洲化工集团有限公司等社会同仁的大力支持，在此特表谢意。由于编者水平有限，加之时间仓促，书中的错误及不妥之处在所难免，恳请各位专家及使用本书的广大读者批评指正。

编　者

2012 年 8 月

目　　录

第一篇 隔膜法电解

绪　论

氯碱工业是基础原材料工业，与国民经济各领域关联度大，其烧碱及众多氯产品广泛用于农业、石油化工、轻工、纺织、建材、电力、冶金、国防军工、食品加工等国民经济各领域，在中国经济发展中起着举足轻重的作用。近 20 年来，随着国民经济稳定快速发展，国内外政治、经济形势变化和下游消费结构改变，中国氯碱工业保持了较快的增长速度。"十一五"期间，中国主要氯碱产品——烧碱、液氯、聚氯乙烯等产能均跃居世界首位，已成为世界氯碱生产大国。但在快速发展过程中，随着经济全球化，特别是中国加入 WTO 后，国内市场国际化、国际竞争国内化趋势加快，中国氯碱行业和企业正面临更多的机遇和挑战。虽然中国已经成为世界氯碱生产和消费大国，但要真正成为世界氯碱工业强国，仍有许多制约因素。比如，竞争环境的变化，能源、原材料的制约，规模布局的不足，品种结构的落后，以及环保压力等，这些发展中的问题需要全行业和各企业认真思考并加以解决。

第一节　氯碱工业概况

一、中国氯碱工业概况

我国第一家氯碱厂是上海天原化工厂，于 1930 年正式投产，采用爱伦-摩尔（Allen-Moore）式电解槽，电容量 1500A，日产烧碱 2t。氯产品有盐酸（以石英管合成炉生产）和漂白粉，日产各约 3t。抗日战争爆发，上海被日本侵略者占领，天原化工厂迁往重庆。其后，1932 年河南巩县、1935 年太原、沈阳、汉沽、大沽、青岛等地相继建立了一些氯碱厂。1949 年全国烧碱产量只有 $1.5 \times$

10^4t，氯产品仅有盐酸、漂白粉、液氯、氯化钾等少数品种。新中国成立后氯碱工业在产量、品种和生产技术等方面都得到了很大发展，而且从科研、设计到生产，形成了一个完整的工业体系。1951年锦西化工厂日产 10t 的西门子隔膜电解槽装置建成投产，次年该厂又建立国内第一套水银电解槽且投产。不久在上海天原化工厂试制成功第一台立式吸附隔膜电解槽，与旧电解槽相比，单槽产量可提高 10 倍、电耗可降低 23％。1974 年该厂建成了我国首批 40 台 30m^2 的金属阳极隔膜电解槽，这种新型电解槽容量大、产量高、运行周期长，与石墨阳极隔膜电解槽相比，单槽产量可提高 1 倍、电耗可降低 13％。近年来，我国还引进了离子交换膜电解槽生产线，同时由原化工部组织的离子交换膜技术攻关已取得了可喜成绩，国产离子交换膜电解槽也已投入工业生产。

氯碱产品的品种从新中国成立初期的盐酸、液氯、漂白粉等几种，到目前已经发展到上千种。作为氯碱工业的主要产品之一，烧碱产量的增长在一定程度上反映出了我国氯碱工业的发展速度。产量的飞跃离不开生产工艺技术的革新以及装备的升级换代，60 年来，我国烧碱生产工艺发生了很大变化，从新中国成立初期的苛化法、隔膜电解法、水银电解法、立式吸附隔膜电解法，到 20 世纪70 年代的金属阳极隔膜电解法，再到后来的离子交换膜法，我国一直在探索先进的烧碱生产工艺。20 世纪 70 年代中期，离子交换膜制碱技术开始在世界上广泛应用。我国自 1985 年引进首套离子膜生产装置以来，离子膜烧碱发展突飞猛进。1993 年 7 月，我国第一套国产化离子膜烧碱装置在河北沧州化工厂一次试车成功，结束了我国离子膜烧碱生产技术完全依赖引进设备的被动局面。今天，我国离子膜法烧碱产量已经占到了烧碱总产量的 60％以上，国产装置也撑起了离子膜烧碱产能的"半边天"。目前国内烧碱生产方法主要有隔膜法和离子膜法，隔膜法流出电解槽的电解液含 NaOH 为 10％～12％，经蒸发除盐后可得到 30％、42％、45％、50％的商品液碱；水银法可在解汞塔直接得到 45％～50％的液碱；

离子交换膜流出电解槽的液碱浓度可达 30％以上；苛化法生产的稀碱液经澄清、蒸发可得到 42％的液碱。以上四种生产方法生产的液碱经蒸发后生产固体烧碱的产品纯度分别是：隔膜法 96％、苛化法 98％、水银法 99.5％、离子交换膜法 98％。

二、生产能力

氯碱工业在我国国民经济中占有重要地位，近年来由于市场的竞争日益激烈，我国各氯碱企业为了提高自身的竞争力，纷纷扩大了烧碱装置规模。目前我国的烧碱企业有 200 多家，装置规模普遍较小，生产能力超过 100kt/a 的生产企业只有 24 家，见表 0-1。截止 2008 年年底，我国烧碱年产量达到 18521kt，居世界第一位。

表 0-1　我国烧碱主要生产厂家及生产能力　单位：kt/a

序号	单位名称	生产能力
1	齐鲁石化股份有限公司氯碱厂	500
2	上海氯碱化工股份有限公司	450
3	江苏泰兴新浦化学有限公司	450
4	天津大沽化工责任有限公司	410
5	浙江巨化股份有限公司电化厂	400
6	锦化化工(集团)责任有限公司	300
7	天津渤海化工(集团)公司天津化工厂	280
8	江苏常州江东化工股份有限公司	260
9	山东恒通化工股份有限公司	250
10	宜宾天原集团有限公司	200
11	沈阳化工股份有限公司	180
12	青岛海晶化工集团有限公司	180
13	中盐株洲化工集团有限责任公司	180
14	北京化工股份有限公司	160
15	江西电化厂	140
16	太化股份有限公司氯碱分公司	140
17	自贡鸿鹤化工股份有限公司	130
18	安徽氯碱化工集团有限责任公司	120
19	福建省东南电化股份有限公司	120
20	江苏化工农药集团有限公司	110
21	岳阳石油化工总厂环氧树脂厂	110
22	武汉葛化集团有限公司	100
23	无锡化工集团股份有限公司	100
24	杭州电化集团有限公司	100

目前烧碱的生产几乎全部采用电解食盐水的方法，每生产 1t 烧碱联产 0.88t 氯气。随着离子膜法新装置的普及，造成严重环境污染的水银法已停止生产，苛化法的产量也相当少。

随着生产能力的不断扩大，近年来烧碱的产量也不断增加，2002 年全国烧碱产量达 8089kt，为历史最高纪录。截至 2006 年年底，全国共有烧碱生产企业 220 余家，全国烧碱产能为 17610kt/a，产量 18100kt/a 超过美国跃居世界第一，2006 年全国新建、扩产烧碱产能 3940kt/a，当年实际投产 2900kt/a，增幅约为 20%。产量排在前 40 名的氯碱企业中，有 17 家产量增长幅度超过全国平均水平，其中宁夏西部氯碱增幅最高，达到了 303.83%。西北地区的烧碱产量增速最快，全年产量同比增加 51.9%，华东和西南地区产量增幅也较大，分别为 22.9% 和 22.3%，高于全国平均水平。与此同时，下游产业的发展将影响到中国氯碱市场的供求平衡。2011 年 11 月份，我国生产烧碱（折 100%）1990kt，同比增长 6.45%。中商情报网数据显示，2011 年 1~11 月，全国烧碱的产量达 22638.7kt，同比增长 15.44%。离子膜法烧碱的产量达 13740kt，同比增长 14.94%，占全国总产量的 60.68%。2011 年底我国烧碱装置总能力达到 34121kt/a，2012 年又将有超 8000kt 烧碱装置计划投产，预计截止 2012 年底，我国烧碱产能将突破 40000kt/a。中国的 PVC 进口量占消费总量的比例，已从 20 世纪 90 年代末的 50% 下降至目前的低于 25%。这将促使向中国出口 PVC 的供应商将目标转向世界其他地区，从而将影响全球各个地区的氯市场供求平衡。化工、轻工和纺织是烧碱消费的主要行业，每年消费的烧碱约占总产量近 80%，其发展情况将很大程度上决定烧碱消费量的增长情况。另外，医药、精细化工、有色金属和环保等行业也是烧碱重要消费行业，近年来其发展速度较快，对烧碱的需求日益增加。受下游消费持续增长的影响，烧碱行业的产能和产量仍将保持较快增长，其产品的出口量也迅猛增长，见图 0-1。

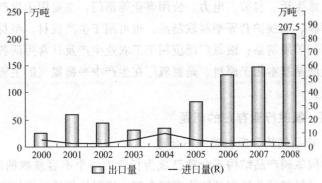

图 0-1　烧碱出口增长迅猛，国际化程度逐步提高

三、我国氯碱工业的特点

1. 原料易得

氯碱原料有井矿盐、海盐、卤水和精盐。

2. 能源消耗量大

氯碱工业耗电量仅次于电解铝，在发达国家的化学工业中，94%的电能用于氯碱工业和铝的电解。我国氯碱生产耗电量约占整个化学工业总用电量的 10%左右，占全国工业总用电量的 2%左右。按目前国内生产水平，每生产 1t 100%烧碱需耗电 2580 度，耗汽 5t，总能耗折标煤 1.815t。

3. 氯与碱的供求平衡问题较突出

电解盐水溶液时，按固定质量比例（1:0.88）同时产出烧碱和氯气两种产品。在一个国家和地区，对烧碱和氯气的需求量不一定符合这个比例。目前我国氯碱工业的主要产品有烧碱、聚氯乙烯、液氯和盐酸。其中烧碱是重要的基本无机化工原料，广泛应用于轻工、化工、纺织、医药、冶金、电力等领域；聚氯乙烯是五大通用树脂之一，仅次于聚乙烯，占世界合成树脂总消费量的 29%，是重要的石油化工产品，同时又是主要的耗氯产品，我国氯碱工业副产氯气的 22%～24%用于生产 PVC（美国 38%～40%的氯气用于 PVC 生产，日本约为 30%）。PVC 广泛应用于轻工、建材、农业、日常生活、包装、电力、公用事业等部门，主要用于生产人造革、薄膜、电线护套等塑料软制品，也可用于生产板材、型材、管材、阀门等硬制品；液氯广泛应用于工农业生产及日常生活各个领域；盐酸是基本化工原料，是氯碱厂在生产中平衡氯气的主要无机氯产品。

四、氯碱行业存在的问题

1. 产品结构和原料路线不合理

中国氯碱产品结构不合理已成为行业内一个不容忽视的问题。目前我国氯碱行业氯产品结构不够合理，低附加值的无机氯产品比例过大，高附加值的有机氯产品比例较小，高档产品、专用产品、深加工产品、高附加值产品，特别是对氯碱工业发展具有重要意义的精细化工产品普遍存在比例较小、开发力度不够的现象，很多企业的氯产品还停留在盐酸、液氯及电石法 PVC 上。行业目前面临的突出问题是一方面有机氯产品需求增长较快，每年需大量进口；另一方面大批氯碱企业或以合成盐酸、液氯等初级无机产品平衡氯，或以落后的生产技术和原料路线以及极小的规模生产 PVC 等大宗有机氯产品，产品缺乏竞争力。导致这种局面的主要原因是长期以来我国氯碱工业与石油化工各自为政，割裂发展，未能真正做到统筹规划。发达国家的经验表明，氯碱下游产品的发展必须与石油化工相结合，相互依存，PVC 等大宗氯产品要注重发挥规模效益优势。目前发达国家的大型氯碱生产装置几乎都有大型石油化工装置依托，石化装置向氯碱装置提供充足价廉的乙烯、丙烯和芳烃等原料，保证氯碱装置具备合理的经济规模，使氯碱产品具有非常强的竞争力。

事实证明，参与国际竞争不只是某单一产品的竞争，而是企业的氯碱平衡及总体产品的竞争。我国氯碱行业由于没有大型乙烯装置的支持，原料来源受到很大限制，PVC 等有机氯产品的发展受到严重制约。目前国内氯碱企业生产 PVC 与石油化工原料配套的装置不多，仅有上海氯碱、齐鲁石化、北京化二、天津大沽化等少

数几家企业。截止 2000 年底完全乙烯氧氯化工艺的 PVC 生产能力
（不包括使用进口单体聚合的装置能力）只占总能力的 33％，大多
数企业仍采用国外早已淘汰的电石乙炔法工艺，生产成本高、污染
严重，与进口产品相比缺乏市场竞争力。

　　2. 技术水平相对落后，盐耗高于国外先进水平

　　多年来我国烧碱生产为几种工艺并存，即离子膜法、隔膜法
（石墨阳极和金属阳极）以及水银法等。近年来，电解工艺技术发
展迅速，污染严重的水银法已被完全淘汰，离子膜法和金属阳极隔
膜法占据了主导地位。其中石墨阳极隔膜法装置已有所减少，但目
前全国仍有 400kt/a 左右的生产能力。石墨阳极隔膜法能耗高、污
染重，国外早已淘汰，因此完全淘汰石墨阳极法装置是非常必要
的。国外离子膜法烧碱的盐耗一般在 1.5t 以下，国内盐耗一般在
1.55～1.60t，有些厂甚至高达 1.67～1.76t。因此，要加快氯碱生
产和配套设备研发，开发先进的国产离子交换膜，降低能耗和盐
耗，降低成本。

　　耗氯精细化工产品属于技术密集型产业，由于其技术开发周期
长，科研投入大，也在一定程度上成为资金密集型行业。由于精细
化工产品的技术垄断性极强，所以发展精细化工产品必须两条腿走
路，一方面不能忽视国外的新技术发展状况，同时还必须高度重视
自身的技术开发。国外各大精细化工企业为了取得技术的垄断和技
术的领先，在科研的资金投入上一般占销售收入的 5％～10％。许
多精细化工产品的技术和设备被世界少数几家公司垄断，在这些产
品未进入衰退期前，一般只销售产品，不会转让核心技术，比如市
场前景看好的氯化聚氯乙烯产品，其生产技术被美、日、德等国的
公司垄断，并建立了完整的应用体系。而且高附加值的氯化聚丙
烯、氯化橡胶等精细化工产品的核心技术也基本被垄断。

　　3. 氯碱供求不均衡

　　氯碱生产过程中，电解原盐水溶液按固定质量比例（1∶0.88）
会同时产出烧碱和氯气，但实际市场对烧碱和氯气的需求却不一定

符合这一比例，因此就出现了烧碱与氯气的平衡问题，这始终是世界各国氯碱行业发展中首要解决的问题。从"八五"后期开始，我国碱和氯需求不均衡问题逐步显现，市场对氯产品的需求增长速度明显高于对烧碱需求的增长速度。1996年后氯碱行业碱和氯不平衡的矛盾进一步激化，一方面为保护环境，国内限期关停了规模在5kt/a以下的小造纸厂和小印染厂等重污染企业，此举使国内烧碱年消费量减少了300～400kt/a，同时，国际市场烧碱价格低迷，我国烧碱的传统出口地区东南亚进口量减少，使我国的出口受到很大影响。国内外多方面的原因使得近几年国内烧碱市场竞争十分激烈，销售非常困难。另一方面，国内对氯产品的需求却保持了较快的增长速度，由于国内生产远不能满足需要，不得不大量进口氯产品，并且这种趋势有逐年增加的倾向。

4. 能源供应紧张，电力费用占成本比例较高

在我国经济发展中，电力、石油、天然气、煤炭等能源供应一直较为紧张，另外受运力、国际政治、经济环境的影响，我国能源价格总体已呈现上涨趋势。氯碱工业是能源密集型产业，属于高能耗的基本化工原料工业，电力供应和电价对氯碱产品的生产成本影响很大。今后我国能源发展政策及价格的走势将会决定氯碱工业发展速度和生存环境。此外，盐等主要原材料以及运输，也会对氯碱工业发展带来影响。近几年电力等涨价导致氯碱产品生产成本增加，直接影响了氯碱行业的经济效益。目前我国烧碱平均电价水平为0.43元/（kW·h），电力费用成本占烧碱总生产成本的比例约为60%，高于发达国家30%～40%的比例。

5. 厂点多且布局不合理，环保压力大

目前，我国中小氯碱企业偏多，有些地区一个中小城市并存2～3家氯碱厂，而且规模较小，总体分布呈现东多西少。从今后发展趋势看，这样的状况如得不到合理调整，会对中国氯碱工业总体竞争力的提高带来不利影响。国际上现已实施了蒙特利尔议定书，同时，我国签约了POPS公约，又重新制定了排污收费标准，这些

与氯碱行业都有着密不可分的关系。在环保要求上无形中给氯碱行业增添了更多的压力。我国氯碱生产中"三废"综合治理和利用，与各种政策、条款存在一定差距，如何按照可持续发展及循环经济的要求提升企业水平很关键。我国氯碱行业存在企业规模小且分散、电价偏高、工业盐质量差与供应垄断等问题。在能源价格持续走高的情况下，氯碱企业要通过节能减排等活动增强抗风险能力。氯碱工业是耗盐大户，应把节约原盐资源放在降低物耗的首位。氯产品链的延伸和扩展是氯碱企业收益和发展的原动力，氯产品的发展推动烧碱产能不断扩容。

五、氯碱行业发展趋势

长期以来，我国氯碱行业产业集中度低，存在企业规模小且分散、电价偏高、工业盐质量差与供应垄断等问题，这些问题一直是制约我国氯碱行业发展的瓶颈。同国外大型氯碱巨头相比，我国氯碱企业在成本控制、规模效应以及国际影响等方面均存在一定差距，尤其是受金融风暴冲击，企业抗风险能力较差的弊端显露无遗。

随着氯碱工业的快速发展，我国氯碱企业的生产能力也在不断增加。据中国氯碱网的统计资料显示，截止2008年年底，国内烧碱生产企业中规模在年产500kt以上的企业共8家，占总产能12%，聚氯乙烯生产规模在500kt以上的企业4家，其中天津大沽化工股份有限公司年产量达到800kt，部分具有实力的企业将"百万吨"列入企业的中长期发展规划中。除了企业依靠自身的资金、技术实力进行扩张外，通过上下游行业企业间以及同行业内企业间的联合也将实现企业壮大自身规模并放大优势的作用。作为产业链中最重要一环的氯碱企业来说，未来的发展将在逐步的两极分化中实现产业升级。一方面，优势企业通过不断的技术革新增强自身"质"与"量"综合实力的提升；另一方面，随着国家节能环保政策的不断推进，淘汰落后产能的步伐不断加快，行业内生产技术落后、环保要求不达标的企业将被淘汰，而一些优势企业将以其特有的资源优势、区位优势在行业内独树一帜。

在能源价格持续走高的情况下，氯碱企业要通过节能减排等活动增强抗风险能力。氯碱工业是耗盐大户，应把节约原盐资源放在降低物耗的首位。氯产品链的延伸和扩展是氯碱企业收益和发展原动力，氯产品的发展推动烧碱产能不断扩容。能源及原材料是影响烧碱市场的两个主要因素。未来的市场竞争主要在于成本的竞争，提高技术水平，实现规模经营，进一步降低成本是企业提高竞争力的重要途径。伴随着近几年中国氯碱行业的跨越式发展，无论从产能到实际产量，我国已成为名副其实的"氯碱大国"，只有在规模大、竞争力强的大型氯碱生产企业的带动下，依靠自身比较优势的特色企业拉动，我国氯碱行业才能真正实现由"大"向"强"的跨越式发展。

首先，要积极推动企业结构调整，抓大放小，择优扶强。国家产业政策要向有优势的大中型骨干企业倾斜，努力实现上下游一体化，与国外大公司抗衡；中小企业应注意发挥自身优势，以氯碱为基础发展精细化工产品，形成特色产品，提高行业集中度；其次，积极推动氯产品结构调整，实现氯碱产品由低附加值向高附加值转变。通过技术引进和自主开发，填补国内空白，努力增加有机氯产品比例；再次，要提高生产技术水平。氯碱工业发展，会带动许多相关工业发展。应支持骨干企业实施技改，淘汰落后工艺和技术，鼓励采用国产化离子膜生产技术、金属阳极节能改造技术。加大离子膜科研攻关和引进技术消化吸收工作力度，努力降低能源及原材料消耗水平，做好"三废"综合治理工作。

氯碱工业的主要原料是原盐，目前，企业原盐来源以海盐和湖盐为主，部分采用井矿盐。电力成本在总量中占有很大比例，廉价盐和供电已成为降低烧碱成本的有效保证。因此，应大力提倡盐碱结合和碱电直供。另一方面，要重视卤水资源的开发利用。有条件的企业，要由目前的半卤制碱逐步向全卤制碱过渡。最后，要促进氯碱与石油化工联合。氯碱企业与石油化工联合，可以更好利用资源优势，发展多种上规模耗氯耗碱及耗氢产品，这种发展模式可促使我国聚氯乙烯生产大型化、主要产品生产基地化、资源配置合理化、经营国际化，以最少的资金投入取得最大效益。现有氯碱企业要通过各种方式与石化企业联合，重点发展沿海及长江中下游等发达地区氯碱与石油化工相结合的大型聚氯乙烯基地，同时积极与国外大公司在氯产品方面的合资合作。

从我国一次能源消费结构可看出，目前国内生产能源消费仍以火电（煤炭发电）为主。因此，煤资源丰富的区域为电力生产提供了原料保证。可见，盐资源与煤资源是氯碱工业的必备基础。我国盐资源主要以海盐、矿盐与湖盐方式存在，海盐主要集中于东部沿海地区，尤以环渤海地区的山东为主，其他矿盐与湖盐资源主要集中在国家中西部，特别是西部地区。相比较，煤矿资源较为集中的分布区域主要以西北地区为主，此外西南地区与华北地区也拥有相对丰富的煤炭资源。作为主要的基础化工原料，液氯与烧碱是氯碱行业的两大主要产品。但现实中，氯碱企业很少以销售液氯与烧碱作为企业发展的产品定位，这主要出于提升氯碱企业竞争力角度所作出的选择。因此，产业链延伸是氯碱企业的必由之路。由于液氯与烧碱的广泛用途，氯碱企业的产业链延伸也相应表现出多样化特征。整体上，氯碱企业的产业链延伸主要表现为两大类方式：综合协作模式和单体规模形式。综合协作模式立足于液氯与烧碱配套项目的考虑，通过自身的配套项目建设与化工园区及其他化工企业综合合作方式实现氯碱产业的液氯与烧碱的综合利用；而单体规模形式则立足于氯碱下游的规模产品以企业自身规模生产实现企业自身的利益最大化。现实中，综合协作模式有精细化工模式、两碱联合模式、园区综合配套模式、氯硅氟联合模式等，而 PVC 的巨大市场容量使单体规模形式更多地表现在 PVC 的生产企业上。园区综合配套模式充分利用危险品（液氯原料）运输的特征，同时又要考虑中小规模氯碱企业自建液氯下游延伸产业的不经济性，因此化工园区综合配套模式成为氯碱企业发展的又一重要选择。通过园区综合配套项目建设，在园区内部实施资源、能源闭路循环非常有成效且具有可操作性。如上海化学工业园区、江苏泰兴化学工业园区及规划建设的淮安盐化工业园区表现较为突出。泰兴化学工业园区以园区内龙头企业新浦化学工业（泰兴）有限公司300kt/a离子膜烧碱装置为依托，吸引众多企业进入园区，消耗氯碱装置生产出的氯气、烧碱、盐酸和氢气等。目前泰兴精细化工园区中60％以上的企业需要新浦氯碱装置生产的产品。氯硅氟联合模式。甲烷氯化物是氯碱产业下游延伸的重要产品之一，而作为新型产业的有机氟与号称"工业味精"的有机硅的主要原料之一便是甲烷氯化物。因此，以氯碱装置为依托向下延伸进行有机氟与有机硅的产业开发也是重要的氯碱产业拓展趋势之一。在这一点上，国内已有部分企业取得了实效，如浙江巨化集团公司、江苏梅兰化工集团、山东东岳化工有限责任公司、自贡鸿鹤化工股份有限公司等。浙江巨化集团公司建有100多套化工生产装置，共有19大类200多种产品，包括煤化工制氨、尿素、甲醇及甲醛，氯碱化工制盐酸、烧碱、氢气、聚氯乙烯、偏氯乙烯、甲烷氯化物，氟化工制氟化工基础原料、氟聚合物，以及制药、颜料、硫酸、复合肥、己内酰胺等，同时还有自备热电、供水和污水处理装置等。此外，我国西部地区能源丰富，尤其煤炭与天然气储量丰富，但下游精细化工欠发达，产业结构以农业为主，因此相关氯碱企业应充分利用区域优势开发独特的西部发展模式。

促进氯碱企业与石油化工联合，可以更好利用资源优势，发展多种上规模耗氯耗碱及耗氢产品，这种发展模式可促使我国聚氯乙烯生产大型化、主要产品生产基地化、资源配置合理化、经营国际化，以最少的资金投入取得最大效益。氯碱工业与石油和天然气工业有着相互依存的关系，我国由于历史的原因和各行业、部门分别管理的体制，造成三者脱节的现状。氯碱工业要有效地发展有机氯产品，没有充足的石油、天然气化工原料供应是无从谈起的，再则氯气得不到平衡，氯碱工业的持续发展也会受阻。对于石油工业，石油钻井、石油炼制和加工都需要烧碱，例如：大庆油田为稳定年产原油 50000kt 实施三次采油技术所需特殊助剂，2010 年消耗烧碱约 700kt。建议国家石油化工新建项目中，适当安排与氯碱建设相结合；靠近石油化工企业的大型氯碱企业，与石油化工集团实行"强强联合"组建世界级大型石化氯碱股份集团公司，这样从能源和原料供应上可以相辅相成，以使我国氯碱工业的发展走上与石油化工和天然气化工相结合的道路。发达国家的大型石油化工装置几乎都伴有大型氯碱生产装置，石油化工装置提供的乙烯、丙烯、丁二烯、苯、甲苯、二甲苯等与氯碱工业的氯反应生产出大量有价值的有机氯产品，由于原料充足且价廉，装置具备经济规模，使产品具有较强的竞争力。可见氯碱化工与石油化工相结合是市场竞争规律的体现，氯碱化工以石油化工为依托，石油化工发展以氯碱化工为方向，相互融合，相互促进，向大型集中化发展。

第二节　烧碱的性质与用途

一、烧碱的物理性质

氢氧化钠（NaOH），俗称烧碱、火碱、苛性钠，常温下纯的无水氢氧化钠为白色半透明结晶状固体，具有强腐蚀性。固体氢氧化钠熔点为 318.4℃，有吸水性，在空气中易潮解，可用作干燥剂，但不能干燥二氧化硫、二氧化碳和氯化氢等气体。氢氧化钠易溶于水，溶解度随温度的升高而增大，溶解时放出大量的热，288K 时饱和溶液浓度可达 16.4mol/L，其水溶液无色，有涩味和滑腻感，呈强碱性，可使无色的酚酞试液变成红色，或使 pH 试纸、紫色石蕊溶液等变蓝，有强烈的腐蚀性，对纤维、皮肤、玻璃、陶瓷等有腐蚀作用。氢氧化钠还易溶于乙醇、甘油，但不溶于乙醚、丙酮、液氨等。市售烧碱有固态和液态两种：固体烧碱呈白色，有块状、片状、棒状、粒状，质脆；纯液体烧碱为无色透明溶液。

二、烧碱的化学性质

氢氧化钠能与无机酸发生中和反应产生大量热，生成相应的盐类；与金属铝和锌、非金属硼和硅等反应放出氢气；与氯、溴、碘等卤素发生歧化反应。能从水溶液中沉淀金属离子成为氢氧化物；能使油脂发生皂化反应，生成相应有机酸的钠盐和醇。

1. NaOH 是强碱，具有碱的一切通性

在水溶液中电离出大量的 OH^-

$$NaOH \Longrightarrow Na^+ + OH^-$$

能和酸反应

$$NaOH + HCl \Longrightarrow NaCl + H_2O$$

能和一些酸性氧化物反应

$$2NaOH + CO_2 \Longrightarrow Na_2CO_3 + H_2O$$

能和铝反应

$$2Al + 2NaOH + 6H_2O \Longrightarrow 2NaAl(OH)_4 + 3H_2 \uparrow$$

能制取弱碱

$$NaOH + NH_4Cl \Longrightarrow NaCl + NH_3 \cdot H_2O$$

能和某些盐反应

$$2NaOH + CuSO_4 \Longrightarrow Cu(OH)_2 \downarrow + Na_2SO_4$$

2. NaOH 具有很强的腐蚀性

浓的氢氧化钠溶液溅到皮肤上，会腐蚀表皮造成烧伤。尤其是溅到黏膜，可产生软痂，并能渗入深层组织，灼伤后留有瘢痕。它对蛋白质有溶解作用，有强烈刺激性和腐蚀性。氢氧化钠粉尘刺激眼和呼吸道，溅入眼内，不仅损伤角膜，而且可使眼睛深部组织损伤，严重者可致失明；误服可造成消化道灼伤、绞痛、黏膜糜烂、呕吐血性胃内容物、血性腹泻，有时发生声哑、吞咽困难、休克、消化道穿孔，后期可发生胃肠道狭窄。由于强碱性，对水体可造成污染，对植物和水生生物造成危害。

三、烧碱的标准

工业用氢氧化钠应符合国家标准 GB 209—2006（表 0-2），工

业用离子交换膜法氢氧化钠应符合国家标准 GB/T 11199—89，食用氢氧化钠应符合国家标准 GB 5175—85，化纤用氢氧化钠应符合国家标准 GB 11212—89。

四、烧碱的用途

烧碱在国民经济中有广泛应用，许多工业部门都需要烧碱。使用烧碱最多的部门是化学药品的制造，其次是造纸、冶炼、合成纤维和制皂。另外，在生产染料、塑料、药剂及有机中间体，旧橡胶的再生，制金属钠、水的电解以及无机盐生产中，制取硼砂、铬盐、锰酸盐、磷酸盐等，也要使用大量烧碱。烧碱在化学实验中，除了用做试剂外，由于其具有很强的吸湿性，还可用做碱性干燥剂。烧碱的具体用途如下。

① 精炼石油　石油产品经硫酸洗涤后，还含有一些酸性物质必须用氢氧化钠溶液洗涤，再经水洗，才能得到精制产品。

② 印染　主要用于靛系染料、醌系染料。还原染料染色过程中要先用烧碱溶液和保险粉将其还原为隐色体酸，染色后再用氧化剂氧化成原来的不溶性状态。棉织品用烧碱溶液处理后，能除去覆盖在棉织品上的蜡质、油脂、淀粉等物质，同时能增加织物的丝光色泽，使染色更均匀。

③ 纺织纤维　棉、麻纺织物用浓氢氧化钠溶液处理以改善纤维性能。人造纤维如人造棉、人造毛、人造丝等，大都是黏胶纤维，它们是用纤维素（如纸浆）、氢氧化钠、二硫化碳（CS_2）为原料制成黏胶液，经喷丝、凝结而制得。首先要用 18％～20％烧碱溶液浸渍纤维素，使之成为碱纤维素，然后将碱纤维素干燥、粉碎，再加二硫化碳，最后用稀碱液把磺酸盐溶解，便得到黏胶液，经过滤、抽真空就可用以抽丝了。

④ 造纸　造纸的原料是木材或草类植物，这些植物里除含纤维素外，还含有相当多的非纤维素（如木质素、树胶等）。氢氧化钠用于脱木质素，只有脱除了木材中的木质素，才能得到纤维。加入稀的氢氧化钠溶液可将非纤维素成分溶解而分离，从而制得以纤

维素为主要成分的纸浆。

⑤ 化工及化学试剂　在化学工业中，制金属钠、电解水都要用烧碱。许多无机盐的生产，特别是制备一些钠盐（如硼砂、硅酸钠、磷酸钠、重铬酸钠、亚硫酸钠等）都要用到烧碱，合成染料、药物以及有机中间体等也要用到烧碱。

⑥ 橡胶、皮革　首先由氢氧化钠与石英矿（SiO_2）反应制成水玻璃（$Na_2O \cdot mSO_2$），其次水玻璃和硫酸、盐酸、二氧化碳反应制成沉淀白炭黑（二氧化硅）。旧橡胶回收中用氢氧化钠溶液对胶粉进行预处理，然后进行后续加工。用于制革废液循环利用工艺，在现有膨胀工序的硫化钠水溶液浸泡处理和加入石灰粉浸泡处理两步骤之间，使用30%氢氧化钠溶液处理，使皮纤维充分膨胀，满足工艺要求，提高半成品质量。

表 0-2　工业用氢氧化钠国家标准 GB 209—2006

项　目	IL-IT						IL-DT					IL-CT		
	I			II			I			II		I		
	优等品	一等品	合格品	优等品	一等品	合格品	优等品	一等品	合格品	一等品	合格品	优等品	一等品	合格品
氢氧化钠（以 $NaOH$ 计,质量分数)/%	45.0			30.0			42.0			30.0		45.0		42.0
碳酸钠（以 Na_2CO_3 计,质量分数)/%	0.2	0.4	0.6	0.1	0.2	0.4	0.3	0.4	0.6	0.3	0.5	1.0	1.2	1.6
氯化钠（以 $NaCl$ 计,质量分数)/%	0.02	0.03	0.05	0.005	0.008	0.01	1.6	1.8	2.0	4.6	5.0	0.7	0.8	1.0
三氧化二铁（以 Fe_2O_3 计,质量分数)/%	0.002	0.003	0.005	0.0006	0.0008	0.001	0.003	0.006	0.01	0.005	0.008	0.01	0.02	0.03

⑦ 冶金、电镀　在冶金工业中，往往要把矿石中的有效成分转变成可溶性的钠盐，以便除去其中不溶性的杂质，因此常需加入

纯碱，有时也用烧碱。在铝的冶炼过程中，所用的冰晶石的制备和铝土矿的处理，都要用到纯碱和烧碱。烧碱在五金电镀中作为电镀溶液，起导体作用。

⑧ 其他方面的作用　烧碱在陶瓷的烧制过程中作为稀释剂，烧制好的陶瓷表面会有划痕或很粗糙，用烧碱溶液清洗后，使陶瓷表面更加光滑。烧碱在仪器工业用作酸中和剂、脱色剂、脱臭剂。胶黏剂工业用作淀粉糊化剂、中和剂。还可作柑橘、桃子等的去皮剂及脱色剂、脱臭剂等。

第三节　烧碱的工业生产方法

工业上生产烧碱有电解法和苛化法，电解法又分隔膜电解法、水银电解法和离子膜电解法，分述如下。

一、隔膜电解法

所谓隔膜电解法是指在阳极与阴极之间设置隔膜，把阴、阳极产物隔开的电解方法。隔膜是一种多孔渗透性隔层，它不妨碍离子的迁移和电流通过并使它们以一定的速度流向阴极，但可以阻止OH^-向阳极扩散，防止阴、阳极产物间的机械混合。隔膜法电解是目前电解法生产烧碱最主要的方法之一，工业上应用较多的是立式隔膜电解槽。阳极用石墨或金属，阴极用铁丝网或冲孔铁板。当输入直流电进行电解后，食盐水溶液中的部分氯离子在阳极上失去电子生成氯气并逸出。阳极溶液中剩下的钠离子随溶液一同向阴极迁移，阴极的电解液中的氢离子在阴极得到电子生成氢气自电解槽阴极室逸出。由于氢离子不断放电析出氢气，从而进一步促使水电离。溶液中所剩的氢氧根离子与钠离子结合形成氢氧化钠溶液，与未电解的氯化钠溶液一起不断自电解槽中排出。新盐水不断得到补充，在电解槽的阳极室进行连续生产。除去杂质后中性的饱和食盐水溶液在隔膜电解槽中进行电解生成氢氧化钠和氯气，主要反应如下。

在阳极上的反应 $2Cl^- - 2e \stackrel{}{=\!=\!=} Cl_2\uparrow$ (0-1)

在阴极上的反应 $Na^+ + e \stackrel{}{=\!=\!=} Na$ (0-2)

$$2NaCl + 2H_2O \stackrel{}{=\!=\!=} 2NaOH + H_2\uparrow + Cl_2\uparrow \quad (0-3)$$

饱和食盐水溶液经电解后得到的电解液中含有 $110\sim130g/L$ 的氢氧化钠，$180\sim200g/L$ 的氯化钠。电解液经蒸发浓缩，将溶液中的氯化钠分离出去，经蒸发浓缩后得到30%或42%的商品液体烧碱。继续将碱液浓缩到45%，送入固碱锅中进一步熬浓可制得隔膜法固体烧碱。该法制得的烧碱含氯化钠较高，一般用于肥皂、造纸、制药、印染、农药等工业。

二、水银电解法

在氯碱工业中，利用水银电解槽电解食盐水溶液，生产高纯度烧碱、氢气和氯气，该法首先于1897年在英国柴郡的朗科恩和美国实现工业化生产。水银电解法利用流动的水银层作为阴极，在直流电作用下使电解质溶液的阳离子成为金属析出，与水银形成钠汞齐而与阳极的产物分开。水银电解槽由电解器、解汞器和水银泵三部分组成，形成水银和盐水两个环路。水银电解法可在较高的电流密度下运转，不需蒸发，直接生产50%或73%人造丝级高纯度烧碱，含盐低。现代水银电解槽一般在 $8000\sim15000A/m^2$ 电流密度下运转，最大电流负荷达450kA，电流效率为96%～98%，汞齐含钠量为0.2%～0.5%（质量分数），淡盐水的浓度为260g/L左右。水银电解法生产的产品氢氧化钠与氢气以及排出的废气、废水、废渣中均有少量水银，为了减少流失，避免污染环境，通常要采取除汞措施。

在水银电解法中，氢氧化钠和氢气在分解器内生成，氯气在电解槽中生成，所以电解槽不需要隔膜。与隔膜法比较，水银电解法具有一定的优点，制得的烧碱纯度高，含氯化钠及其他杂质均较低，主要用于合成纤维工业。20世纪80年代初，水银电解法在世界氯碱工业生产能力中约占42%。现有的水银法氯碱装置，大多数在积极控制水银流失的条件下继续采用，一部分则已改造为离子交换膜法装置，新建的氯碱厂一般不再采用此法。

三、离子膜电解法

离子膜电解法是 20 世纪 70 年代新发展的方法，是在离子交换树脂的基础上发展起来的一项新技术。这种方法利用阳离子交换膜将单元电解槽分隔为阳极室和阴极室，阳离子交换膜允许 Na^+ 通过，但 Cl^- 或 OH^- 不能通过，从而使电解产品分开（图 0-2）。

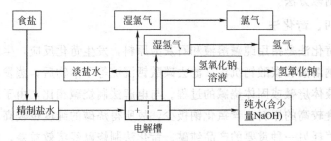

图 0-2 离子膜法电解工艺流程

离子膜电解法利用离子交换膜对阴阳离子具有选择透过的特性，容许带一种电荷的离子通过而限制相反电荷的离子通过，以达到浓缩、脱盐、净化、提纯以及电化合成的目的。在氯碱工业中，利用阳离子交换膜电解槽电解食盐水溶液来制造氯气、氢气和高纯度的氢氧化钠。1975 年日本旭化成工业公司制成全氟羧酸型离子交换膜，首先实现离子膜电解法制烧碱，同年日本实现工业化生产。现代阳离子交换膜大多为聚氟烃织物增强的全氟磺酸-全氟羧酸复合膜，具有阳离子选择透过性好，电解质扩散率低，较高的化学稳定性和热稳定性，机械强度高不易变形，电阻小等优点。

与隔膜电解法和水银电解法相比，离子膜电解法的总能耗最低，在 $4000A/m^2$ 电流密度下，每吨烧碱的直流电耗为 $7.56\sim7.92GJ$（$2100\sim2200kW\cdot h$）；烧碱纯度高，50% 的氢氧化钠碱液，含氯化钠 $(50\sim60)\times10^{-6}$（质量分数）；无水银或石棉污染环境的问题，操作、控制较容易，适应负荷变化的能力较大。20世纪 80 年代初，先进的离子膜可在 $4000A/m^2$ 的电流密度下运转，电流效率为 $95\%\sim96\%$，可直接生产浓度为 35% 的氢氧化钠，离子膜的使用寿命约为 2 年。由于离子膜法具有较多的优点，新建的氯碱生产装置一般都采用离子膜法。现有的水银法或隔膜法氯碱厂也会有一部分在技术改造时转换为离子膜法。但离子交换膜的使用寿命目前还不够长，这个问题一旦解决，它将可能成为最有发展前途的制碱方法。

四、苛化法

苛化法是指用纯碱溶液和石灰为原料，发生苛化反应，生成氢氧化钠溶液和碳酸钙沉淀，滤去碳酸钙沉淀等不溶物后，蒸发溶液得到液体烧碱或固体烧碱的过程。与电解法制烧碱相比，由于纯碱是纯度较高的原料，含氯化钠极少，故所得烧碱的纯度也较高，但需要消耗另一种重要的产品纯碱。苛化法制烧碱经济效益差，目前只在少数国家有小规模生产。

从工艺路线看，世界烧碱生产是几种工艺并存，即离子膜法、隔膜法以及水银法，另有少量苛化法。目前日本所有烧碱装置均采用离子膜法生产，美国以采用隔膜法为主，约占 2/3 左右，其余为水银法和离子膜法，欧洲则 50% 以上采用水银法，离子膜法只占不到 10%，其余为隔膜法。离子膜法污染小，操作成本低，是新建烧碱装置的首选。不过，在美国和西欧等发达国家，由于历史和自然条件等原因，大多数氯碱装置仍采用隔膜法或水银法工艺。通常隔膜法在盐水价格低廉或热电联产可提供低价蒸汽条件下，仍具有一定的竞争力；水银法在电价低廉，并且装置已充分折旧条件下，具有一定的经济性。但水银法存在环保问题，西欧已立法在 2010 年完全禁止。预计今后几年西欧氯碱工业将进一步调整，那些老旧的水银法装置将被关闭。

目前我国烧碱生产工艺技术以隔膜法和离子膜法为主。近十年来，我国先后从日本旭硝子、日本旭化成、日本氯工程公司、意大

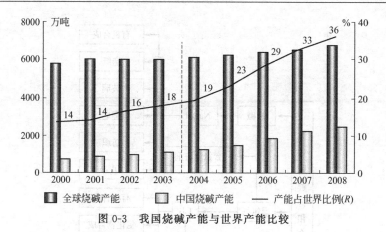

图 0-3　我国烧碱产能与世界产能比较

利迪诺拉公司、英国 ICI 公司、美国西方化学公司等引进 20 余套离子膜烧碱装置。另外，北京化工机械厂 1994 年研制成功复极式电槽，2000 年又研制成功单极式离子膜电槽。目前国内采用国产化技术建设已投产的电解装置约 25 套，总能力近 1300kt/a，在建项目中采用国产化技术建设的电解装置约 20 家，总能力近 1500kt/a。在我国，与离子膜电解槽配套的部件已基本实现国产化，实现了离子膜法烧碱生产装备的成套供货。2002 年我国生产 8230kt 烧碱，其中 66.6％为隔膜法，离子膜法达到 30％；2003 年我国烧碱产量 9399kt，63.4％为隔膜法，36.6％为离子膜法；2004 年我国烧碱产量 9399kt，隔膜法烧碱产量约 7920kt，离子膜法烧碱产量增加至 2525kt，苛化法烧碱产量约 150kt；2005 年我国烧碱产能 14710kt，50.1％为隔膜法，49.9％为离子膜法。近年来，我国离子膜法制碱产量迅速增加，我国烧碱生产方法的结构正在逐步发生变化，隔膜法所占份额逐步减少，离子膜法烧碱所占比例稳步攀升，我国烧碱产能与世界产能比较见图 0-3。

第四节　氯气、氢气的性质与用途

氯碱工业生产的氯气和氢气用途广泛，见图 0-4。

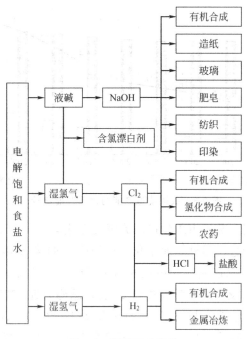

图 0-4　氯碱工业产品

一、氯气

1. 氯气的性质

氯气（Chlorine）在常温常压下为有刺激性气味的黄绿色气体，比空气密度大，易液化，经压缩可液化为金黄色液态氯，是氯碱工业的主要产品之一，用作强氧化剂与氯化剂。氯气熔沸点较低，压强为101kPa、温度为－34.6℃时易液化。液氯为黄绿色透明液体，相对空气密度1.468，沸点－34.6℃，熔点－100.98℃，相对蒸气密度2.48，饱和蒸气压506.62kPa，临界温度144℃，临界压力7.71MPa。常压下即气化成气体，1kg液氯气化后得到300L气体氯。液态氯将温度冷却到－101℃时，变成固态氯。

氯气具有窒息气味，有强烈刺激臭味和腐蚀性，能与许多有机物和金属发生反应，有水存在可以浸蚀金属，浸蚀塑料、橡胶和涂料。性质很活泼，虽不能自燃，但可以助燃，在日光下与其他易燃气体混合时会发生燃烧和爆炸，可以和大多数元素和化合物起反应。氯气易溶于有机溶剂，难溶于饱和食盐水。1 体积水在常温下可溶解 2 体积氯气，形成盐酸和次氯酸，产生的次氯酸具有漂白性，可使蛋白质变质，见光易分解。氯气是一种有毒气体，它主要通过呼吸道侵入人体并溶解在黏膜所含的水分里，生成次氯酸和盐酸，对上呼吸道黏膜造成有害的影响。次氯酸使组织受到强烈的氧化，盐酸刺激黏膜发生炎性肿胀，使呼吸道黏膜浮肿，大量分泌黏液，造成呼吸困难，所以氯气中毒的明显症状是发生剧烈的咳嗽。症状严重时会发生肺水肿，使循环作用困难而致死亡。由食道进入人体的氯气会使人恶心、呕吐、胸口疼痛和腹泻。1L 空气中最多可允许含氯气 0.001mg，超过这个量就会引起人体中毒。氯混合 5%（体积分数）以上氢气时有爆炸危险。氯能与有机物和无机物进行取代或加成反应生成多种氯化物。氯在早期作为造纸、纺织工业的漂白剂。在第一次世界大战期间，氯作为化学武器大量生产。战后氯作为民用产品，广泛用来消毒和杀菌。第二次世界大战后，由于聚氯乙烯以及氯化烷烃等有机氯产品的生产，氯主要用作生产有机化合物的原料，而作为无机氯化物如盐酸、漂白粉等原料的比例逐渐减少。20 世纪 80 年代，有机化合物的用氯量已占耗氯总量的 60%～70%。

氯气具有强氧化性。

（1）与金属反应

大多数金属在点燃或灼热的情况下，都能与氯气发生反应生成金属氯化物。但通常情况下，干燥的氯气不与铁反应，可以用钢瓶贮运氯气。

（2）与非金属反应

纯净的 H_2 在 Cl_2 中安静地燃烧，发出苍白色火焰。氯气与氢气的反应说明，燃烧不一定要有氧气参加。

（3）与水反应

氯气的水溶液叫氯水，饱和氯水呈现黄绿色，具有刺激性气味，主要含有 Cl_2、H_2O、$HClO$、H^+、Cl^-、ClO^-。次氯酸是一元弱酸，属弱电解质，酸性弱于碳酸。次氯酸不稳定容易分解，使 Cl_2 和 H_2O 逐渐反应，直至氯水失效，因此氯水要现用现制，保存在棕色试剂瓶中，氯水久置将变成稀盐酸。次氯酸具有强氧化性，能氧化许多物质。次氯酸还具有杀菌漂白性，能使有色布条、品红试剂等褪色，主要原理是利用其强氧化性。干燥的 Cl_2 本身没有漂白性，只有转化成 $HClO$ 才有漂白性。

（4）歧化反应

氯气与碱的反应为歧化反应，在低温下生成氯化物和次氯酸盐，其中次氯酸盐可以作漂白剂，由于次氯酸盐的稳定性远远大于次氯酸，故通常漂白剂都以次氯酸盐的形式保存，次氯酸盐遇到空气中的二氧化碳和水生成次氯酸，起到杀菌和漂白的作用。氯化钠和次氯酸钠的混合物称为漂白精，氯化钙和次氯酸钙的混合物称为漂白粉。它们久置空气中，可以和空气中的二氧化碳和水反应而失效，所以漂白剂应该密闭保存。氯气与碱高温下反应生成氯化物和氯酸盐，只有次氯酸盐有漂白性，氯酸盐没有漂白性。

2. 氯气的工业用途

氯气是重要化工原料，用途极为广泛，在国民经济中起着重要作用。氯气大量用于制造有机合成的中间体（如氯苯）、溶剂（如氯代烷类）、盐酸、漂白粉以及制造药物和农药等；在生产聚氯乙烯塑料、合成纤维氯纶、合成橡胶氯丁橡胶和氯化橡胶等合成材料时也需用大量氯气。用于纺织品和造纸的漂白，冶金工业用于生产金属钛、镁等，化学工业用于生产次氯酸钠、三氯化铝、三氯化铁、漂白粉、溴素、三绿化磷等无机化工产品，还用于生产有机氯化物，如氯乙酸、环氧氯丙烷、一氯代苯等。也用于生产氯丁橡胶、塑料及增塑剂。日用化学工业用于生产合成洗涤剂原料烷基磺酸钠和烷基苯磺酸钠等。农药工业用作生产高效杀虫剂、杀菌剂、除草剂、植物生长刺激剂的原料。还用于自来水的消毒与净化。氯气液化后压入钢瓶常供纸浆漂白、纺织品漂白、制次氯酸钠、从卤水中提炼溴和碘以及某些金属或硅的提纯冶炼等。

（1）用于消毒

氯气溶于水生成的 HClO 具有强氧化性可用于自来水的消毒。目前我国不少自来水厂采用液氯消毒，通常 1L 自来水中加入 Cl_2 0.002g。液氯注入水中与水发生反应，产生盐酸和次氯酸，次氯酸有氧化性，能杀死水中的细菌。水厂的自来水中含少量余氯在水管中停留可起杀菌作用，并能保持较长时间。

（2）制漂白粉

将氯气通入熟石灰可制备漂白粉，漂白粉是一种混合物，其有效成分为 $Ca(ClO)_2$，还含有 $CaCl_2$ 和 $Ca(OH)_2$。漂白粉的漂白原理是有效成分 $Ca(ClO)_2$ 不稳定，遇二氧化碳和水生成次氯酸，起到漂白作用。

（3）用于金属冶炼

例如，镁、钛等金属的冶炼，先将矿石经过化学处理制成氯化物，然后还原成单质。

（4）用于氯化物和氯酸盐的制备

如制橡胶用的氯化硫，制农药、染料和医药用的三氯化磷，净水用的三氯化铁，制火柴、炸药用的氯酸钾，除草和棉花脱叶用的氯酸镁和氯酸钙，有机合成作催化剂用的三氯化铝，以及电镀、染料、制革、食品、金属酸洗等方面应用的合成盐酸等，都要用氯做原料。

3. 氯气的生产

工业上氯气主要由电解食盐水溶液制得，此外，氯气也可由盐酸回收获得。例如：气态氯化氢的催化氧化，用二氧化硫直接氧化氯化氢，盐酸水溶液的电解等，极少量的氯气是钠、钙、镁的熔融氯化物电解的副产品。

氯气通常可直接利用，但为了制取纯净的氯气并考虑贮运的方便，把一部分氯气进行液化制成液氯，用钢瓶或槽车运往用户。生产中，将从电解槽出来的热氯气（其中含有少量氢、氧和二氧化碳等杂质），用冷水洗涤或在换热器内冷凝脱水，再用浓硫酸干燥，然后送去液化。因湿氯对铁有腐蚀作用，液化前氯中水分应低于 $50×10^{-6}$（体积分数）。氯气液化的温度和压力范围很大，工业生产上分为低压法、中压法和高压法。低压法在氯气表压 $0.078\sim0.147MPa$，冷却温度 $-35\sim-40℃$ 下进行液化。中压法在氯气表压 $0.245\sim0.49MPa$，冷却温度 $-15\sim-20℃$ 下进行液化。高压法的氯气表压为 $0.98\sim1.17MPa$，用 $15\sim25℃$ 水冷却即可液化。高压法比低压法能耗低，循环水用量少，但设备费用较高，适于大规模生产使用，中、小型氯碱厂多采用中压法。液化率由氯中含氢量来决定，液化尾气中含氢不得超过 4%。尾气含 60%~70% 的氯气可作为合成盐酸、氯苯、次氯酸盐的原料气，也可经过深度净化精制，使液化率达到 98%~99%。

4. 氯气的安全贮运

液氯在生产和贮运中易发生下列问题：液化尾气中氯气、氢气与空气的混合气爆炸；包装容器中残存有机物杂质与氯气反应爆炸；水和食盐水溶液中铵盐带入液化系统，会使液氯中三氯化氮积累而引起爆炸。当液氯蒸发用完后，所用容器均须用水和碱水冲洗，以除去被三氯化氮污染的液氯后，方能使用。

氯是剧毒物，生产中对受压容器等设备应严格要求，防止氯气泄漏。空气中氯气允许浓度不大于 $1×10^{-6}$（体积分数）。

二、氢气

1. 氢气的性质

常温常压下，氢气（Hydrogen）是一种无色、无味和无嗅的气体，在压强为 $1.01×10^5 Pa$，温度为 $-252.87℃$ 时，能变成无色液体，在 $-259.1℃$ 时，能变成雪状固体。氢气是世界上已知的最轻的气体，密度比空气小，标准状况下，1L 氢气的质量 0.0899g，与同体积的空气相比，质量约为空气的 1/14，比空气轻得多。氢气具有最大的扩散速度和很高的导热性，它的热导率比空气大 7

倍。氢气难溶于水，也难液化。氢在水中的溶解度很小，而在镍、钯和钼中的溶解度都很大，一体积的钯能溶解几百体积的氢。氢的渗透性很强，常温下可透过橡皮和乳胶管，在高温下可透过钯、镍、钢等金属薄膜。由于氢气具有很强的渗透性，所以当钢暴露于一定温度和压力的氢气中时，渗透于钢的晶格中的原子氢在缓慢的变形中引起脆化作用。它在钢的微观孔隙中与碳反应生成甲烷，随着甲烷生成量的增加，使孔隙扩张成裂纹，加速了碳在微观组织中的迁移，降低了钢的机械性能，甚至引起材质的损坏。在高温、高压下，氢气甚至可以穿过很厚的钢板，这种现象称为"氢脆"现象。

常温下，氢气的性质很稳定，不容易跟其他物质发生化学反应。但在点燃或加热等条件下，氢能够跟许多物质发生化学反应。

(1) 可燃性

纯氢的引燃温度为400℃，氢气在空气里的燃烧，实际上是与空气里的氧气发生反应，生成水。这一反应过程中有大量热放出，火焰呈淡蓝色。燃烧时放出热量是相同条件下汽油的三倍，因此可用作高能燃料在火箭上使用，我国长征3号火箭就用液氢燃料，发热量为液化石油气的两倍。在空气中燃烧时有浅蓝色火焰，生成物只有水。不纯的 H_2 点燃时会发生爆炸，但有一个极限，当空气中所含氢气的体积占混合体积的 4.1%～75.0%时，点燃都会产生爆炸，这个体积分数范围叫爆炸极限。当氢气的纯度达到75%以上时，点燃只会燃烧不会产生爆炸。所以，在点燃使用氢气时必须十分注意安全。只有确保氢气已经纯净后，方可点燃或加热。

(2) 还原性

在加热的条件下，氢气可以从许多金属氧化物中还原出金属单质，自身氧化成水，所得到的金属纯度很高。根据它的还原性，还可以用于冶炼某些金属材料。氢气加热时能与多种物质反应，如与活泼非金属生成气态氢化物；与碱金属、钙、铁生成固态氢化物。此外，氢气与有机物的加成反应也体现了氢气的还原性。

2. 氢气的用途

氢气的用途是由氢气的性质决定的。例如,氢气密度是所有气体中最小的,可将氢气充入气球中气球就可以飞起来,如放飞氢气球、太空氢气球、空飘氢气球,氢气也可充氢气飞艇。

氢气跟氧气反应时放出大量的热,氢氧焰可达 3000℃ 的高温,用于焊接或切割金属,做高能燃料等。由于氢的高燃料性,航天工业使用液氢作为燃料,液氢还有望成为动力火箭的推进剂。

氢气是重要的化工原料,如氢气和氮气在高温、高压、催化剂存在下可直接合成氨气,目前,全世界生产的氢气约有 2/3 用于合成氨工业。在石油工业上许多工艺过程需用氢气,如加氢裂化、加氢精制、加氢脱硫、催化加氢等。氢气在氯气中燃烧生成氯化氢,用水吸收得到重要的化工原料盐酸。氢气和一氧化碳的合成气,净化后经加压和催化可以合成甲醇。在食品工业上,氢气用于动植物油脂的硬化,制人造奶油和脆化奶油等。随着新技术的发展,氢气的应用将更为广泛和重要。

氢是主要的工业原料,也是最重要的工业气体和特种气体,在石油化工、电子工业、冶金工业、食品加工、浮法玻璃、精细有机合成、航空航天等方面有着广泛的应用。同时,氢也是一种理想的二次能源(二次能源是指必须由一种初级能源如太阳能、煤炭等来制取的能源)。在一般情况下,氢极易与氧结合,这种特性使其成为天然的还原剂使用于防止出现氧化的生产中。在玻璃制造的高温加工过程及电子微芯片的制造中,在氮气保护气氛中加入氢以去除残余的氧。在石化工业中,需加氢通过去硫和氢化裂解来提炼原油。氢的另一个重要的用途是对人造黄油、食用油、洗发精、润滑剂、家庭清洁剂及其他产品中的脂肪氢化。

3. 工业制取氢气的方法

工业上广泛采用红热的碳与水蒸气反应,天然气和石油加工工业中的甲烷与水蒸气反应、高温分解甲烷、电解水或食盐水等方法生产氢气。

氢气的工业制法。

① 利用电解饱和食盐水产生氢气，反应式

$$2NaCl+2H_2O === 2NaOH+Cl_2\uparrow+H_2\uparrow \qquad (0-4)$$

② 工业上用水和红热的碳反应，反应式

$$C+H_2O === CO+H_2 \qquad (0-5)$$

③ 用铝和氢氧化钠反应制取，反应式

$$2Al+2NaOH+2H_2O === 2NaAlO_2+3H_2\uparrow \qquad (0-6)$$

4. 安全注意事项

氢气是一种易燃易爆的气体，和氟、氯、氧、一氧化碳以及空气混合均有爆炸的危险，其中氢与氟的混合物在低温和黑暗环境就能发生自发性爆炸，与氯的混合比为 1∶1 时，在光照下也可爆炸。氢由于无色无味，燃烧时火焰是透明的，因此其存在不易被感官发现的情况，在许多情况下向氢气中加入乙硫醇，以便感官察觉，并可同时赋予火焰以颜色。氢虽无毒，在生理上对人体是惰性的，但若空气中氢含量增高，将引起缺氧性窒息。与所有低温液体一样，直接接触液氢将引起冻伤。液氢外溢并突然大面积蒸发还会造成环境缺氧，并有可能和空气一起形成爆炸混合物，引发燃烧爆炸事故。

第五节 氯气与烧碱的平衡

氯碱行业始终存在一个氯碱平衡的问题，20 世纪 80 年代是以碱定氯，90 年代发展为以氯定碱，氯产品的应用越来越广泛，烧碱逐渐被定义为氯产品的副产品，但我国烧碱长期以来缺口较大，一直氯碱并重。其时美国拥有全球第一的氯碱生产能力，其价格的制定对全球氯碱行业影响巨大。2000 年上半年，美国经济的强势刺激带动了国内对 PVC 等主要氯产品的需求，价格一路攀升，烧碱被定位为获取 PVC 等氯产品高额利润的"铺路石"，由此"氯涨碱跌"。然而从 2000 年 9 月份起，碱、氯行情开始发生"逆转"。

美国的氯碱生产商主要靠天然气发电，油价的上涨使天然气的价格猛升，而恰恰此时美国氯产品行情又开始回落。承受着电价的重负并随着氯产品的赢利越来越少，减少产出，提高烧碱价格就成了一种必然的选择，由此形成 2001 年的"碱涨氯跌"。因此，氯碱平衡的问题，已不仅仅是传统意义上的产量平衡，还直接涉及行业的效益平衡。

2009 年烧碱行业产能扩张加剧，大量中小规模的新扩建烧碱装置陆续投产，使得国内产能过剩、产业集中度不高等一系列问题与下游需求不足的矛盾进一步加剧。在下游需求无明显提升的情况下，国内烧碱企业的竞争越来越多地表现为价格的竞争，数百万吨过剩产能就像一座大山，始终压制着烧碱的价格。特别是氯碱平衡问题表现得尤其突出，使得烧碱的产能过剩问题显得尤其无奈。中国氯碱工业协会提供的数据表明，目前烧碱企业库存不断增加。加之上游能源、原材料成本上升，增大了企业的经营压力。仅靠低水平的烧碱和液氯开车率无法支撑企业长久发展。中国氯碱工业协会提供的数据显示，自 2008 年 10 月以来烧碱的市场价格一直在走低。以 32％离子膜烧碱市场价为例，2008 年 10 月 32％离子膜烧碱市场价格每吨为 770 多元，目前 32％液体烧碱价格只有 460 元左右，价格下降了 40％。

烧碱市场不振的局面，除金融危机引起的外贸出口受阻外，还与产能过剩引起的氯碱平衡受制有着直接的关系。据了解，烧碱与液氯的平衡问题始终是氯碱工业发展的恒定矛盾。烧碱是由盐水电解得到的，盐水电解同时还产生氯气和氢气。烧碱和氯气的质量比为 1：0.88，也即每生产 1t 烧碱就会产生 0.88t 的液氯。但是市场对烧碱和液氯的需求并不按照这样的比例，因而就产生了氯碱不平衡的矛盾。烧碱的产出很大程度上受制于液氯的下游消耗量，烧碱企业的开工要兼顾氯碱平衡而定。近几年，我国氯碱工业进入迅速发展时期，氯碱平衡的矛盾更加突显出来。目前我国氯碱行业的发展水平与发达国家基本一致，氯少碱多成为困扰行业发展的现实问题，烧碱产能过剩将是一个长期现象。而要保证液氯市场供应的平稳充足，就预示着烧碱产量的加大。

近年来，氯及其下游产品先于烧碱出现了企稳回升的态势。液氯随着其下游聚氯乙烯、氯乙酸等主要消费产品走稳，聚氯乙烯需求稳定并逐渐放大。为了保证液氯供应充足和聚氯乙烯的正常开工，烧碱就只能越做越多。据不完全统计，由于受国内聚氯乙烯市场价格走高带动，氯碱企业装置开工率较高，目前国内氯碱企业综合开工率达到 70%，部分地区部分企业满负荷运行，致使烧碱的市场货源居高不下，国内烧碱供过于求的局面愈发严重。国际需求疲软是烧碱行情一路下滑的又一原因，中国氯碱网研究中心数据表明，离子膜烧碱出口仍是解决国内产能过剩的策略之一。目前烧碱每年的全球贸易量超过 50 亿吨，国际市场烧碱需求逐月下降直接影响了中国的烧碱出口。数据显示，2008 年我国烧碱出口量 1970kt，而 2009 年中国烧碱出口量只有 1400kt，跌幅达 30%。国内烧碱企业要想在国际市场上有所作为，也只有拼成本。内需下降也严重影响烧碱行情，烧碱的主要下游用户氧化铝、化纤等行业减产应对亏损，造成烧碱内需下降，迫使行情连续下探。因下游需求有限，加之部分地区陆续有一些新扩建项目试车投产，再加上一些企业前期库存尚未消化，短期内总体货源供过于求的格局很难打破。据了解，目前烧碱行业的扩产仍在继续。2009～2010 年，国内几家主要生产企业中，中国平煤神马集团新增产能 300kt，陕西北元化工集团有限公司新增 200kt，广西田东锦盛化工有限公司新增 200kt，内蒙古君正科技产业集团公司新增 400kt，内蒙古乌海化工股份有限公司新增 150kt，广西柳化集团新增 100kt，新疆中泰化学股份有限公司新增 320kt。

协调氯碱平衡一直是氯碱行业长期面对的问题，业内人士认为，关键在于围绕氯碱氢平衡这个核心，大力调整产品结构。部分基础氯产品如环氧丙烷、氯丙烷是制造不饱和聚酯树脂、聚氨酯、表面活性剂等的重要原料。由于精细化工对资源的依赖性小、投资少、见效快、附加值高、利润大、出口创汇率高,因此发展精细化工成为我国氯碱企业实现经济增长方式根本性转变的关键。通过发展精细化工,不断延伸产业链,实现行业的可持续发展。利用部分基础中间体作为原料搞好深加工,向系列化、多元化、精细化、高附加值化方向发展,这不仅增加了氯的附加值,而且减轻了烧碱生产的压力,有利于整个行业的健康发展。同时控制烧碱新上项目规模,开发下游精细化工产品,将是烧碱行业稳定发展的关键点。在控制烧碱新上项目规模方面,政府要求新建烧碱装置起始规模必须达到300kt/a及以上(老企业搬迁项目除外)。从目前统计的项目进展来看,项目规划均符合准入条件的规定。但这其中很大一部分项目是以分期的形式进行建设的,一期开工问题不大,剩下的后期工程不确定性较大。所以,政策对规模的限定意义便被大大削弱,政府应考虑在政策的制定上弥补这一漏洞。

我国烧碱行业经过多年发展,设备陈旧、工艺老化的老企业居多,企业节能减排的意识缺乏,清洁生产技术改造动力不足。推行清洁生产将加快烧碱行业的结构调整和产业升级,淘汰落后产能将有助于烧碱行业产能化的实现。尽快攻克氧阴极技术难关,抢占制高点。在推广离子膜法烧碱的同时,隔膜法烧碱比例要大幅减少,这样才能抑制产能过剩。例如某氯碱企业,除了拥有年产100kt烧碱、50kt聚氯乙烯、60kt液氯、60kt盐酸等产品之外,还有氯化苯20kt、漂粉精4kt、氯化石蜡2kt、苯乙酸1kt。这些产品应用广泛,在国内氯碱市场低迷的情况下支撑了公司的生产运营。

第六节　氯碱工业在国民经济中的重要地位

氯碱工业是生产烧碱、氯气和氢气的化工原材料基础工业,其发展与人民生活密切相关,与国民经济各领域关联度大。氯碱工业产品广泛用于农业、石油化工、轻工、纺织、建材、电力、冶金、国防军工、食品加工等国民经济各领域,在中国经济发展中起着举足轻重的作用。目前我国氯碱工业的主要产品有烧碱、聚氯乙烯、液氯和盐酸，其中烧碱是重要的基本无机化工原料，广泛应用于轻工、化工、纺织、医药、冶金、电力等领域；聚氯乙烯是五大通用树脂之一，仅次于聚乙烯，占世界合成树脂总消费量的 29％，是重要的石油化工产品，同时又是主要的耗氯产品，我国氯碱工业副产氯气的 22％～24％用于生产 PVC（美国 38％～40％的氯气用于 PVC 生产，日本约为 30％）。PVC 广泛应用于轻工、建材、农业、日常生活、包装、电力、公用事业等部门，主要用于生产人造革、薄膜、电线护套等塑料软制品，也可用于生产板材、型材、管材、阀门等硬制品；液氯广泛应用于工农业生产及日常生活各个领域；盐酸是基本化工原料，是氯碱厂在生产中平衡氯气的主要无机氯产品。

近 20 年来，随着国民经济稳定快速发展，国内外政治、经济形势变化和下游消费结构改变，中国氯碱工业保持了较高增长速度，并逐渐成为世界氯碱生产大国。"十一五"期间，中国主要氯碱产品烧碱、液氯、聚氯乙烯等产能均跃居世界首位。现在，中国氯碱工业在世界氯碱工业中的地位已举足轻重。

氯碱工业在国民经济中占有重要地位，10kt/a 氯碱生产装置可带动创造（6～10）亿元的工业产值。氯碱产量的高低，在一定程度上反映了一个国家的工业化水平。随着纺织、造纸、冶金、有机、无机化学工业的发展，特别是石油化工的兴起，氯碱工业发展迅速。氯碱产业作为化工原材料基础产业，氯和碱可以制作万种以上的工业产品。氯碱产业与石油和天然气产业有着相互依存的关系。氯碱化工与石油化工相结合是市场竞争规律的体现，氯碱化工以石油化工为依托，石油化工发展以氯碱化工为方向，相互融合，相互促进，向大型集中化发展。石油化工装置提供的乙烯、丙烯、丁二烯、苯、甲苯、二甲苯等与氯碱工业的氯反应生产出大量有价值的有机氯产品，由于原料充足且价廉，装置具备经济规模，使产品具有较强的竞争力。同时也有利于节能降耗，保护资源与环境，有利于提高产品质量，增强市场竞争力，确保氯碱工业可持续发展，并带动相关工业的快速发展。氯碱产业要有效地发展有机氯产品，没有充足可靠的石油、天然气化工原料供应是无从谈起的，再则氯气得不到平衡，氯碱产业的持续发展也会受阻。目前国际上成熟的经验是氯碱产业与石油化工、天然气化工在布局上紧密结合，通过石油化工和天然气化工的发展，推动氯碱产业和有机氯产品的发展。发达国家的大型石油化工装置几乎都伴有大型氯碱生产装置，石油化工装置提供的乙烯、丙烯、丁二烯、苯、甲苯、二甲苯等与氯碱工业的氯反应生产出大量有价值的有机氯产品，由于原料充足且价廉，装置具备经济规模，使产品具有较强的竞争力。要加快实施以石油化工和天然气化工产品为原料的先进工艺技术，逐步转换和提升我国氯碱工业以煤炭、农副产品为原料的传统落后工艺技术。从我国氯碱企业的布局来看，目前全国仅有少数几家是与石油化工装置相结合的。我国有机氯产品耗用石油化工产品的数量和比例都远远低于发达国家。2003年我国乙烯产量6117.7kt，PVC消耗乙烯量大约330kt，占5.32%，说明我国氯碱企业和石油乙烯企业结合得还较为松散。实际上氯碱工业与石油和天然气工业有着相互依存的关系。我国由于历史的原因和各行业、部门分别管理的体制，造成三者脱节的现状。氯碱化工以石油化工为依托，石油化工发展以氯碱化工为方向，相互融合，相互促进，向大型集中化发展，有利于节能降耗、保护资源与环境，有利于提高产品质量，增强市场竞争力，确保氯碱工业可持续发展，并带动相关工业的快速发展。

第七节 氯碱行业相关情况介绍

一、中国氯碱工业发展大事记

1929年 爱国实业家吴蕴初先生在上海创建中国第一家氯碱厂——上海天原电化厂。

　　1935年　山西化学厂建成，并采用西门子水平隔膜电解槽。

　　1940年　天原电化厂由上海迁至重庆后建立的重庆天原电化厂投产。

　　1940年　沈阳化工厂、汉沽化学厂、天津大沽化工厂分别建成。

　　1952年　锦西化工厂建成水银电解槽，开创了我国生产高纯碱的历史。

　　1952年　锦西化工厂建成我国第一套氯化苯生产装置。

　　1953年　国家决定重点建设的太原化工厂、四川长寿化工厂、湖南株洲化工厂分别于1958年、1959年建成。

　　1956年　锦西化工厂建成第一台水银整流器。

　　1956年　上海天原化工厂开发出漂粉精生产装置。

　　1957年　立式吸附隔膜电解槽在上海天原化工厂建成，单槽产量提高10倍，电耗降低23%。

　　1958年　国家决定在衢州、武汉、福州、广州、合肥、九江、西安、遵义、常州、南宁、四平、北京、上海建设13个年产7.5～30kt/a规模的氯碱厂，总投资6.45亿元，并在1959年建成。

　　1958年　锦西化工厂3kt/a悬浮聚合法聚氯乙烯生产装置建成投产，开创了我国聚氯乙烯工业化生产的历史。

　　1958年　长寿化工厂建成我国第一套氯丁橡胶生产装置。

　　1959年　原化工部化工设计院和锦西化工设计研究分院共同完成6kt/a悬浮聚合法生产定型设计，锦西、北京、天津、上海、福州、株洲等7套6kt/a聚氯乙烯装置投产。

　　1959年　沈阳化工厂建成氯化石蜡-42生产装置。

　　1962年　武汉市建汉化工厂和上海天原化工厂分别开展100t/a乳液聚合法聚氯乙烯中间实验，后扩建为500t/a生产装置。

　　1963年　我国第一套1000A/600V硅整流器在锦西化工厂诞生。

　　1965年　石墨三合一盐酸合成炉在锦西化工厂投产。

1966 年　自贡鸿鹤化工厂建成天然气热氯化法甲烷氯化物装置。

1973 年　上海天原化工厂、福州化工厂、杭州电化厂、天津化工厂、无锡电化厂等企业开展了疏松型树脂的研究，并逐步投入生产运行。

1974 年　我国首批 40 台、30m² 金属阳极隔膜电解槽在上海天原化工厂投产。

1974 年　锦西化工机械厂设计制造出我国第一台 30m³ 聚合釜，分别在上海天原化工厂和天津化工厂试用。

1976 年　北京化工二厂从德国伍德公司引进 80kt/a 乙烯氧氯化法制氯乙烯生产装置。

1978 年　我国自行设计、制造了容量最大的 C47-I 型金属阳极隔膜电解槽。

1978 年　上海天原化工厂和锦西化工研究院合作，研究聚氯乙烯浆料真空汽提技术，建成 3kt/a 中间试验装置，杭州电化厂"添加特种助剂法生产低残留 VCM 的悬浮聚氯乙烯"获 1984 年国家发明二等奖。

1978 年　齐鲁石化公司和上海氯碱化工总厂分别从日本信越化学公司引进 200kt/a 乙烯氧氯化法制聚氯乙烯生产装置，分别于 1988 年、1990 年投产。

1979 年　上海天原化工厂与上海化工研究院、锦西化工机械厂共同试制出 100kt/a 氯透平压缩机。

1981 年　天津化工厂与锦西化工研究院合作建成第一台 60kA 金属阳极水银电解槽。

1981 年　8 月 13 日，中国氯碱工业协会在沈阳成立。

1982 年　吉林电石厂首个三效顺流部分强制循环工艺建成。

1983 年　国家决定停止六六六、滴滴涕的生产。

1984 年　在国家计委批准下，北京化工机械厂引进离子膜电解槽生产技术。

1984年　武汉市化工研究所和葛店化工厂合作开发微悬浮聚合法并首次生产出35t微悬浮法糊树脂。

1986年　我国第一套复极式离子膜电解槽烧碱生产的引进装置在甘肃盐锅峡化工厂建成投产。

1986年　锦西化工研究院探索聚氯乙烯球形树脂。

1987年　北京化工二厂开发高聚合度聚氯乙烯树脂P-2500，并于1990年投入批量生产，填补了国内空白。

1988年　国内首套引进200kt/a烧碱改性隔膜扩张阳极电解槽和四效逆流蒸发装置在齐鲁投产运行。

1988年　沈阳化工厂引进日本钟渊公司10kt/a微悬浮聚合法糊树脂生产装置投产。

1988年　苏州化工厂首家采用氟利昂制冷机直接液化生产液氯。

1991年　北京化工二厂研制的旋风干燥器通过北京市鉴定，清华大学于1994年研制成功并逆流组合式高效节能旋风流干燥器。

1992年　宜宾天原化工厂引进法国KREBS公司20kt/a本体法聚氯乙烯聚合装置。

1992年　氯碱行业第一家上市公司——上海氯碱化工股份有限公司在上海上市发行A股、B股。

1993年　国产首套复极式离子膜烧碱生产装置在沧州化工厂投产运行，通过国家级验收，后获得国家科技进步二等奖。

1993年　常州化工厂金属阳极电解槽改性隔膜扩张阳极技术通过化工部和江苏省石化厅技术鉴定。

1995年　沈阳化工厂第一套万吨PVC糊树脂国产化工程一次试车成功，并被化工部评为一等奖。

1995年　锦西化工研究院与杭州电化集团公司承担的国家"八五"攻关项目"PVC掺混树脂生产工艺"通过化工部鉴定。

1996年　北京化工二厂与浙江大学共同承担"交联、易加工PVC树脂开发'八五'国家重点科技攻关项目"通过化工部鉴定。

1998 年　沧州化工厂引进日本资金和技术建成 150kt/a 联合法聚氯乙烯生产装置。

1998 年　沧化集团企业资源计划系统（ERP）通过化工部鉴定。

2000 年　国产首套单极式离子膜烧碱装置在黄骅氯碱公司成功运行。

2001 年　中国氯碱工业协会、北京化二股份有限公司合作组建的中国氯碱网正式开通。

2003 年　9 月 29 日，商务部对原产于美国、韩国、日本、俄罗斯和台湾地区的进口聚氯乙烯作出反倾销终裁。

2004 年　11 月 28 日，天津大沽化工股份有限公司自行设计的一套 200kt/a 的聚氯乙烯生产装置，一次性试车成功并迅速投产，标志着我国电石法聚氯乙烯生产工艺及装备水平迈入大型化时代。

2004 年　锦西化工机械（集团）有限责任公司为齐鲁石化乙烯二期改造工程制造 135m^3 聚氯乙烯聚合釜，结束我国大型聚合釜依赖进口的局面。

2006 年　中国烧碱产量达到 15120kt，位居世界首位。

2006 年　国内第一套干法乙炔生产装置，通过了山东省科技厅的技术鉴定。

2007 年　中国聚氯乙烯产量达 9720kt，超过美国，成为世界第一生产大国。

2007 年　中华人民共和国国家发展和改革委员会公布《氯碱（烧碱、聚氯乙烯）行业准入条件》，并于 2007 年 12 月 1 日开始实施。

2007 年　国家标准化管理委员会公布《烧碱单位产品能耗限额》，并于 2008 年 6 月 1 日开始实施。

2008 年　蓝星（北京）化工机械有限公司生产的 NBZ-2.7 膜极距离子膜电解槽在河北冀衡化学和宁波东港电化开始工业化应用，新型膜极距离子膜电解槽开始在我国投运。

2009 年　　中华人民共和国环境保护部公布《清洁生产标准　氯碱工业（烧碱）》、《清洁生产标准氯碱工业（聚氯乙烯）》，并于 2009 年 10 月 1 日开始实施。

2009 年　　商务部发布公告，自 2009 年 9 月 29 日起，继续按照 2003 年第 48 号、第 53 号公告，对原产于美国、韩国、日本、俄罗斯和台湾地区的进口聚氯乙烯实施返销措施。

二、氯碱（烧碱、聚氯乙烯）行业准入条件

为促进氯碱行业稳定健康发展，防止低水平重复建设，提高行业综合竞争力，依据国家有关法律法规和产业政策，按照"优化布局、有序发展、调整结构、节约能源、保护环境、安全生产、技术进步"的可持续发展原则，对氯碱（烧碱、聚氯乙烯）行业提出以下准入条件。

（一）产业布局

（1）新建氯碱生产企业应靠近资源、能源产地，有较好的环保、运输条件，并符合本地区氯碱行业发展和土地利用总体规划。除搬迁企业外，东部地区原则上不再新建电石法聚氯乙烯项目和与其相配套的烧碱项目。

（2）在国务院、国家有关部门和省（自治区、直辖市）人民政府规定的风景名胜区、自然保护区、饮用水源保护区和其他需要特别保护的区域内，城市规划区边界外 2 公里以内，主要河流两岸、公路、铁路、水路干线两侧，及居民聚集区和其他严防污染的食品、药品、卫生产品、精密制造产品等企业周边 1 公里以内，国家及地方所规定的环保、安全防护距离内，禁止新建电石法聚氯乙烯和烧碱生产装置。

（二）规模、工艺与装备

（1）为满足国家节能、环保和资源综合利用要求，实现合理规模经济，新建烧碱装置起始规模必须达到 30 万吨/年及以上（老企业搬迁项目除外），新建、改扩建聚氯乙烯装置起始规模必须达到

30 万吨/年及以上。

（2）新建、改扩建电石法聚氯乙烯项目必须同时配套建设电石渣制水泥等电石渣综合利用装置，其电石渣制水泥装置单套生产规模必须达到 2000 吨/日及以上。现有电石法聚氯乙烯生产装置配套建设的电石渣制水泥生产装置规模必须达到 1000 吨/日及以上。鼓励新建电石法聚氯乙烯配套建设大型、密闭式电石炉生产装置，实现资源综合利用。

（3）新建、改扩建烧碱生产装置禁止采用普通金属阳极、石墨阳极和水银法电解槽，鼓励采用 30 平方米以上节能型金属阳极隔膜电解槽（扩张阳极、改性隔膜、活性阴极、小极距等技术）及离子膜电解槽。鼓励采用乙烯氧氯化法聚氯乙烯生产技术替代电石法聚氯乙烯生产技术，鼓励干法制乙炔、大型转化器、变压吸附、无汞触媒等电石法聚氯乙烯工艺技术的开发和技术改造。鼓励新建电石渣制水泥生产装置采用新型干法水泥生产工艺。

（三）能源消耗

（1）新建、改扩建烧碱装置单位产品能耗标准

新建、改扩建烧碱装置单位产品能耗限额准入值指标包括综合能耗和电解单元交流电耗，其准入值应符合表 0-3 要求。

表 0-3　新建、改扩建烧碱装置产品单位能耗限额准入值

产品规格 质量分数（%）	综合能耗限额 （千克标煤/吨）	电解单元交流电耗限额 （千瓦时/吨）
离子膜法液碱≥30.0	≤500	≤2490
离子膜法液碱≥45.0	≤600	
离子膜法固碱≥98.0	≤900	
隔膜法液碱≥30.0	≤980	≤2570
隔膜法液碱≥42.0	≤1200	
隔膜法固碱≥95.0	≤1350	

注：表中隔膜法烧碱电解单元交流电耗限额值，是指金属阳极隔膜电解槽电流密度为 1700A/m² 的执行标准。并规定电流密度每增减 100A/m²，烧碱电解单元单位产品交流电耗减增 44 千瓦时/吨。

（2）新建、改扩建电石法聚氯乙烯装置，电石消耗应小于

1420千克/吨（按折标300升/千克计算）。新建乙烯氧氯化法聚氯乙烯装置乙烯消耗应低于480千克/吨。

（3）推广循环经济理念，提高氯碱行业能源利用率。按照国家有关规定和管理办法，建设热电联产、开展直购电工作，提高能源利用效率。

（四）安全、健康、环境保护

新建、改扩建烧碱、聚氯乙烯装置必须由国家认可的有资质的设计单位进行设计和有资质单位组织的环境、健康、安全评价，严格执行国家、行业、地方各项管理规范和标准，并健全自身的管理制度。电石法聚氯乙烯生产装置产生的废汞触媒、废汞活性炭、含汞废酸、含汞废水等必须严格执行国家危险废弃物的管理规定，严格监控。

新建、改扩建烧碱、聚氯乙烯生产企业必须达到国家发展改革委发布的《烧碱/聚氯乙烯清洁生产评价指标体系》所规定的各项指标要求。电石法聚氯乙烯生产企业必须要有电石渣回收及综合利用措施，禁止电石渣堆存、填埋。

（五）监督与管理

（1）按照国家投资管理有关规定，严格新建、改扩建烧碱、聚氯乙烯项目的审批、核准或备案程序管理，新建、改扩建烧碱、聚氯乙烯项目必须严格按照国家有关规定实行安全许可、环境影响评价、土地使用、项目备案或核准管理。

（2）新建、改扩建烧碱、聚氯乙烯生产装置建成投产前，要经省级及以上投资、土地、环保、安全、质检等管理部门及有关专家组成的联合检查组，按照本准入条件要求进行检查，在达到准入条件之前，不得进行试生产。经检查未达到准入条件的，应责令限期整改。

（3）对不符合本准入条件的新建、改扩建烧碱、聚氯乙烯生产项目，国土资源管理部门不得提供土地，安全监管部门不得办理安全许可，环境保护管理部门不得办理环保审批手续，金融机构不得提供信贷支持，电力供应单位依法停止供电。地方人民政府或相关主管部门依法决定撤销或责令暂停项目的建设。

（4）各省（区、市）氯碱行业主管部门要加强对氯碱生产企业执行本准入条件情况进行督促检查。中国石油和化学工业协会和中国氯碱工业协会要积极宣传贯彻国家产业政策，加强行业自律，协助政府有关部门做好行业监督、管理工作。

（六）附　则

（1）本准入条件适用于中华人民共和国境内（台湾、香港、澳门地区除外）所有类型的氯碱生产企业。

（2）本准入条件自 2007 年 12 月 1 日起实施，由国家发展和改革委员会负责解释。国家发展和改革委员会将根据氯碱行业发展情况和国家宏观调控要求进行修订。

思　考　题

1. 什么是氯碱工业？
2. 烧碱的主要物理性质和化学性质有哪些？
3. 结合烧碱和氯气的用途说明氯碱工业在国民经济中的重要地位。
4. 如何解决氯碱行业氯碱平衡的问题？

第一篇　隔膜法电解

第一章　盐水精制

第一节　引　言

隔膜法电解是目前电解法生产烧碱的一种重要方法，工业上应用较多的是立式金属阳极隔膜电解槽，见图 1-1-1。隔膜电解槽阳极采用金属钛，阴极采用铁丝网或冲孔铁板。

图 1-1-1　立式隔膜电解槽

隔膜法电解及氯氢处理工艺流程如图 1-1-2 所示。将原盐与水经过化盐配水精制，制成合格的精盐水，精制后的合格盐水进入电解槽，当输入直流电进行电解后，食盐水溶液中的氯离子在阳极上失去电子生成氯气，阴极电解液中的氢离子得到电子生成氢气。溶液中剩余的氢氧根离子与钠离子形成氢氧化钠溶液自电解槽中排出。食盐水经电解后生成的氯气、氢气分别经过处理后送往氢气、氯气使用工序，含有一定碱量的稀电解液送往蒸发工序进行蒸发浓缩，制成成品液碱送往用户。

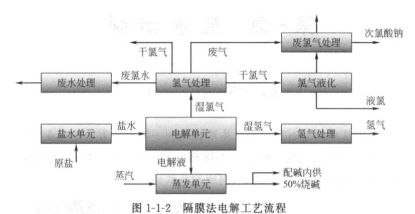

图 1-1-2　隔膜法电解工艺流程

按照生产工艺流程可以分为盐水工序、电解工序和蒸发工序等。

（一）盐水工序

食盐溶液是电解法生产氯气、氢气和烧碱的主要原料，本工序的主要任务是制备合格的饱和精盐水，以供隔膜电解生产的需要。盐水工序采用化盐桶化盐、道尔槽沉降、虹吸式砂滤器过滤或膜过滤制备合格精盐水的工艺流程。盐水工序一般包括化盐岗位、配水精制岗位、过滤及中和岗位、泵工岗位、盐水洗涤与压滤岗位等。

（二）电解工序

电解工序的主要任务是负责将盐水工序送来的合格精盐水通过

预热后进入盐水高位槽，并均匀注入电解槽进行电解，电槽通以直流电，经过电解得到电解液、氯气和氢气。电解液用碱泵送到电解液储罐，供蒸发工序使用。从电解槽阳极出来的高温湿氯气先经热交换器降温后，进入钛管冷却器冷却，除去绝大部分水分，然后采用浓硫酸进行干燥，使氯中含水降到 0.03% 以下，干燥氯气经加压输送至用户。从电解槽阴极出来的高温氢气先经热交换器降温后，再采用自来水洗涤冷却，然后输送至各用户。电解工序一般设金属阳极电解槽岗位、送检岗位、干燥岗位、氯气输送岗位和氢气输送岗位。

（三）蒸发工序

蒸发工序的任务是将电解工序来的电解液蒸发浓缩到商品碱的要求，在浓缩过程中分离电解液中的 NaCl 并回收化为盐水送回盐水工序。烧碱的浓缩过程包括预热、一段蒸发、离心机分离采盐、二段蒸发、冷却、澄清、配碱等程序。蒸发工序包括泵工岗位、蒸发岗位、浓盐冷却岗位、离心机岗位、包装岗位、压缩机岗位、配碱岗位等。

一、我国金属阳极隔膜法烧碱的发展历程

金属阳极（DSA）技术的开发成功是氯碱工业的一项重大技术进步，DSA 隔膜电解槽制造技术是我国自主研发成功并于 1974 年开始工业化应用的，历经 30 多年的实践获得长足的发展，其发展历程大体分为三个阶段。

第一阶段是 1975～1985 年为国家支持推广阶段，在大中型氯碱企业推广应用，其基本槽型为 30 型和 47 型两种，使用企业有上海天原化工厂、北京化工二厂、天津大沽化工厂、天津化工厂、沈阳化工厂、上海电化厂等 20 余家企业，生产能力达 700kt/a，开始了石墨阳极向金属阳极的转换。

第二阶段是 1986～1996 年，为企业自筹资金应用阶段，在全国大、中、小型氯碱企业全面推广应用，同时也是石墨阳极向金属

阳极转换的鼎盛时期，因为相比于石墨阳极，金属阳极节能 20%，生产强度提高 1 倍以上，并且消除了重金属铅以及沥青等的污染。与此同时，一些企业自主研发 DSA 隔膜电解槽配套技术，包括试制改性隔膜、扩张阳极、活性阴极和小极距等先进节能技术。DSA 隔膜电解槽已经形成了系列化、专业化和标准化，全国采用普通 DSA 隔膜电解槽的企业已达上百家，总生产能力超过 4400kt/a。

第三阶段是 1996 年到现在，普通 DSA 隔膜电解槽的建设速度逐渐放缓，完善和配套普通 DSA 隔膜法先进技术的力度加大，推广采用普通 DSA 隔膜电解节能技术的速度加快。此阶段主要在大中型氯碱企业推广应用改性隔膜、扩张阳极、活性阴极和小极距等电解节能技术。在此期间齐鲁石化氯碱厂和江苏盐城电化厂分别引进 MDC-55 型和 MDC-29 型节能的扩张阳极、改性隔膜电解装置。采用这些节能技术可节电 16%～22%，并且减轻了石棉的污染。据不完全统计，目前全国已有 40 余家企业全部或部分采用了隔膜电解节能技术。

二、我国金属阳极隔膜法烧碱的发展现状

1. 企业规模小，布局分散

我国 DSA 隔膜法烧碱生产企业规模小，布局分散。2007 年，生产能力超过 200kt/a 的企业只有 3 家，100～200kt/a 的只有 21 家，50～100kt/a 的有 44 家，小于 50kt/a 的仍有近 100 家。这些中小规模企业采用的几乎全部是普通 DSA 隔膜法电解装置，而且很多企业的规模是 10～20kt/a 甚至不足 10kt/a，这在国外是罕见的。

2. 槽型多而偏小

全国现存的 DSA 隔膜电解槽有 MDC-55 型、47 型、30-Ⅰ型、30-Ⅱ型、30-Ⅲ型、30-Ⅳ型、MDC-29 型、25 型、20 型、19 型、16 型、12 型、8 型、4 型、2 型等，其中以 30 型和 16 型居多。据不完全统计，采用 30 型的企业有 50 余家，总生产能力超过

5300kt/a，采用 16 型的企业也有 40 家左右。小型氯碱企业多采用16 型以下的，如 8 型、4 型等。

3. 电能消耗高

目前我国尚有超过 5000kt/a 的普通 DSA 隔膜电解槽生产装置，运行电流密度大多在 $1.50kA/m^2$ 左右，这些电解槽的运行电流密度升高电压差距将更大，如电流密度从 $1.50kA/m^2$ 升至 $2.17kA/m^2$ 时，槽电压将由 3.24V 升至 3.63V；而国外 MDC 型电解槽采用扩张阳极、改性隔膜和活性阴极，在 $2.17kA/m^2$ 下，槽电压仅为 3.25V；HU 形电解槽仅使用改性隔膜，在电流密度 $2.17kA/m^2$，其槽电压为 3.36V，这两种槽型的槽电压分别比国内槽电压低 0.38V 和 0.27V。我国普通 DSA 隔膜法烧碱与国外发达国家相比，每吨烧碱直流电耗高 $200 \sim 300kW \cdot h$。目前，国内 1t DSA 隔膜法烧碱的平均综合能耗为 1445kg 左右标准煤，直流电消耗情况为普通 DSA（极距 $8.5 \sim 10.5mm$）＋石棉隔膜，电流密度为 $1.350A/m^2$ 时，每吨烧碱直流电耗为 $2400 \sim 2500kW \cdot h$，高者超过 $2600kW \cdot h$；扩张阳极＋改性隔膜（极距 3mm），电流密度为 $1550A/m^2$ 时，每吨烧碱直流电耗为 $2150 \sim 2250kW \cdot h$。

4. 盐耗高

生产 1t 隔膜法烧碱的盐耗国外为 1.50t，国内一般为 $1.58 \sim 1.75t$，相差 $0.08 \sim 0.25t$，影响烧碱生产成本 $16 \sim 50$ 元/吨。其主要原因是国外隔膜法烧碱以质量分数 50% 出售，而目前我国多以质量分数 30% 出售，1t 烧碱（折 NaOH 质量分数为 100%）含盐前者比后者低 146.6kg。

5. 部分普通 DSA 隔膜电解槽向节能型 DSA 隔膜电解槽转换

近年来，我国部分氯碱企业率先改造隔膜法电解装置，其中一些企业将隔膜法电解装置（包括能耗高、污染严重的石墨阳极隔膜电解槽和普通 DSA 隔膜电解槽）全部淘汰，改扩建先进的离子膜法电解装置，如锦化化工（集团）有限责任公司、新疆天业（集团）有限公司、新疆中泰化学有限公司、上海天原化工厂、河北宝硕股份有限公司、广州吴天化学（集团）有限公司、山东滨化集团有限责任公司、湖北宜化集团有限责任公司、芜湖融汇化工有限公司等十余家企业。多数隔膜法氯碱企业则根据本厂的实际情况，因地制宜采用扩张阳极、改性隔膜、活性阴极、小极距等其中的 1 项、2 项或 3 项，将普通 DSA 隔膜电解槽改造为节能型 DSA 隔膜电解槽，少者几台、十几台，多者几十台甚至上百台，均取得明显的节能效果。据不完全统计，多年来在研发、试验、采用节能型 DSA 隔膜电解槽的企业有：上海天原化工厂、常州常化集团、上海氯碱化工股份有限公司、北京化二股份有限公司、天津渤天化工有限责任公司、天津大沽化工股份有限公司、齐鲁石化氯碱厂、沈阳化工股份有限公司、武汉葛化集团有限公司、中石化南京化学工业有限公司、福建省东南电化股份有限公司、青岛海晶化工集团有限公司、江苏扬农化工股份有限公司、山东滨化集团有限责任公司、湖北沙隆达股份有限公司、太原化工股份公司、浙江巨化股份有限公司、南通江山农药化工股份有限公司、济宁中银电化有限公司、自贡鸿鹤化工股份有限公司、巴陵石化有限责任公司、江苏苏龙化工有限公司、江苏索普化工股份公司、山西华源电化有限责任公司、无锡格林艾普化工股份有限公司、德州实华化工有限公司、山西合成橡胶集团有限责任公司、西安西化热电有限责任公司、杭州电化集团有限公司、嘉兴嘉化工业园投资发展有限公司、江西电化精细化工有限责任公司、山西榆社化工股份有限公司、南宁化工股份有限公司、福建省厦鹭电化有限公司、广州吴天化学（集团）有限公司、石家庄市电化厂、哈尔滨华尔化工有限公司、安徽氯碱化工集团有限责任公司、江苏安邦电化有限公司、南昌宏狄氯碱有限公司、金川集团有限公司化工厂、山东华阳科技股份有限公司氯碱厂、宜化双环制盐事业部氯碱片区、四川永祥股份有限公司等。下面列举部分普通 DSA 隔膜电解槽改造成节能型 DSA 隔膜电解槽的节能实例，见表 1-1-1。

表 1-1-1　普通 DSA 隔膜电解槽改造成节能型 DSA 隔膜电解槽的节能实例

企业名称	槽型	台数/台	改造内容	改造时间/年	节能效果
上海天原	C30-1	184	研制质量分数 60%的 PTFE 乳液改性剂	1983～1989	槽电压下降 0.19V
常州常化	C30-Ⅲ	2	研制成 FIFE 纤维改性剂	1989	槽电压下降 0.15～0.20V
常化	C30	88	扩张阳极＋改性隔膜新电解槽	2006	电流密度 1.77kA/m² 1t 烧碱交流电耗低于 2300kW·h
齐鲁石化	MDC-55	158	引进扩张阳极＋改性隔膜电解槽	1988	电流密度 2.15kA/m² 1t 烧碱直流电耗 2380kW·h
浙江巨化	C30-111	220	扩张阳极＋改性隔膜	2000～2005	5 年节电 3000kW·h 生产能力 12.00～13.50kt/a
渤天化	C30	192	扩张阳极＋改性隔膜	2000～2005	槽电压下降 0.23V 1t 烧碱节电 160kW·h
天津	C30	128	活性阴极＋固定阳极	2000～2001	槽电压下降 0.08V 1t 烧碱节电 56kW·h
大沽化	C30	128	扩张阳极＋改性隔膜	2003～2006	槽电压下降 0.175V 1t 烧碱节电 122kW·h
南京化工	C16	156	活性阴极＋改性隔膜	2003	槽电压下降 0.17V 1t 烧碱节电 100kW·h 以上

续表

企业名称	槽型	台数/台	改造内容	改造时间/年	节能效果
沈阳化工	C30	192	扩张阳极+改性隔膜	2004	槽电压下降 0.1～0.2V 1t 烧碱节电 70～140kW・h
巴陵石化	C19-11	102	扩张阳极+改性隔膜	2005	槽电压下降 0.15V 1t 烧碱节电 105kW・h
江苏安邦	C30	188	扩张阳极+改性隔膜	2006	1t 烧碱节电 70kW・h
青岛海晶	C30	108	扩张阳极+扩张阳极	2003	槽电压下降 0.15V 1t 烧碱节电 105kW・h
江苏索普	C16	54	活性阴极+扩张阳极	2005	电流密度 2031A/m² 1t 烧碱电耗 2296kW・h
安徽氯碱	C30	98	扩张阳极+改性隔膜	2006	1t 烧碱节电 106.4kW・h 烧碱年产量由 52228t 增至 62167t
西安西化	C30	37	扩张阳极+改性隔膜	2004	槽电压下降 0.239V 1t 烧碱节电 167.3kW・h
浔宁中银	C16,C30	/	扩张阳极+改性隔膜	2006	电流密度 1.6～1.7kA/m² 槽电压低于 3.0V，降 0.15V
杭州电化	C30-Ⅲ	/	扩张阳极+改性隔膜	2003	1t 烧碱节电 140kW・h

到目前为止，全国共有超 2000kt/a 普通 DSA 隔膜电解槽转换成节能型 DSA 隔膜电解槽，但转换力度和范围还不够大，尚有超 5000kt/a 普通 DSA 隔膜电解槽亟待转换成节能型 DSA 隔膜电解槽，这是其现阶段的发展方向，也是隔膜法烧碱与离子膜法烧碱长期共存的基础。

金属扩张阳极与改性隔膜是近年来隔膜电解生产中的一项新工艺。所谓金属扩张阳极，就是在钛铜复合棒上用弹簧片与两边的阳极片相连，使复合棒两边的极片可以张开与收缩。改性隔膜就是在制膜过程中向石棉浆料中加入一定量的改性剂（目前一般采用聚四氟乙烯纤维或乳液作为改性剂）及少量非离子表面活性剂，同时吸附在阴极网袋上，制成薄而均匀的石棉隔膜，每吨烧碱可节电 100kW·h 以上。改性隔膜相对于普通隔膜来说，增加了产量，降低了废石棉绒的排放量，减少了废石棉绒的环境危害。

第二节 盐水制备

盐水精制是烧碱生产过程中的主要过程之一，只有盐水质量达到要求，才能保证电解工序的正常运行。20 世纪末至 21 世纪初，由于加入 WTO，中国的氯碱行业同其他行业一样，逐渐与国际接轨，形成隔膜法烧碱与离子膜法烧碱并存的局面，盐水精制技术自然也随之变化发展。作为氯碱工序的源头，盐水精制起着至关重要的作用，包括原盐的控制，Ca^{2+}、Mg^{2+} 含量的控制与 pH 值的控制，以及最终送往电解工序的精盐水质量都是至关重要的。

食盐水溶液是电解法生产氯气、氢气和烧碱的主要原料，用于隔膜电解槽的是饱和食盐水溶液，盐水制备的任务是制备合格的饱和粗盐水。利用原盐易溶于水的特性，可将原盐制成粗饱和食盐水溶液。利用来自蒸发工序的回收液（主要成分为 NaCl）中的氢氧化钠除去粗盐水中的镁离子，添加碳酸钠除去粗盐水中的钙离子，添加氯化钡除去粗盐水中的硫酸根离子。然后采用沉降和过滤的方法把不可溶的杂质除净，用盐酸中和溶液中的过量碱，便可得到供电解使用的饱和精盐水。

一、原盐生产

原盐是指在盐田晒制的海盐及在天然盐湖或盐矿开采出的未经人工处理的湖盐或岩盐等的统称，原盐主要组分是氯化钠，夹杂有不溶性泥沙和可溶性的钙、镁盐类等。

原盐生产工艺主要分为三种。一是在自然条件下，将海水进行蒸发与结晶。该法产量规模大，品质较好，但易受自然条件因素影响，属于季节性生产。海盐产量约占原盐总产量的 60％。二是地下卤水或将注入地下盐矿中的水提取出来，再进行加热蒸发制取原盐。该法产量受自然因素影响较小，可连续化生产，缺点是能耗对成本有一定影响。三是将卤水在加热的条件下进行真空制取原盐，这种方法是目前世界上生产原盐最先进的工艺技术，不受外界因素影响，可连续化生产，产量规模大，缺点是能源消耗较高。由于我国能源相对紧张，在采用真空制盐先进工艺技术方面目前仅仅是开始，尚无规模化生产企业。

原盐是烧碱最主要的原料之一，在无机化工产品中占有极其重要的地位。中国原盐主要分为海原盐和内陆原盐两大类，近年来国内原盐产量结构发生了较大的变化。在市场需求快速增长的推动下，内陆原盐工业得到了较快的发展。2006 年，海原盐与内陆原盐产量比例大约为 6:4。海原盐产量比重有所下降的主要原因，一是沿海地区工业化与商业化经济区快速开发，使滩涂面积有所下降。二是两碱工业的快速发展，有力推动了内陆井矿湖盐的发展，生产表现出强劲的增长势头。尽管湖盐具有资源丰富、生产成本相对较低等特点，但由于物流成本相对较高，湖盐生产始终较为缓慢。

海盐是以海水（含沿海地下卤水）为原料晒制成的盐，我国是世界上开发海盐最早的国家，现在海盐的年产能 25800kt，约占世界海盐总产量的三分之一以上，居世界首位。海原盐主要产区分布在我国渤海湾地区，产量约占原盐总产量的 60%。海原盐生产对季节有较大的依赖性，生产季节为春秋两季。海原盐品质较好，质量相对稳定。井矿盐在华中、华南、西南地区均有分布，产量约占原盐总产量 35%。我国的海盐生产，一般采用日晒法，也叫"滩晒法"，就是利用滨海滩涂，筑坝开辟盐田，通过纳潮扬水，吸引海水灌池，经过日照蒸发变成卤水，卤水蒸发析出氯化钠即为原盐。日晒法生产原盐具有节约能源、成本较低的优点，但是受地理及气候影响，不可能所有的海岸滩涂都能修筑盐田、所有的季节都能晒盐。气候干燥，日照长久，蒸发量大，盐的产量就高；反之，产量就低。日晒法生产原盐，其工艺流程一般分为纳潮、制卤、结晶、收盐四大工序。

井矿盐受季节影响因素相对较小，但生产成本特别是能源成本相对海盐而言高一些。井矿盐品质相对海盐略差一些，湖盐主要分布于华北的内蒙古自治区与西北的青海地区，产量约占原盐总产量的 5%。中国原盐资源丰富，2008 年，国内原盐生产企业约 137 余家，全年累计产量 59528kt，同比增长 7.8%，全年表观消费量 57529.3kt。

原盐作为基本的化工原料，主要用于生产纯碱、烧碱、氯酸钠、氯气、漂白粉、金属钠等。原盐因含杂质，作为化学工业原料时必须进行处理，处理方法是将原盐加水配成一定浓度的盐水，其中机械杂质可用澄清和过滤方法除去，化学杂质则根据使用要求以加化学药剂的方法除去。例氯碱工业用纯碱、烧碱、氯化钡的方法除去盐水中 Ca^{2+}、Mg^{2+}、SO_4^{2-} 等杂质。

二、盐水溶液的性质

食盐的化学名叫氯化钠，化学式为 NaCl，相对分子质量为 58.5，假比重 0.7~1.2，生成热为 97.7kJ/mol，熔点 804℃，沸点 1439℃，平均比热容为 0.865kJ/(kg·K)。纯的氯化钠很少潮解，普通工业盐除含有 NaCl 外，还含有 $CaCl_2$、$MgCl_2$ 等杂质，这些杂质易吸收空气中的水分而使食盐潮解结块，结块给食盐的运输储存及使用带来一定的困难。温度对氯化钠在水中的溶解影响并不太大，但提高温度可加快食盐的溶解速度。不同温度下氯化钠在水中的溶解度见表 1-1-2。

表 1-1-2 不同温度下氯化钠在水中的溶解度

温度/℃	溶解度		温度/℃	溶解度	
	/%	/(g/L)		/%	/(g/L)
10	26.35	316.7	60	27.09	320.5
20	26.43	317.2	70	27.30	321.8
30	26.56	317.6	80	27.53	323.3
40	26.71	318.1	90	27.80	325.3
50	26.89	319.2	100	28.12	328.0

氯化钠水溶液的密度随浓度而变化，在 20℃时，氯化钠水溶液的浓度与密度的关系见表 1-1-3。

表 1-1-3 氯化钠水溶液的浓度与密度的关系

浓度		密度	浓度		密度
/%	/(g/L)	/(g/cm³)	/%	/(g/L)	/(g/cm³)
22	256	1.1639	25	297	1.1888
23	270	1.1722	26	311	1.1972
24	284	1.1804	27	318	1.2003

我国用于氯碱工业的食盐含氯化钠大约在 94%（质量分数，下同）左右，Ca^{2+}、Mg^{2+} 含量各约 0.1%～0.3%，盐大多没有洗涤，而国外氯碱企业多数采用洗涤盐，含氯化钠约 97%～98%，食盐经洗涤后，Ca^{2+}、Mg^{2+}、SO_4^{2-} 约可洗去 50%。这样既可以提高澄清设备的生产能力，又能减少控制剂等的消耗，因此氯碱工业应逐步采用优质盐和洗涤盐。

氯碱工业对食盐质量要求是氯化钠含量要高，化学杂质如 $CaCl_2$、$MgCl_2$、$CaSO_4$、$MgSO_4$、Na_2SO_4 等要少，不溶于水的杂质要少，盐颗粒要粗，否则容易结成块状，带来运输和使用上的困难。盐颗粒太细时容易从化盐桶中泛出，给化盐和澄清带来困难。每生产 1t（100%）NaOH 约需 1.5~1.8t（100%）NaCl。因此，食盐质量直接影响盐水精制的好坏、精制剂的消耗以及设备能力的发挥和精制操作的稳定性等。食盐中 Ca^{2+}、Mg^{2+}、SO_4^{2-} 含量高，将增加精制剂 Na_2CO_3、NaOH 和 $BaCl_2$ 的用量，从而增加费用影响成本，影响设备能力的发挥。盐水中杂质的含量，特别时 Mg/Ca 的比值，直接影响化盐、澄清、洗涤设备的效率。如：Mg/Ca 比值大于 2 时一般澄清设备均难满足工艺要求。

三、盐水制备原理与流程

（一）原盐的溶解

原盐可在地下池式盐库中溶解，也可借水力输送溶解，得到饱和粗盐水。氯碱厂使用最多是利用地上化盐桶化盐，原盐溶化在化盐桶内进行。化盐桶为一立式衬橡胶圆筒形设备，化盐时，原盐经皮带运输机和计量秤从化盐桶上部连续加入，在桶内保持 2.5~3.0m 厚的盐层高度。加热至 50~60℃ 的化盐水（包括来自蒸发工序的回收盐水、脱氯后的淡盐水、蒸汽冷凝水、洗泥水以及清水等混合液）经过设有均匀分布菌帽结构的出水管或下部开孔的排管，从化盐桶下部进入桶内，与盐层逆流接触后上升，溶解原盐，制备粗饱和盐水，从化盐桶上部溢流去盐水精制系统。原盐中含有的泥沙等不溶性机械杂质，较重部分沉积在化盐桶底部，定期清理，较轻部分由滤栅阻拦，人工去除。

（二）盐水制备工艺流程

原盐经皮带运输机送入化盐桶，用各种含盐杂水、洗水及冷凝液进行溶解。饱和粗盐水经加热后流入反应槽，在此加入精制剂烧碱、纯碱和氯化钡，在进入混合槽时加入助沉剂（苛化淀粉或聚丙烯酸钠），自流入澄清桶。清盐水溢流到盐水过滤器（自动反洗式砂滤器）。出来的精盐水经预热器加热，送入重饱和器，在此以蒸发析出的精盐使盐水中的氯化钠增浓至饱和浓度。饱和精盐水经加热后进入调节槽调整 pH 值中性，送入进料盐水槽，再用泵经盐水流量计分别送入各电解槽的阳极室，一次盐水的生产流程见图 1-1-3。

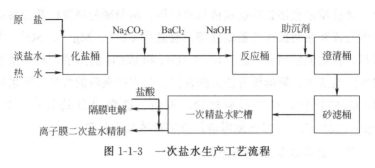

图 1-1-3 一次盐水生产工艺流程

第三节 盐水精制的基本原理

一、粗盐水杂质及危害

在食盐水电解制备烧碱的生产工艺中，制备饱和的精制食盐水，确保连续、均衡地满足电解工序的需要是至关重要的。由于原盐中含有钙离子、镁离子和硫酸根离子等化学杂质以及机械杂质，化盐用水及助沉剂中也会含有铵盐和铁离子，这些杂质在化盐时会被带进盐水中。用含有大量杂质的盐水去进行电解，会破坏电解槽的正常操作，对电解槽的使用寿命、能耗以及安全生产等方面都会带来不良影响，因此必须除去。

（一）Ca^{2+}、Mg^{2+} 的影响

如果盐水中 Ca^{2+}、Mg^{2+} 含量超标，在电解过程中就会出现以下几种情况。第一种情况，阳极液位偏高，阳极液渗透速度加快，基本阻止了 OH^- 的反迁移，Ca^{2+}、Mg^{2+} 就会进入阴极室，与 OH^- 反应生成氢氧化钙、氢氧化镁沉淀，电解液浓度降低，含盐量增加，电流效率下降。第二种情况，阳极液渗透速度与 OH^- 的反迁移速度相当，则 Ca^{2+}、Mg^{2+} 就会渗入隔膜层中，与反迁移来的 OH^- 反应生成氢氧化物沉淀，将隔膜细孔通道堵塞，导致阴极液浓度猛增，氯酸盐含量增加，槽电压上升，电流效率下降，电槽

运行工况恶化。第三种情况，阳极液位偏低，其渗透速度远小于 OH^- 的反迁移速度，大量 OH^- 进入阳极室，与 Ca^{2+}、Mg^{2+} 反应生成氢氧化物沉淀。阴极产物被消耗掉，导致碱损失上升，电流效率下降。另外，此类氢氧化物沉淀还会随着阳极液深入隔膜，堵塞隔膜细孔通道，降低隔膜的渗透性，导致阴极室电解碱液浓度升高，氯酸盐增加，槽电压上升，直至电槽运行工况恶化，最后除槽。

由此可见，入槽盐水中的 Ca^{2+}、Mg^{2+} 一定要达标，否则后患无穷。

（二）SO_4^{2-} 的影响

SO_4^{2-} 是由原盐或卤水带入的主要阴离子，其中 Ca^{2+}、Mg^{2+} 基本上都以硫酸盐的形式出现。通常来说盐水中含有少量的硫酸根离子并不会影响金属阳极电解槽的性能，对电流效率影响不大，不必另行处理。但是硫酸根离子含量过高时，会促使 OH^- 在阳极放电产生新生态氧，使氯气中含氧量增加，阳极电流效率下降。另外，对石墨阳极电解槽来说，会加剧阳极的耗损，生成的二氧化碳还会影响氯气纯度。硫酸根离子含量过高还会降低氯化钠的溶解度从而影响蒸发工序浓碱的沉降操作，硫酸钠还会因温度变化在盐水中形成结晶，堵塞盐水管道。因此，盐水中 SO_4^{2-} 一般不超过 $5g/L$。

（三）NH_4^+ 的影响

电解槽阳极侧 pH 在 $2 \sim 4$ 的条件下，将产生 NCl_3，其反应如下：

$$NH_3 + 3HOCl(pH < 4.5)NCl_3 + 3H_2O \qquad (1\text{-}1\text{-}1)$$

在氯碱生产系统中，存有潜在三氯化氮（NCl_3）爆炸的危险性，给氯碱生产造成很大的事故隐患。国内几家氯碱生产厂曾发生过三氯化氮爆炸的案例，造成了人员伤亡。特别是 2004 年重庆某化工总厂爆炸事故，造成了 9 人死亡，3 人受伤，15 万群众被紧急疏散，给国家和群众造成了重大损失。三氯化氮爆炸事前没有任何迹象，都是突然发生的。爆炸时发出巨响，有时伴有闪光，破坏性很大。三氯化氮威力很大，它的破坏力是由三氯化氮量的多少决定的。爆炸部位可以发生在任何三氯化氮聚集的部位，如管道、排污罐、气化器、钢瓶等处。

NCl$_3$ 分子量为 120.5，常温下为黄色黏稠的油状液体，密度为 1.653g/cm^3，-27℃以下固化，沸点 71℃，自燃爆炸点 95℃。当体积分数达到 5%～6% 时，在 90℃ 能自燃爆炸。在工业中，可以将三氯化氮萃取到四氯化碳中储存，可用作引爆剂和化学试剂。纯的三氯化氮当加热到沸点以上或与橡胶、油类等有机物接触或被撞击时可发生爆炸，并分解为 Cl$_2$ 和 N$_2$，遇水分解为氨和次氯酸。如果在光照或碰撞的影响下，更易促使其爆炸，在容积不变的情况下，爆炸时温度可达 2128℃，压力高达 531.6MPa。在空气中爆炸温度可达 1698℃。由于它的沸点高，容易从液氯中分离，因而也容易积聚和浓缩，所以，当氯气中有三氯化氮存在时，液氯生产的安全就会受到威胁。三氯化氮主要是铵根离子进入了电解装置，与氯气反应后生成的。在电解过程中，当溶液 pH 值小于 4.5 时，会产生三氯化氮。另外，氯气在冷却过程中与含有铵根离子的水接触也有可能生成三氯化氮。

三氯化氮在氯碱工业中的危险性大，应高度重视，采取措施，防止三氯化氮发生危害。首先应阻止铵根离子进入电解槽，降低原盐中含铵。其次要注意降低化盐用水含氨及铵盐，把好盐水质量关，控制盐水中总铵量低于 1mg/L。综合国内氯碱生产企业的实际情况，盐水工序还有其他多种处理铵的方法，如液相氧化法除铵、解析法除铵等。另外，液氯冷冻盐水中含铵根离子也是较大的事故隐患。在液氯生产过程中，因氯冷却器腐蚀穿孔，导致大量含有铵的盐水直接进入液氯系统，生成极具危害性的三氯化氮爆炸物，当积聚到爆炸浓度时，会产生爆炸。国内部分氯碱生产装置已经将液氯冷冻介质更换为溴化锂或氟利昂，杜绝了此类事故的发生。

（四）Fe^{3+} 等重金属离子的影响

盐水中若含有 Fe^{3+} 时，在电解过程中，Fe^{3+} 在靠近阴极侧时与扩散的 OH^- 结合，生成 $Fe(OH)_3$ 沉淀，沉积在膜上，堵塞膜孔隙，增加电压降，影响电槽的正常运行和技术经济指标。

盐水中存在重金属离子，将会对阳极涂层的电化学性有相当大的影响。例如，盐水中的 Mn^{2+} 沉积在阳极表面，形成不带电的氧化物，使阳极涂层的活性降低，增加压降，电耗升高。Fe、Mn、Cr、Ni 等阳离子是钢制设备中带来的，为了减少这些有害杂质，应该对盐水设备的防腐工作引起足够的重视。可以采用橡胶衬里，或用树脂或环氧煤焦油防腐，使盐水中的 Fe、Al 含量 $<0.5\times10^{-6}$（质量分数，下同），Ba、Mn 含量 $<0.01\times10^{-6}$。

（五）机械杂质的影响

如果不溶性的泥沙等机械杂质随盐水进入电解槽中，会堵塞膜的孔隙，降低膜的渗透性，使电解槽运行恶化，造成电阻增加。

二、盐水精制原理

食盐水中含有钙离子、镁离子、硫酸根离子等化学杂质和其他机械杂质，化盐用水及助剂中也会有铵盐，这些杂质需用不同的方法除去。盐水中的化学杂质可用化学方法处理，加精制剂使杂质生成溶解度很小的 $Mg(OH)_2$、$CaCO_3$、$BaSO_4$ 等，可以除去这些杂质。不溶性物质与其他机械杂质可通过重力沉降和过滤方法除去。

（一）除 Ca^{2+}

向盐水中加入 Na_2CO_3，与盐水中的 Ca^{2+} 反应，生成沉淀 $CaCO_3$。为了将 Ca 充分除去，Na_2CO_3 的加入量必须超过反应的理论量，反应如下。

$$Ca^{2+}+CO_3^{2-}\Longrightarrow CaCO_3\downarrow \tag{1-1-2}$$

（二）除 Mg

向盐水中加入 NaOH，生成 $Mg(OH)_2$ 沉淀，NaOH 同样需要过量，反应如下。

$$Mg^{2+} + 2OH^- \Longrightarrow Mg(OH)_2 \downarrow \qquad (1\text{-}1\text{-}3)$$

（三）除 SO_4^{2-}

向盐水中加入 $BaCl_2$，生成 $BaSO_4$ 沉淀，反应如下。

$$SO_4^{2-} + Ba^{2+} \Longrightarrow BaSO_4 \downarrow \qquad (1\text{-}1\text{-}4)$$

（四）除铵

盐水中通氯或次氯酸钠溶液生成 NH_2Cl 或 $NHCl_2$，反应如下。

$$NH_3 + Cl \xrightarrow{pH>9} NH_2Cl + HCl \qquad (1\text{-}1\text{-}5)$$

$$NH_3 + 2Cl_2 \xrightarrow{pH>9} NHCl_2 + 2HCl \qquad (1\text{-}1\text{-}6)$$

在盐水中的 NH_2Cl，$NHCl_2$ 必须用压缩空气吹除。

三、盐水精制要求

普通工业食盐中含有钙盐、镁盐、硫酸盐和其他杂质，对电解操作极其有害。Ca^{2+}、Mg^{2+} 将在阴极与电解产物 NaOH 发生反应，生成难溶沉淀，不仅消耗 NaOH，还会堵塞隔膜孔隙，降低隔膜的渗透性，使电流效率下降，槽电压上升，SO_4^{2-} 的存在会促使 OH^- 在阳极上放电产生氧气。所以，采用工业原盐制备的粗盐水，必须进行精制。精制盐水的质量应达到以下要求。

NaCl	$>315g/L$	Ca^{2+}、Mg^{2+} 总量	$<10mg/L$
SO_4^{2-}	$<5g/L$	pH	$7\sim8$

原盐溶解后的粗盐水中含有钙、镁、硫酸根等杂质，对电解有害，须加入精制剂使杂质成为溶解度很小的沉淀而分离除去。粗盐水中的钙可加入碳酸钠溶液使之生成碳酸钙沉淀，为使沉淀迅速完全应控制过量，保持适当的高温和不太剧烈的搅拌，可加速盐水的澄清。粗盐水中的镁可加入氢氧化钠溶液，使之生成氢氧化镁絮状沉淀，该沉淀包在碳酸钙晶体上可加速其凝聚并共沉降，一般加入的氢氧化钠应过量。原盐中的 Mg^{2+}/Ca^{2+} 比值将会影响澄清效果。例如 $Mg^{2+}/Ca^{2+}=1.0$ 时，澄清速率为 $0.25m/h$，$Mg^{2+}/Ca^{2+}=2.0$ 时，澄清速率为 $0.16m/h$。盐水中添加烧碱，还可以使盐水中

的铁离子、三价铬离子等以氢氧化物沉淀与镁离子一同除去。盐水中的硫酸根可加入氯化钡，生成硫酸钡沉淀，经沉降除去。

四、盐水精制工艺技术综述

由固体氯化钠经水溶解达到饱和状态，再在盐水中加入各种助剂去除有害杂质，达到隔膜法烧碱生产用盐水的质量要求，这样的盐水在国内氯碱行业一般统称为一次盐水。一次盐水的制备过程虽然比较简单，但在近几年中，其生产技术有了长足的进步，生产环境得到了改善。目前的生产方式大体可分为如下三种：传统工艺、膜法过滤工艺和直接过滤工艺，这三种生产工艺目前在我国氯碱企业均存在。

（一）传统生产工艺

1. 工艺流程简述

固体氯化钠经输送设备送入化盐桶，化盐水经载热介质预热至50～60℃之后，从化盐桶下部进入，与固体氯化钠逆流接触；饱和盐水（NaCl≥310g/L）从化盐桶顶部溢流而出，进入折流反应槽，相继向折流槽中加入纯碱、氢氧化钠、氯化钡等各种助剂，与盐水中的 Ca^{2+}、Mg^{2+}、SO_4^{2-} 进行反应，之后加入絮凝剂与浑盐水充分混合后，再进入澄清桶，澄清桶排出的盐泥进入盐泥中间槽，再经泵打入板框压滤机（或三层洗泥桶），清液回化盐系统，固体废弃物外运处理，澄清桶清液溢流至过滤器，进一步去除固体悬浮物，使固体悬浮物（以下简称"SS"）的质量分数达到 $1×10^{-5}$ 以下，其他各项技术经济指标均达到合格精盐水的要求（参见图1-1-4）。该盐水可以直接应用于隔膜法烧碱生产，但不符合离子膜法烧碱生产用盐水的要求，必须将其送至盐水二次精制工序，通过以 α-纤维素为滤料的炭素管过滤器进行再次过滤，确保盐水中 SS 的质量分数小于 $1×10^{-6}$ 时，将盐水送往树脂塔，经离子交换后再送至电解工序。

2. 工艺特点

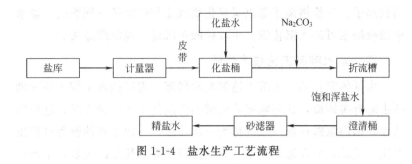

图 1-1-4　盐水生产工艺流程

传统工艺在国内外同行业中应用广泛，一次盐水工序生产过程相对稳定，操作简便，易于掌握，检修频次不高，维修费用相对较低，运行稳定性较好。但由于生产装置大，占地面积多，一次盐水工序自动化程度低，系统一旦出现异常，恢复正常所需时间较长，装置出现故障的检修难度较大。由于砂滤器的存在，会产生 SiO_2 二次污染，一次盐水中的 SS 含量相对偏高，增加了后续工序的处理压力。另外，该法对原盐质量变化的适应能力较差，炭素管过滤部分操作相对复杂，α-纤维素的消耗增加了部分成本。

（二）膜法过滤工艺

目前应用于氯碱生产中的膜法过滤技术有以戈尔膜法、颇尔膜法、凯膜法为代表的几种形式，它们的生产工艺存在共同特点。

1. 工艺流程描述

固体氯化钠经输送设备送入化盐桶，化盐水经载热介质预热至 $50 \sim 60 ℃$ 后，从化盐桶的下部进入，与固体氯化钠逆流接触。饱和盐水从化盐桶顶部溢流而出，进入折流反应槽，加入氢氧化钠与盐水中的 Mg^{2+} 反应，并加入质量分数为 10% 的次氯酸钠溶液去除氧化盐水中的有机物（保证预处理器出口盐水中含游离氯质量浓度为 3mg/L），充分反应后，用加压泵将盐水打入加压溶气罐，在通入压缩空气后，进入预处理器浮上澄清桶，经预处理后的盐水进入反应罐，在加入纯碱后经反应罐进入中间槽，加入亚硫酸钠与过量的游离氯反应，确保检测不出游离氯后，再用泵送入膜法过滤系统，

$w(SS) < 1 \times 10^{-6}$的合格盐水送至后续工序。

戈尔膜过滤精制盐水工艺流程见图1-1-5。

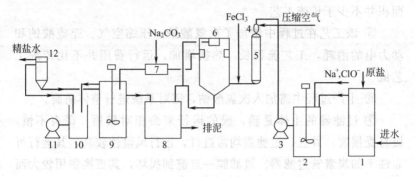

图1-1-5 戈尔膜过滤精制盐水工艺流程

1—化盐桶；2—缓冲槽；3—粗盐水泵；4—水喷射器；5—加压溶气罐；

6—预处理器；7—折流槽；8—排泥罐；9—反应罐；10—中间槽；

11—进料泵；12—戈尔膜过滤器

2. 工艺特点

对于氯碱生产企业，膜法过滤工艺若应用于隔膜法烧碱生产，过滤装置的功能仅仅取代了砂滤器。对于离子膜法烧碱生产来说，过滤装置取代了砂滤器和炭素管过滤器，但一次盐水精制工序都变复杂了。膜过滤工艺与传统工艺对比如下。

① 该生产工艺可以替代原传统工艺中的砂滤器和炭素管过滤器，并能使盐水中的$w(SS) < 1 \times 10^{-6}$，对高镁盐适应能力较好。

② 对于隔膜法烧碱生产，膜法过滤装置没有应用价值。

③ 对于离子膜法烧碱生产，膜法过滤装置取代了砂滤器，减少了SiO_2对离子膜的污染，取代了炭素管过滤器，减少了α-纤维素的消耗。

④ 与传统工艺相比，膜法过滤技术实际上将生产工艺过程延长了许多，使原本只要澄清桶与砂滤器加炭素管过滤器就能解决的问题更为复杂化了。首先它必须先除有机物，需在系统中添加次氯酸钠，然后先除镁离子再除钙离子，最后还需加入亚硫酸钠，保证

剩余游离氯的完全去除。全过程控制点多、设备多、工艺流程长、操作难度大，还需要周期性地对过滤膜块进行清洗，整个装置占地面积并不少于传统工艺。

⑤ 该工艺在过程中增加了次氯酸钠、压缩空气、亚硫酸钠和动力电的消耗，工艺流程长，热损增加，运行费用并不比传统工艺低。

⑥ 生产过程中需加入次氯酸钠，需对系统进行整体防腐。

⑦ 过滤器的主体是膜，膜的运行寿命相对较短，稍有不慎，极易受损害；并且，过滤膜均需进口，运行风险性较高，其运行可靠性不如炭素管过滤器。过滤膜一旦遭到损坏，其更换费用较大而且费时，对具有连续化生产特点的化工企业来说是难以接受的，而传统工艺不存在上述问题。

⑧ 在该工艺中，有机物对过滤膜造成影响情况未见报道。而用次氯酸钠去除有机物存在以下两个问题：是否次氯酸钠对所有有机物都能适用；次氯酸钠对有机物的氧化只是改变了部分原有有机物的结构，并不能从根本上去除有机物。实验表明，次氯酸钠是不能从根本上去除有机物的，必须附加其他相关处理装置，如通过超声波深度氧化和其他吸附介质吸附低碳有机物等，这样才能达到降低盐水中有机物含量的目的，但仍不能从根本上去除。

国内很多相关文章中报道了膜法精制盐水技术运用于离子膜法烧碱生产中节约了投资、减少了占地面积、自动化程度高、运行费用低，有的更认为该技术的应用延长了离子膜的使用寿命，降低了电耗，节约了能源。但是，炭素管过滤技术完全有能力达到膜法精制盐水的要求，甚至做得更好。

（三）直接过滤工艺

直接过滤工艺一直应用于钛白粉制造业，刚刚进入氯碱行业应用于一次盐水的生产。2006 年西南吴华股份有限公司氯碱厂开始进行直接过滤试验，2007 年常化集团常州新东化工股份有限公司进行试运行，从整个运行过程上看，效果较好。

1. 工艺流程简述

固体氯化钠经输送设备送入化盐桶（或化盐池），化盐水经载热介质预热至 $50\sim60℃$，从化盐桶下部进入，与固体氯化钠逆流接触。饱和盐水从化盐桶顶部溢流而出，进入折流反应槽，相继加入纯碱、氢氧化钠、氯化钡等各种助剂，与盐水中的 Ca^{2+}、Mg^{2+}、SO_4^{2-} 进行反应，之后进入反应槽充分反应，再加入絮凝剂，与浑盐水充分混合后，进入 CN 过滤系统，$w(SS)<1\times10^{-6}$ 的合格盐水送至后续工序。

2. 工艺特点

① 过程相当简单，工艺流程短，同时克服了传统工艺中 SiO_2 对离子膜造成的影响。

② 一次盐水同样能达到膜法过滤的 $(SS)<1\times10^{-6}$ 的要求，但它不需对盐水作任何特殊处理，只要求过碱量的控制要相对稳定，同时要使化学反应充分完成。

③ 过程自动化程度高，可对盐水出水实行在线浊度监测，可及时发现问题并解决问题。

④ 过滤阻力较低，在其正常运行或进行反清洗时不需增加外动力或辅助设施。

⑤ 因其过滤技术对浑盐水中钙、镁离子含量的比例没有任何要求，对于原料盐来源及质量不稳定的企业具有极强的适应性。

⑥ 不需周期性清洗或维修，有机物的存在也不产生任何影响。

⑦ 采用此工艺可以节约一定的投资，且占地面积小，建设周期短。盐用皮带输送机传送，可将盐直接从盐堆铲入低位化盐池，而不必像传统工艺中要求的那样将化盐桶设计得很高，大大降低了皮带输送机所需的动力和大量的维修费用。化盐厂房无需太大，能放下板框压滤机即可，其他均可采用露天布置。

⑧ 全过程简单明了，在线监测，易于操作，可以大大缩减劳动力的使用。

⑨ 过滤单元设备本身为 FRP 材质，耐腐蚀性强，具有较长的

使用寿命。

　　3. 过滤器的工作原理

　　粗盐水从过滤器的中部进入，经布水板将粗盐水进行均匀分布后进入悬浮的过滤层。过滤层的滤料是直径为 $1\sim2mm$、密度约为水的10%左右的高分子球形材料，它在过滤器中悬浮在盐水的表面，滤层高度约为500mm。当粗盐水从下部进入滤层后，悬浮物在滤层的下方被截留，在达到一定程度时，大块的悬浮物就自然脱离滤层，下沉到过滤器的底部，清液从过滤器的上方流出。因滤料堆积密度较高，均匀性较好，且有静电吸附功能，可保证精制盐水中的 $w(SS)<1\times10^{-6}$。运行一段时间后，用PLC自动控制系统打开排泥阀，将聚集在过滤器底部的盐泥排出。在排泥的同时，过滤器上部清液的液位迅速下降，下行的清盐水迅速通过过滤层，达到对其反清洗的目的。在排泥期间，系统可保持连续运行。

　　（四）纤维过滤器

　　隔膜法烧碱对盐水质量的要求虽不如离子膜电解法烧碱严格，但高质量的精制盐水对于隔膜法烧碱电槽的正常运行，提高隔膜使用寿命，降低槽压、降低电耗有着十分重要的意义。传统的隔膜碱盐水中要求 Ca^{2+}、$Mg^{2+}\leqslant5mg/L$，部分氯碱厂一旦出现 Ca^{2+}、Mg^{2+} 浓度达到 $3mg/L$，即被视为盐水质量不合格。依靠传统的"沉降＋砂滤"很难获得高质量的进槽盐水，许多厂在隔膜碱中率先采用二次过滤盐水，采用PE管过滤器在确保盐水质量，降低电解电耗中起到了较大作用（如图1-1-6）。

　　该法的主要缺点是需要预涂和本体给料 α-纤维素，实际上PE管只起到骨架作用，α-纤维素才起过滤作用，盐水二次精制的运行费较高，更为严重的是卤水中含有铵（或胺），要除铵就必须加次氯酸钠，这就造成因加次氯酸钠而带入的氯酸根及游离氯对PE管的严重腐蚀。因此，寻求PE过滤器代用品已迫在眉睫。

　　纤维过滤器采用经过特殊成型处理的纤维束为过滤元件，该过

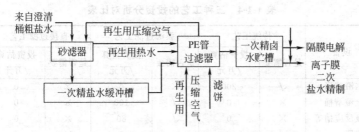

图 1-1-6 PE管过滤器在一次精制盐水生产中的应用

滤器的纤维床内部设有由若干个胶囊组件构成的加压室，在过滤器外部设有胶囊充水和排水装置。过滤时通过胶囊充水装置向胶囊内充入一定量的水，纤维滤床被压缩，形成变隙滤床，从而实现深层过滤的理想状态。清洗过滤器时，通过原水的压力使胶囊内部的水排出，纤维滤床变得疏松，在清洗水流和清洗空气的作用下使纤维滤层得到彻底的清洗。纤维过滤器完全可以代替 PE 管加 α-纤维素的过滤方法，两者相比，前者具有投资省，无运行费（除动力电外），操作简便，更换滤料费用低，纤维再生、反洗性能良好等特点。

纤维过滤器属于深层过滤，过滤精度可通过水囊压力调节，而砂滤器严格来讲属表面过滤，过滤精度低于纤维过滤器。纤维过滤器适用于传统"沉清＋砂滤"的隔膜碱生产厂家，且使用后由于盐水质量提高带来的电槽收益（隔膜寿命提高及节电）远远大于纤维过滤器本身的投入。

（五）三种工艺的投资分析

以 100kt/a 离子膜法烧碱生产装置相匹配的盐水生产装置建设为例，三种工艺的投资分析对比见表 1-1-4。

成本分析 设备均以 10 年进行折旧，过滤膜使用寿命以 3 年计，炭素管使用寿命以 8 年计，CN 过滤介质以每年添加量 2 万元计，石英砂以每 2 年彻底更换 1 次计，其他及维修费用暂不考虑。3 种工艺的成本分析对比见表 1-1-5。

表 1-1-4　三种工艺的投资分析对比表

设备	传统工艺		膜法过滤工艺		直接过滤工艺	
	是否需要	投资估算/万元	是否需要	投资估算/万元	是否需要	投资估算/万元
道尔澄清桶	√	200	×	0	×	0
浮上澄清桶	×	0	√	100	×	0
二级反应槽等	×	0	√	80	×	0
砂滤器	√	30	×	0	×	0
特种过滤器	×	0	√	250	√	240
炭素管过滤器	√	400	×	0	×	0
总计/万元		630		430		240

表 1-1-5　三种工艺的成本分析对比表　　单位：元/吨

项　目	传统工艺	膜法过滤工艺	直接过滤工艺
设备折旧	5.02	4.3	2.4
次氯酸钠	0	0.045	0
亚硫酸钠	0	0.3	0
需要多消耗的 $BaCl_2$	0	0.45	0
α-纤维素	2.5	0	0
石英砂消耗	0.5	0	0
滤料消耗	0	0	0.2
过滤膜消耗	0	2.25	0
炭素管的消耗	1.6	0	0
总运行费用	9.62	7.345	2.6

注：以 1t 100% NaOH 的生产成本计。

（六）盐水生产技术述评

1. 硫酸根的脱除

氯碱生产过程中常见的硫酸根脱除方法主要有三种：钙法、钡法和冷冻法。这三种处理方法均存在缺陷。对钙法来说，一方面过量的钙需要增加纯碱的消耗，另一方面，盐泥将大量增加；对于钡法，一方面钡法成本较高，另一方面过量的钡离子会对离子膜产生严重的二次污染，同时产生的盐泥量较大；对冷冻法来说，直接从淡盐水或卤水中提硝成本较高，但若预先将盐水中的 SO_4^{2-} 增浓，再用冷冻法提硝，成本将有所降低。目前国内已有厂家在离子膜法烧碱生产中采用了膜法提硝技术，因该工艺对原料盐水中含有的钙离子、镁离子、悬浮物、盐浓度、有机物、游离氯、盐水温度、pH值均有要求，只适用于对离子膜法烧碱生产中淡盐水的处理。该工艺简洁，没有对盐水产生二次污染，没有环境污染物的产生。一种可将淡盐水中的硫酸钠质量浓度由 10g/L 增为 80～100g/L，然后去冷冻提硝；另一种是将淡盐水中硫酸钠的质量浓度由 10g/L 增浓至 40g/L 后，再去冷冻提硝。至于选择何种方法，生产企业可根据自身的特点进行选择。但该项技术生产装置一次性投资较大，并且采用膜法工艺，膜的寿命及其运行费用仍是需要特别关注的问题。

2. 节能减排，循环经济

对于氯碱企业来说，盐泥是一个环境污染源。盐泥的构成有原盐中的机械杂质、盐水精制过程中产生的钙离子、镁离子、硫酸根离子的有害沉淀物，因此，有害废渣盐泥的形成是因为不洁原料引起的。作为原料盐生产企业，仅仅停留在简单生产上，本来可以进行无害化处理的杂质被分配到了使用其原盐的各氯碱企业，从而形成盐泥污染。所谓无害化处理，是因为海盐经海水自然蒸发、浓缩、结晶后而得，大量的有害杂质一般均黏结在晶体盐的表面，若产盐企业将该晶体盐用清洁海水或其他水进行喷淋洗涤，即可除去原盐表面50％以上的各种杂质，产生的富含杂质的水，因未添加任何助剂等有害物质而未受到任何污染，因此可让其返回大海。但对于富含地下盐矿的地区，所采用的无环境污染路线又不一样，它可以形成一个庞大的大循环体，从而实现减排目的，同时实现无环境污染问题。

① 真空制盐企业产生的大量冷却水从原来的直接外排到现在作为化盐水入井，达到了减排的目的。

② 精制盐水企业与真空制盐企业将卤水处理过程中产生的含有钙、镁离子杂质的盐泥浆直接返回废弃的盐井，填充了盐井的空间，同时使盐泥不再污染环境。

③ 氯碱企业直接采用精制盐水厂生产的成品盐水（可直接用

作离子膜法或隔膜法烧碱生产需要的一次盐水），而不必再进行处理。氯碱企业产生的淡盐水用精制盐进行饱和，同样可以不再除去任何杂质而生产合格的一次盐水，因而没有盐泥的产生，也避免了环境污染。

④ 精制盐水生产企业生产的精制盐水，一方面因采用了 CN 过滤器，可使其精制盐水中的 $w(SS)<1\times10^{-6}$，同时排除了一般氯碱企业 SiO_2 的污染；另一方面，采用了膜法除硫酸根设备，在使其成品盐水硫酸根可以达到较高要求的同时，排除了钡离子对离子膜的污染。再者，在原料方面，因为盐水生产企业所用的化盐水来自于真空盐厂的清洁冷凝水，从而排除了原来可能对离子膜产生影响的各类有机物或其他不良杂质。

⑤ 盐矿厂使用了真空制盐企业系统的蒸汽冷凝水，解决了化盐水由内河取水的品质问题，同时降低了取水费用，而且不用再为如何满足用户的不同要求而烦恼。

第四节 主要设备的操作

一、化盐桶

（一）操作流程

食盐自盐仓由皮带运输机从上部连续加入化盐桶，化盐桶的高度决定于盐水达到饱和所需的盐层高度，并考虑到化盐桶在清理周期内底部积存的盐泥高度，一般约取 $5\sim7m$，盐层高度在 2m 以上。溶盐水用回收盐水、洗泥水或清水配制，自化盐桶底部进入，经分液装置，与盐层逆流接触上升，化盐温度由蒸汽加热管调节控制，淡盐水不断溶解原盐，自桶顶部溢流槽流出的盐水即为饱和粗盐水。较重的杂质沉积于化盐桶底部，定期清理。也可采用地下盐池贮盐，加水溶解，再进入化盐桶，制得饱和粗盐水。这种方法上盐运输方便，但清理盐泥困难，盐池还要考虑防漏措施。

（二）设备结构

化盐桶是制备饱和粗盐水的主要设备，为钢制的立式圆桶，桶顶部有挡杂草和盐粒的铁栅，桶中部有防止液流走短路的折流圈，桶底有淡盐水分布装置以及加热装置等。

化盐桶的结构如图 1-1-7 所示。化盐水自下而上经过盐层，为了防止盐水流动发生短路而影响盐水饱和，在化盐桶中部设有折流圈。折流圈与桶体一般成 45°，折流圈底部应开设停车时放净用的小

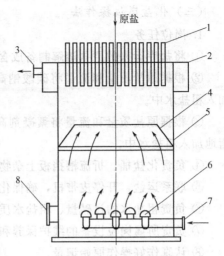

图 1-1-7　化盐桶结构
1—铁栅；2—溢流槽；3—粗盐水出口；
4—折流圈；5—桶体；6—折流帽；
7—溶盐水进口；8—人孔

孔，折流圈内径不能太小，以免局部截面流速过大或造成上部食盐产生搭桥现象。折流圈宽度约 150～250mm。化盐水由总管通过分布管进入化盐桶，分布管出口采用菌帽结构。菌帽能防止杂物流入管道造成堵塞，在化盐桶界面内均匀分布。在化盐桶中部设置加热蒸汽分配管，使蒸汽从小孔中喷出。小孔开设方向向下，避免盐水翻泡或盐粒堵塞孔眼。

化盐桶的直径可以按下式计算。

$$D = \sqrt{\dfrac{Q}{\dfrac{\pi}{4}q}} \qquad (1\text{-}1\text{-}7)$$

式中：D——化盐桶直径，m；

Q——粗盐水流量，m^3/h；

q——生产强度，4～8m^3/h。

（三）化盐岗位操作法

1. 岗位任务

① 将盐库运来的原盐溶解制备成含过碱量合格的饱和粗盐水。

② 根据原盐质量和流量将碳酸钠高位槽的碳酸钠溶液均衡地加入粗盐水中。

③ 根据原盐质量和流量将絮凝剂高位槽的聚丙烯酸钠溶液均衡地加入粗盐水中。

④ 负责化盐桶、折流槽挡板上杂物的清除。

⑤ 联系运盐、开停皮带机，确保化盐桶盐层合格。

⑥ 负责粗盐水的过碱量、粗盐水质量的分析控制。

⑦ 负责所属岗位设备的维护保养和现场清洁文明生产。

⑧ 认真作好操作原始记录。

2. 操作程序

开车前的准备工作。本岗位接到上级要求开车的指示后，应作好以下几方面的准备工作。

① 检查本岗位所有检修项目是否完成。

② 检查所有设备管道阀门开关位置是否正确。

③ 检查化盐桶人孔是否装好，并进行试漏。

④ 调试皮带输送机运行正常，避免跑偏。

⑤ 检查盐库原盐储存情况，落实吊车工、计量工是否到位。

⑥ 联系碳酸钠、聚丙烯酸钠是否准备好。

⑦ 上述所有工作已经准备就绪后，及时报告当班班长，本岗位具备开车条件并坚守岗位待命。

3. 正常开车

本岗位接到开车命令后，按以下步骤开车。

① 通知吊车工和盐计量工向本岗位送盐。

② 启动皮带输送机运盐至化盐桶。

③ 通知精制岗位向碳酸钠高位槽送碳酸钠溶液和聚丙烯酸钠溶液。

④ 待化盐桶盐层合格后，先打开碳酸钠溶液阀门，再打开聚丙烯酸钠溶液阀门。

⑤ 通知精制岗位向化盐桶送化盐水化盐。

⑥ 分析粗盐水各项指标，若不合格则及时通知精制岗位协同处理。

⑦ 待澄清桶液位合格后，通知中和岗位开启过滤系统和盐酸中和系统。

⑧ 作好岗位开车原始记录。

4. 正常停车

本岗位接到停车命令后，按下列步骤进行停车。

① 通知吊车工和盐计量工停止向本岗位送盐。

② 待皮带机盐运完后停皮带输送机。

③ 通知精制岗位停止向碳酸钠高位槽送碳酸钠溶液和聚丙烯酸钠溶液。

④ 通知精制岗位停止向化盐桶送化盐水。

⑤ 关闭碳酸钠溶液和聚丙烯酸钠溶液的阀门，停加精制剂。

⑥ 通知中和岗位停止中和系统。

5. 紧急停车处理

本岗位短时间突然停水、停电均可按正常停车操作步骤进行停车，要求速度尽可能快。突然停汽，可根据生产继续开车或停车，如果生产需要继续开车则必须压小精制流量。

6. 正常停车检修处理

先按正常停车程序操作完毕，若遇化盐桶、折流槽、精制剂储槽等需检修则单独对各设备进行清洗置换等操作直至符合检修要求。

7. 本岗位操作要点

① 开启皮带输送机送盐前必须按提示电铃，以避免安全事故发生。

② 盐层不合格严禁开化盐泵。

③ 精制剂和絮凝剂未准备好严禁开车。

④ 精制剂和絮凝剂应连续准确加入精制反应槽中。

8. 不正常现象的原因分析及处理

不正常现象的原因分析及处理见表 1-1-6。

表 1-1-6　化盐岗位不正常现象原因及处理方法

不正常现象	原因	处理方法
1. 精盐水浓度低	1. 原盐质量差 2. 盐层太低 3. 化盐桶渣多 4. 硫酸根含量高 5. 盐在桶内结块 6. 化盐桶挡圈坏 7. 流量过大 8. 化盐温度过低 9. 回收液少	1. 好盐、差盐搭配使用 2. 停止化盐开皮带运盐 3. 停止化盐清理化盐桶 4. 加氯化钡除硫酸根 5. 破坏盐块 6. 停止化盐并检修 7. 调节流量 8. 开蒸汽提高化盐温度 9. 与蒸发联系送回收液
2. 盐水中 Ca^{2+}、Mg^{2+} 高	1. 原盐中 Ca^{2+}、Mg^{2+} 高 2. NaOH、$NaCO_3$ 过量不够 3. 澄清桶返浑 4. 澄清桶泥层太高 5. 精制反应不完全	1. 加大精制剂量或要求提高原料进货质量 2. 控制好过碱量 3. 停车让其静置处理 4. 定期排泥 5. 控制压缩空气
3. 皮带机跑偏	1. 皮带机主、从动轮不正 2. 皮带机主、从动轮结盐 3. 滚筒脱落 4. 皮带潮湿	1. 调节拉紧装置 2. 铲除结盐 3. 及时安装滚筒 4. 改用干燥盐
4. 澄清桶发浑	1. 温差大产生对流 2. 流量不稳定 3. 絮凝剂中断或太少 4. 桶内泥层高 5. 过碱量不合格 6. 盐水浓度波动大 7. 原盐质量差	1. 严格控制化盐温度 2. 控制好流量 3. 按要求加入絮凝剂 4. 按要求排泥 5. 严格控制过碱量 6. 控制好盐水浓度 7. 调整原盐品种

9. 安全注意事项

① 严格遵守本岗位安全制度。

② 本岗位操作人员必须穿戴好按规定发放的劳动保护用具。

③ 皮带运盐机在运行中不准清理皮带、托滚上的积盐。皮带输送机运行过程中严格按操作规程操作，避免安全事故发生。

④ 皮带运盐机、泵等转动设备运行中不准跨越。

⑤ 谨防盐水、碳酸钠、絮凝剂溅入眼睛。

⑥ 上下楼梯、操作平台谨防摔伤。

10. 交接班制度及要求

① 交班者必须全面完成本班生产任务，并积极为下班创造良好条件，按交接班内容进行对口详细交接，使接班者清楚满意。

② 生产上、操作上、设备上的不正常现象，当班者能处理的必须处理，若经处理未处理好必须向接班者交代清楚，并有义务协同接班者共同处理好后再下班。

③ 岗位设备、卫生区域必须清洁卫生、整齐交给下班。

④ 接班者必须换好劳服用具提前 15min 到达生产岗位参加班前会，听取上班生产情况介绍和本班工作布置及安全讲话，然后进行对口交接。

⑤ 交接班内容及巡回检查路线：

岗位记录、生产情况、设备运行及维护情况；皮带输送机要试开交接，化盐桶盐层是否合格，分析仪器、试剂是否齐全。接班者经过仔细检查确认无误后于正点在交接班记录上签字，交班者方可离开。

⑥ 接班者在交接班过程中发生的事故，由交班者负责处理；接班后发生的事故由接班者本人负责处理，若系隐瞒未交事故则需追究交班者责任。

⑦ 若有原始记录不全、交接不清、交班者不在岗位或不在交班时间内对口交班者，当班能处理的事故不处理、岗位卫生不打扫及其他原因，接班者有权拒绝接班。

二、精制设备与操作

（一）澄清设备

1. 澄清的基本原理

　　浑盐水中难溶的 $Mg(OH)_2$，$CaCO_3$ 等颗粒，在道尔型澄清设备内除掉，其基本原理为难溶性颗粒在浑盐水中受到三种力的作用，即颗粒的重力，盐水对颗粒的阻力和浮力。假设颗粒为球形或圆柱形，则盐水对颗粒的阻力符合牛顿定律。

$$S = 1/2 F \gamma W_0^2 N \tag{1-1-8}$$

式中　S——颗粒所受阻力，N；

　　　N——阻力系数；

　　　F——颗粒投影面积，m^2；

　　　γ——浑盐水密度，kg/m^3；

　　　W_0——颗粒沉降速度，m/s。

　　颗粒的重力可按下式计算。

$$f_g = \pi d^3 \gamma_s g \tag{1-1-9}$$

式中　f_g——颗粒重力，N；

　　　d——颗粒直径，m；

　　　γ_s——颗粒密度，kg/m^3；

　　　g——重力加速度，$9.81 m/s^2$。

　　颗粒所受的浮力，根据阿基米德定律，可按下式计算。

$$f_b = \pi d^3 \gamma g / 6 \tag{1-1-10}$$

式中　f_b——颗粒所受浮力，N；

　　　d——颗粒直径，m；

　　　γ——浑盐水密度，kg/m^3；

　　　g——重力加速度，$9.81 m/s^2$。

　　当澄清设备内浑盐水中颗粒受力满足：$f_g \geqslant S + f_b$，则颗粒的重力（f_g）克服颗粒的阻力（S）和浮力（f_b），在浑盐水中成加速或等速下沉，此时颗粒的沉降速度（$f_g = S + f_b$）可按下式计算。

$$W_0 = d^2 (\gamma_s - \gamma) / 18u \tag{1-1-11}$$

式中　W_0——颗粒沉降速度，m/s；

　　　d——颗粒直径，m；

γ_s——颗粒密度，kg/m^3；

γ——浑盐水密度，kg/m^3；

u——浑盐水黏度，$mPa \cdot s$。

向浑盐水中加入助沉剂（如 PAM），可以增大颗粒直径，从而提高颗粒沉降速度。另外，盐水黏度随温度升高而降低，因此提高盐水澄清操作温度，可以提高颗粒沉降速度。澄清桶的作用是将粗盐水中的镁钙等难溶性的颗粒与液体分开，得到电解所需的精盐水。现生产用的澄清设备多为道尔型澄清桶。

道尔型澄清桶为钢制桶体、锥底，桶中央有一个中心筒，其下部设有扩张口，桶中有一根长轴，下部连接长短两支泥耙，上端与传动装置连接，带动泥耙缓慢转动（8～10r/h），桶上部设有环形溢流圈。

澄清桶直径可按下式选择计算。

$$D = \sqrt{\dfrac{Q}{\dfrac{\pi}{4}V}} \qquad (1\text{-}1\text{-}12)$$

式中　D——澄清桶直径，m；

　　　Q——浑盐水流量，m^3/h；

　　　V——清液上升速度，m^3/h。

现有生产条件中，V 取 $0.25～0.35m^3/h$。

澄清桶的高度与能力关系不大，考虑泥层和清液层高度，澄清桶的高度一般取 5～7m。

中心筒直径及高度应根据盐水在其中进行的凝聚时间计算，凝聚反应时间一般为 10～15min。

$$T = fH_0/Q \qquad (1\text{-}1\text{-}13)$$

式中　T——凝聚反应时间，min；

　　　f——中心筒截面积，m^2；

　　　H_0——中心筒高度，一般取 $H_0 = (0.8～0.9) H$，m；

　　　Q——浑盐水流量，m^3/min。

H——道尔桶直桶部分高度，m。

浑盐水切向进入中心筒旋转向下，到下部扩大口减速，最后经泥浆沉淀层，悬浮物被截流，并在其重力克服了浮力和阻力后，渐渐沉到桶底，而清液则不断上升，经过泥浆层、浑浊层，清液层从上部经溢流槽汇集，流出桶体，即为清盐水。

2. 道尔型澄清桶

澄清操作一般是根据重力作用原理，即悬浮于盐水中的固体颗粒杂质比盐水重，依靠重力作用而自由沉降，使杂质与清液分开。澄清操作多采用道尔型澄清桶，如图 1-1-8 所示。粗盐水流入道尔型澄清桶后，氢氧化镁和碳酸钙沉淀及原盐中的机械杂质在其内自然沉降得到澄清液，达到固液分离的目的，除去盐水中固体杂质。由精制槽送过来的粗盐水通过粗盐水入口由中心筒引流进入澄清筒底部，并进行澄清。经过一段时间的澄清后，在桶的底部存有大量的泥渣，定期开动传动耙由排泥口将泥渣排出桶外，送至泥罐。经过澄清后的盐水由澄清桶顶部的溢流槽流出，送至砂滤器进一步净化。

3. 影响盐水澄清的因素

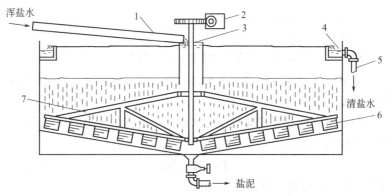

图 1-1-8 道尔型澄清桶结构

1—进料管；2—传动设备；3—料井；4—溢流槽；
5—溢流管；6—搅拌叶；7—转耙

（1）盐水中镁/钙的比值

浑盐水中 $CaCO_3$、$BaSO_4$ 为结晶性沉淀，颗粒大，易下沉，而 $Mg(OH)_2$ 则呈胶体絮状物，不易凝聚下沉，若食盐中 Mg^{2+}/Ca^{2+} < 1，生产的 $CaCO_3$ 就协同 $Mg(OH)_2$ 絮状沉淀一起下沉，沉降效果好；反之，Mg^{2+}/Ca^{2+} > 1，生产的 $CaCO_3$ 就不能完全夹带 $Mg(OH)_2$ 一起下沉，则影响了沉降速度。所以，食盐中 Mg^{2+}/Ca^{2+} 比值影响沉降速度。

（2）助沉剂

实践表明，选择适当的助沉剂同时控制一定的温度，能提高 Mg^{2+}、Ca^{2+} 等难溶性颗粒的沉降速度。

（3）温度

提高盐水的温度可以减少盐水的黏度，使沉淀物形成较大的颗粒，增加沉降速度。

（4）盐水浓度

盐水浓度需要稳定，如不稳定，会因重度差引起盐水反浑。

（5）过碱量

当盐水 pH > 12 时，影响盐水澄清。

（二）过滤设备

1. 砂滤器

澄清盐水中残留的 $Mg(OH)_2$、$CaCO_3$ 等难溶性颗粒和其他不溶性杂质可采用砂滤器过滤，砂滤器是用砂层和卵石层作为过滤介质，通过虹吸原理，将澄清液再次净化的设备。砂滤器由本体、石英砂和渣石等构成，溢流堰用于分配进盐水和收集盐水，器底铺 $\Phi 2 \sim 32mm$ 的渣石，厚度约 600mm，其上铺 $\Phi 1 \sim 2mm$ 的石英砂，厚度约 $600 \sim 800mm$，现生产用砂滤器直径为 $\Phi 5000mm$，高度约 5000mm。

砂滤器的直径可按下式计算。

$$D = \sqrt{\frac{G}{0.785VT}} \qquad (1\text{-}1\text{-}14)$$

式中　D——砂滤器直径，m；

　　　G——清盐水流量，m^3/d；

　　　V——滤速，m/h；

　　　T——砂滤器实际工作时间，h/d；

砂滤器高度的确定：

$$H = H_1 + H_2 + H_3 \qquad (1\text{-}1\text{-}15)$$

式中　H——砂滤器高度，m；

　　　H_1——高度裕量，一般取 0.5～1m；

　　　H_2——滤料层上水深度，一般取 1.2～2m；

　　　H_3——滤料层及支撑层高度，m。

盐水中固体杂质被砂滤器中的滤料层截留，随着砂滤的进行，滤料层截流物的增多，砂滤器阻力升高，滤速下降，效果降低，因此要对砂滤器进行反洗，将滤料层的截留物冲掉。

如图 1-1-9 所示，洗水（即澄清液）通过洗水入口进入砂滤器 A 管顺势流至 B 管（下端连接一倒扣漏斗装置埋于砂层内）再流经砂层和卵石层进行过滤，滤液由 I、J 引流至砂层上方，由精制液出口流出。当砂层和卵石层由于长时间过滤，介质间间隙被截止

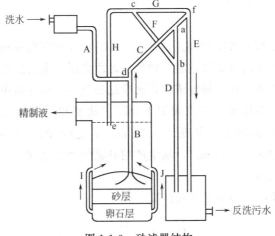

图 1-1-9　砂滤器结构

的沉淀堵住时，洗水则不再往下流，而是沿 B 管溢流至 C 管，当溢至 a 点时，液体由 D 管流出，此时，G、F 管内空气被液体带出，形成低压。又精制液出口与大气相同，大气将精制液由 e 点压入 H 管经 G、E 管流出，同时使砂层和卵石层间隙中的沉淀倒吸入 B 管顺水流流出（即反洗污水）。当 e 点处精制液液面下降至低于 e 点管口时气体进入 H 管由 c 点通过 G、F 管在 b、f 点分别使连续流出的洗水液体中断，C、D、E、F、G、H 管被空气充满又回到开始过滤状态。通过虹吸，设备自动清洗过滤介质进行往复过滤的方式，得到滤液。

2. 新型过滤设备——膜过滤器

在氯碱生产过程中，盐水精制膜过滤器相继得到使用。2000 年 6 月，戈尔膜过滤器在江苏扬农和山东滨化工业化应用成功；2003 年 6 月，凯膜在山东滨化得到成功应用；2003 年 7 月，美国 Pall 公司颇尔膜过滤器在江苏扬农和山东亚星投运；2005 年 10 月，戈尔新膜首先在扬农得到应用。这些过滤器运行状况不尽相同，除了预处理装置外，过滤器的结构，尤其是膜过滤单元的结构起了决定性作用。结构不同，对预处理装置的要求不同。分析膜单元结构，找出它与运行状况的必然联系，对于膜过滤单元的设计和选择适合的设备相当重要。

戈尔膜的膜薄、孔多，其厚度一般在 $0.22\sim0.26\mu m$，孔数能达 14×10^9 个/cm^2，号称 90 亿目，因此过滤阻力很低。戈尔膜的孔径小，一般在 $0.5\sim1\mu m$，这样的孔径可以将盐水中绝大多数悬浮物阻于膜之外，使过滤形式为表面过滤。返冲压力大大降低，提高了设备运行的可靠性。戈尔膜的材质为膨胀聚四氟乙烯，具有耐酸碱、耐高温、对滤饼有不黏性、本身摩擦系数低、易返冲等特点。

戈尔膜过滤器与 PE 管式过滤器相似，是一种静态管式过滤器，属死端式操作。戈尔膜过滤器由自动控制系统、挠性阀门组、膜过滤组件、罐体配管等组成。采用薄膜进行表面过滤，返冲靠管间液体突然下降形成的负压使滤饼抖落，并靠滤管内精制盐水反渗透洗涤滤饼沉降到罐底，定期排出。配以挠性气动阀，过滤、返冲、澄清、排渣全部自动控制，挠性阀是戈尔公司专利，可靠性极高。该设备在常压下运行，占地面积小、可靠性高。整个过滤过程全自动连续进行，并且完全为物理回收，对溶液没有影响。

(1) 过滤单元结构设计特点

① 过滤单元膜、增强层、支撑密封件的材料不同，导致对料液中氧化剂成分的控制量不同，在使用过程中的寿命不同。盐水中有 ClO_3^-，ClO^- 等强氧化剂，同时在过滤器进行化学清洗时会生成游离氯，因此，不少材料如 PE、PP 等，不耐它们的腐蚀。Pall 公司提出进 PE 过滤器原料液中游离氯含量必须为零，以保证 PE 材料不因受氧化而丧失原有的强度。戈尔公司首先在我国推出的增强膜里采用 PP 毡，使用半年后，发现 PP 毡强度仅有原来强度的70%，后来采用聚四氟乙烯毡，解决了材料的缺陷。凯膜是 2mm 膨体聚四氟乙烯，其增强层里采用合成橡塑材料，有较好的耐氧化性能。戈尔新膜是膨体聚四氟乙烯，其增强层里采用 EPDM，也有较好的耐氧化性能。

② 过滤单元滤芯的直径不同，膜受力情况不同，导致膜的寿命不同。从力学观点分析，采用相同的膜制备不同直径的圆管，其直径越大耐压强度越差。这就是一些毛细管过滤器虽然壁很薄而能耐高压的原因。

③ 过滤单元受力时的几何形状不同，膜的受力情况不同，导致膜的寿命不同。膜支撑与多孔型 PE 烧结管结合在一起时，膜的几何形状是圆桶形。从力学上分析，膜的上下不产生剪切力，所以膜的机械强度高。戈尔膜的支撑是外表正 12 面体龙骨，凯膜是外表正 18 面体，戈尔新膜外表是圆柱体。过滤时，膜受到剪切力的作用，这个剪切力是随着多边形每边尺寸的加大而加大，由于戈尔膜过滤单元直径为 80mm，比起凯膜和戈尔新膜过滤单元直径分别为 15.5mm 和 16.5mm 要大得多。从几何形状分析，在过滤周期

膜受力情况时，戈尔新膜和颇尔膜好于凯膜，凯膜好于戈尔膜。

④ 过滤单元采用柔性结构是实现低常压反冲的关键。众所周知，戈尔膜实现常压和微正压反冲的关键是以下 2 点。

a. 利用膜的柔性使膜在受张力下反冲，过滤速度在 1m/h 的膜反冲平均盐水速率达 2～4m/h，充分说明反冲时膜孔加大；

b. 过滤管悬挂在过滤器的管板上，大量的反冲液流出时，会形成微负压，膜产生振动，使滤饼与膜分离。

颇尔膜由于烧结在 PE 烧结管上，成为软刚性结构，而且多孔支撑会使粒子残附，反冲必须在大于 0.45MPa 的压力下进行。戈尔膜的支撑是内圆外正 12 面体的 PP 龙骨，凯膜的支撑是内圆外正 18 面体的柔性橡塑软管加强层，戈尔新膜的支撑是柔性圆柱体的 EPDM，凯膜和戈尔新膜不但保持了膜本身的柔性，而且从受力情况来看，保护了膜。四者比较，凯膜和戈尔新膜是比较好的结构，实现在低压下反冲，而反冲流速仅是正常过滤流速的 1.5～2.0 倍。减少了由于能力太大而造成膜的疲劳损坏，延长了膜的寿命。

⑤ 在膜过滤单元中采用柔性支撑。柔性支撑具有如下特点。

a. 柔性支撑是膜很好的增强层，凯膜由橡塑管实现了增强层与支撑层合二为一。分析过滤及反冲膜与支撑的受力情况可知，由于橡塑管和膜都具有一定的弹性，可以将膜缚紧套在橡塑管上，膜在受压时，橡塑管同样承受压力支撑着膜。在反冲过程中，橡塑与膜管均受张力，反冲液逆向从橡塑支撑的小孔内流出经膜孔冲洗管上滤饼，当膜受到滤饼堵塞时，橡塑支撑流速大于膜流速，渗透液会滞留在膜与橡塑层之间，膜管扩大，使反冲液冲掉颗粒。当膜的渗透力提高时，橡塑管支撑流速等于膜流速，膜不受张力的影响。采用适合的弹性支撑，会使膜的强度在过滤和反冲过程中得到补偿。

b. 柔性支撑减少了膜受的各种压力。滤管悬挂在管板上，受各种力都可以补偿，减少了外部应力对膜的损坏，提高了膜的寿命。

⑥ 滤管的制备方法不同，滤管本身的强度也不同。

a. 颇尔管是一次烧结成型，凯膜是一次成型膨体聚四氟管式过滤器，戈尔新膜也是一次成型膨体聚四氟管式过滤器，整个管的材质均一，这3种过滤器强度均匀；

b. 戈尔膜是平膜粘接成的圆管形，由于粘接部分是薄弱环节，严重影响使用寿命，一般厂商包用1年；

c. 戈尔新膜末端密封采用美国高温熔结技术，粘接牢固，预计使用寿命可达3年。

⑦ 外压管式过滤器连接滤管泄漏是设备的设计与制作中的关键，因此各厂家均有各自的特殊结构减少管孔与滤管的连接，减少泄漏。

⑧ 戈尔膜运行时的滤速可达 1m/s，Pall 的滤速小于 1m/s，凯膜的滤速为 0.5m/s，戈尔新膜的滤速为 0.5～1.0m/s。

⑨ 过滤膜过滤能力衰减度与其内外因有关。内因是膨体聚四氟乙烯管膜孔隙分布的均匀性和膜厚度及膜支撑结构材质的结垢难易程度。就管式膜而言，其性能均弱于 PTFE 薄膜和 PP 龙骨。外因是粗盐水中的 Ba^{2+}、Ca^{2+}、SO_4^{2-}、SiO_2 的含量。

⑩ 戈尔新膜，凯膜抗游离氯污染能力比戈尔 Pall 膜要强。颇尔过滤器较复杂，戈尔新膜、凯膜、戈尔膜都比颇尔膜检修简单。

（2）注意问题与使用建议

① 因凯膜及戈尔新膜沿用以往戈尔过滤器的罐体，戈尔过滤器的元件中距花板 10mm 的载体未被膜覆盖，而凯膜及戈尔新膜过滤元件的整个载体被膜覆盖。在酸洗时，距九孔板 20mm 的膜未浸入酸溶液中，久之，沉积在膜表面的物质会结垢、硬化，对膜造成一定的损坏。采用凯膜及戈尔新膜时应根据装置的需要对过滤元件的结构进行改进。

② 凯膜与戈尔新膜密封点多，应注意安装质量，防止泄漏。

③ 需解决 $BaSO_4$ 对膜的污染问题。

④ 预处理装置上排泥比较稀，盐泥泥水比例较低，建议增加

浓缩装置。

⑤ 预处理装置必须稳定，才能保证出水质量。

⑥ 停车时间长时必须湿膜保护。

⑦ 一般 15～20 天膜需化学清洗 1 次。

⑧ 建议在排泥管或反冲管上加过滤网拦截，以防膜滑脱。

⑨ 戈尔新膜预计使用寿命为 3 年，还有待进一步检验。

（三）洗泥设备

三层洗泥桶是常用的洗泥设备，由洗水在三层洗泥桶内，将盐泥中的盐分和泥渣水洗分离，使盐分回收利用。如图 1-1-10 所示，由泥罐送来的盐泥，经过盐泥入口，进入三层洗泥桶第一层，再经过每层传动轴与挡板间空隙由上往下流入下一层（空隙只供盐泥流下，因盐泥是流动相，洗水无法通过空隙逆流入上层隔板）。洗水则相反，它通过洗液小槽（共分为三室）最先进入洗泥桶底层，再通过置于洗泥桶内部的循环管道逆流流入洗液小槽，以洗液小槽为中转，洗水每经过一层洗泥桶就回流至小槽对应各室，依次由下往

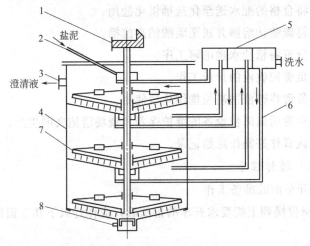

图 1-1-10 三层洗泥桶结构

1—传动装置；2—加料口；3—澄清液出口；4—壳体；

5—洗液小槽；6—循环水管；7—转动耙；8—排泥口

上逆流流经三层洗泥桶。如此洗水和盐泥在三层洗泥桶各层内混合接触，同时启动转动耙，盐泥充分洗涤排出，洗水则回收送至盐水工序配水槽。

洗泥桶直径可按下式计算。

$$D = \sqrt{\dfrac{V}{0.785W}} \qquad (1\text{-}1\text{-}16)$$

式中　D——洗泥桶直径，m；

　　　V——泥量和洗水的体积流量，m^3/h；

　　　W——清液上升速度，可取 $0.35 \sim 0.4 m^3/h$。

洗泥桶的高度确定根据层数而定，每层 2m 左右。

三、盐水精制操作法

（一）盐水精制岗位任务

① 将回收液、卤水、粉盐溶解水和洗水适当搭配，经过蒸汽升温，配制成合格的化盐水。

② 将合格的配水送至化盐桶供化盐用。

③ 将碳酸钠溶解并送至碳酸钠高位槽。

④ 负责将精盐水送电解工序。

⑤ 负责回收液的计量工作。

⑥ 负责将碱液送高位槽供化盐使用。

⑦ 负责所属岗位设备的维护保养和现场清洁文明生产。

⑧ 认真作好操作原始记录。

（二）操作程序

1. 开车前的准备工作

本岗位接到上级要求开车的指示后，应作好以下几方面的准备工作。

① 检查本岗位所有检修项目是否完成。

② 检查所有设备管道阀门开关位置是否正确。

③ 检查本岗位所有泵的电源是否接通，泵运行是否正常。

④ 检查仓库是否有纯碱并溶解纯碱配制成合格的精制液。

⑤ 检查回收液质量及存量情况。

⑥ 与中和岗位联系是否有洗泥水。

⑦ 与调度室联系是否已送蒸汽。

⑧ 检查精盐水储罐内的精盐水质量。

上述所有工作已经准备就绪后，及时报告给当班班长，本岗位具备开车条件并坚守岗位待命。

2. 正常开车

本岗位接到开车命令后，按以下步骤开车。

① 通知调度室往盐水工序送蒸汽。

② 向碳酸钠溶解槽加水通蒸汽。

③ 将纯碱倒入碳酸钠溶解槽配制合格的精制液，并送至碳酸钠高位槽。

④ 往配水槽加回收液、洗水、卤水、含盐杂水等并通蒸汽配制化盐水并向送化盐水化盐。

⑤ 严格控制好配水槽的液位、温度，防止跑料。

⑥ 根据原盐质量，调节好配水含碱量。

⑦ 配制好絮凝剂并送高位槽备用。

⑧ 作好岗位开车原始记录。

3. 正常停车

本岗位接到停车命令后，按下列步骤进行停车。

① 停止向碳酸钠高位槽送碳酸钠溶液。

② 通知中和岗位向洗泥系统送洗水。

③ 关闭配水槽上的蒸汽阀门、回收液阀门、杂水阀门、卤水阀门等。

④ 停化盐水泵，停止向化盐桶送化盐水。

⑤ 关闭回收液罐的出口阀门并通知蒸发工序进回收液。

⑥ 停止向电解工序送精盐水。

4. 紧急停车处理

本岗位短时间突然停水、停电均可按正常停车操作步骤进行停车，要求速度尽可能快。突然停汽，可根据生产继续开车或停车，如果生产需要继续开车则必须控制精制流量。

5. 本岗位操作要点

① 化盐泵引水时，配水槽的水位不能太低。

② 开始开车时流量不能太大，应根据生产需要调节。

③ 停车前应尽量将回收液用空。

④ 停车后继续向电解工序送精盐水时防止将盐泥送到电解槽去。

⑤ 溶解碳酸钠时，水不可加满，防止通蒸汽升温时跑料。

⑥ 启动各泵送料前必须盘车。

(三) 本岗位工艺控制指标

化盐温度 50～55℃

精盐水过碱量 0.1～0.5g/L

精盐水 NaCl 含量 ＞310g/L

精盐水 Ca^{2+}、Mg^{2+} 总量 ＜10mg/L

精盐水 SO_4^{2-} 含量 ＜5g/L

精盐水 pH 7.5～8.5

精盐水含铁量 ＜0.006g/L

精盐水含氨量 ＜4mg/L

(四) 不正常现象产生的原因及处理方法

不正常现象产生的原因及处理方法见表 1-1-7。

表 1-1-7 精制岗位不正常现象原因及处理方法

不正常现象	原因	处理方法
1. 化盐温度太低	1. 蒸汽压力低 2. 蒸汽阀门开得太小 3. 化盐流量太大	1. 联系调度室提高蒸汽压力 2. 开大蒸汽阀门 3. 适当调整流量
2. 过碱量偏高或偏低	1. 原盐质量差 2. 回收液量多 3. 回收液含碱高	1. 调整原盐品种 2. 减少回收液用量 3. 降低回收液含碱

不正常现象	原因	处理方法
3. 化盐泵不上水	1. 泵内气体没排尽 2. 泵体漏气 3. 泵填料函泄漏 4. 进口管漏 5. 底阀损坏 6. 底部堵塞 7. 水温太高已沸腾 8. 叶轮堵塞	1. 灌水排气持续一段时间 2. 检修 3. 加填料 4. 更换进口管 5. 修理或更换底阀 6. 疏通底阀 7. 停止通蒸汽加水降温 8. 疏通叶轮
4. 精盐水钙、镁含量不合格	1. 原盐质量太差 2. 过碱量不合格 3. 化盐温度低沉降效果差 4. 澄清桶发浑 5. 絮凝剂太少或中断 6. 过滤效果差 7. 澄清桶泥层太高	1. 调整原盐品种搭配使用 2. 严格工艺控制 3. 提高化盐温度 4. 停车静置处理 5. 絮凝剂按工艺要求加 6. 清洗过滤器 7. 澄清桶按时排泥

（五）安全注意事项

① 严格遵守本岗位安全制度。

② 本岗位操作人员必须穿戴好按规定发放的劳动保护用具。

③ 谨防盐水、碳酸钠、絮凝剂溅入眼睛。

④ 上下楼梯、操作平台谨防摔伤。

⑤ 谨防碳酸钠、蒸汽烫伤。

⑥ 转动设备必须有防护罩。

⑦ 接触氯化钡要执行安全操作规定，防止中毒。

（六）交接班制度及要求

① 交班者必须全面完成本班生产任务，并积极为下班创造良好条件，按交接班内容进行对口详细交接，使接班者清楚满意。

② 生产上、操作上、设备上的不正常现象，当班者能处理的必须处理，若经处理未处理好必须向接班者交代清楚，并有义务协同接班者共同处理好后再下班。

③ 岗位设备、卫生区域必须清洁卫生、整齐交给下班。

④ 接班者必须换好劳服用具提前 15min 到达生产岗位参加班前会，听取上班生产情况介绍和本班工作布置及安全讲话，然后进行对口交接。

⑤ 交接班内容：岗位记录、生产情况、设备运行及维护情况、精盐水数量及质量、泵运转情况及运行泵数量。接班者经过仔细检查确认无误后在交接班记录上签字，交班者方可离开。

⑥ 接班者在交接班过程中发生的事故，由交班者负责处理；接班后发生的事故由接班者本人负责处理，若系隐瞒未交事故则需追究交班者责任。

第五节　盐 水 中 和

一、盐水中和原理

采用烧碱-纯碱法精制盐水须控制 $NaOH$、Na_2CO_3 过量，为不使碱性大的粗盐水进入电槽，则要用盐酸中和 $NaOH$ 和 Na_2CO_3，其化学反应如下。

$$NaOH + HCl \Longrightarrow NaCl + H_2O \uparrow \qquad (1\text{-}1\text{-}17)$$

$$Na_2CO_3 + 2HCl \Longrightarrow 2NaCl + H_2O + CO_2 \qquad (1\text{-}1\text{-}18)$$

二、精盐水的质量控制指标

中和盐水

$NaCl$　$\geqslant 310.0g/L$

Ca^{2+}、Mg^{2+} 总量　$< 10mg/L$

SO_4^{2-}　$< 5g/L$

pH　$7.5 \sim 8.5$

絮凝剂　$2kg/m^3$

废泥含盐　$< 15g/L$

三、中和岗位生产操作与安全环保

(一) 岗位任务

① 将清盐水过滤，以降低钙、镁及其他杂质。

② 将碱性清盐水进行中和，控制好精盐水的 pH。

③ 负责澄清桶的排泥，并送盐泥至洗泥系统。

④ 负责采用蒸汽冷凝水洗泥并排放废泥。

⑤ 负责清盐水过滤系统的正常运行及维护保养工作。

⑥ 负责联系送盐酸并进行准确计量。

⑦ 负责所属岗位设备的维护保养和现场清洁文明生产。

⑧ 认真作好操作原始记录。

(二) 操作程序

1. 开车前的准备工作

本岗位接到上级要求开车的指示后，应作好以下几方面的准备工作。

① 检查本岗位所有检修项目是否完成、是否已经恢复。

② 检查所有设备管道阀门开关位置是否正确。

③ 检查各设备人孔是否装好，并进行试漏。

④ 联系送盐酸并进行计量。

⑤ 检查絮凝剂高位槽是否已经进料。

⑥ 检查本岗位所有泵的马达电源是否已经接通。

⑦ 检查洗泥系统的水位情况。

上述所有工作已经准备就绪后，及时报告给当班班长，本岗位具备开车条件并坚守岗位待命。

2. 正常开车

本岗位接到开车命令后，按以下步骤开车。

① 化盐岗位开车后，待澄清桶水位合格启动过滤系统。

② 过滤系统进满盐水后打开出口阀。

③ 打开精盐水储罐的进口阀并通知精制岗位可以往电解送

盐水。

④ 打开泵的出口阀门，盘车几圈启动泵正常运转，调节好流量。

⑤ 打开酸阀加盐酸进行中和，控制 pH 在 7.5～8.5。

⑥ 过滤、中和系统开正常后，启动洗泥系统进行洗泥。

⑦ 根据澄清桶水位，对澄清桶进行排泥。

⑧ 作好岗位开车原始记录。

3. 正常停车

本岗位接到停车命令后，按下列步骤进行停车。

① 停止向絮凝剂高位槽送絮凝剂。

② 停止向洗泥系统进洗水。

③ 停止向洗泥系统送盐泥。

④ 停止洗泥系统排盐泥。

⑤ 关闭盐酸出口阀门，停加中和。

⑥ 关闭中间槽的盐水进口阀门。

⑦ 停中和泵并关闭泵的进出口阀。

⑧ 关闭清盐水过滤系统的进出口阀。

4. 紧急停车处理

本岗位短时间突然停水、停电均可按正常停车操作步骤进行停车，要求速度尽可能快。突然停汽，可根据生产继续开车或停车，如果生产需要继续开车则必须压小流量。

5. 本岗位操作要点

① 本岗位开车必须先满足精制、化盐两岗位开车的需要。

② 中和岗位开车必须根据澄清桶水位进行确定，水位太低禁止开车。

③ 开车流量应根据精制岗位流量来定，并应注意经常调节，防止跑水或抽空。

④ 严防自来水串入盐水中而影响盐水质量。

⑤ 启动泵前必须盘车。

（三）不正常现象的原因分析及处理

不正常现象的原因分析及处理见表 1-1-8。

表 1-1-8　中和岗位不正常现象原因及处理方法

不正常现象	原因	处理方法
1. 废泥含盐高	1. 进泥量太多 2. 洗水用量少 3. 洗泥系统发浊 4. 废泥排放少 5. 进水含盐	1. 按工艺要求排泥 2. 均衡使用洗水 3. 澄清后再行开车 4. 增加废泥排放量 5. 查明原因再处理
2. 过滤效果不好	1. 砂层安装不合格 2. 过滤器泄漏 3. 砂层破坏盐水偏流	1. 按标准装 2. 检修过滤器 3. 填好砂层
3. 洗水泵不上水	1. 泵内气体没排尽 2. 泵填料函泄漏 3. 叶轮脱落 4. 电机反转 5. 叶轮堵塞	1. 灌水排气持续一段时间 2. 加填料 3. 检修泵 4. 更换电源方向 5. 疏通叶轮
4. 絮凝效果差	1. 絮凝剂中断或太少 2. 絮凝剂不合格	1. 严格按工艺要求加絮凝剂 2. 更换絮凝剂

（四）安全注意事项

① 严格遵守本岗位安全制度。

② 本岗位操作人员必须穿戴好按规定发放的劳动保护用具。

③ 本岗位室外作业多，爬罐、上下楼梯要注意安全。

④ 谨防盐水、碳酸钠、絮凝剂、盐酸、回收液溅入眼睛。

⑤ 电器设备有故障应请电工处理。

⑥ 清扫卫生严禁将水冲到马达上。

⑦ 转动设备必须有防护罩。

四、盐泥的处理

氯碱工业中，以食盐为主要原料用电解方法制取氯、氢、烧碱过程中排出的泥浆称为盐泥，其主要成分为 $Mg(OH)_2$、$CaCO_3$、$BaSO_4$ 和可溶性盐及其他不溶物等。由于不同氯碱企业使用原料不同，盐水处理工艺不同，产生的盐泥的成分也有很大区别。一般海盐产生的盐泥中碳酸钙和氢氧化镁含量较高；矿盐和卤水中硫酸钡含量相对较高。当采用优质盐制碱时，每生产 1t 碱约出盐泥 10～25kg。中国的原盐杂质较多，每生产 1t 碱约出盐泥 50～60kg。因此生产企业可以根据原料不同带来的盐泥组成不同，因地制宜的选择提取方法和产品，一般提取的后泥渣经过碳化后，用于制作水泥的原料。汞法生产烧碱，每生产 1t 碱在盐泥中沉淀损失的汞约 150～200g。含汞盐泥排放到环境中，污染土壤和水体，而且毒性较小的无机汞在自然环境中会转化为毒性很强的甲基汞。

盐泥一般采用板框式压滤机进行固液分离，滤饼含水质量分数约为 30%。压滤后的盐泥仍然是堆存或者填埋，对环境有一定的污染。

厢式压滤机是一种间歇式操作的过滤设备，用于各种悬浮液的固液分离，分离效果好，广泛应用于石油、化工、染料、冶金、医药、食品等行业。该机采用机、电、液一体化设计制造，结构合理、操作简单可靠、维护方便，能实现滤板压紧、进料、过滤、洗涤等工序的自动操作；滤板为 TPE 弹性体无碱玻璃纤维聚丙烯模压而成，滤布采用耐酸、耐碱性能良好的丙纶材料，整体结构采用球铁铸造件，使用寿命长。

厢式压滤机过滤部分由滤板、滤布组成，以一定次序排列在主梁上的滤板、滤布形成了一个个过滤单元-滤室。压滤前，料浆在进料泵的推动下，经止推板上的进料口进入各滤室内。开始压滤时，料浆借进料泵产生的压力进行固液分离。由于滤布的作用，固体留在滤室内形成滤饼，滤液由水嘴（明流）或出液阀（暗流）排出。若需洗涤滤饼，可由止推板上的洗涤口通入洗涤水，对滤饼进行洗涤。若需要较低含水率的滤饼，可从洗涤口通入压缩空气。压缩空气渗过滤饼层，可以带走滤饼中的部分水分。

盐泥处理工艺过程如下：从道尔澄清桶内排放出的盐泥中 NaCl 的浓度为 180～300g/L，经三层洗泥桶洗涤回收其中的 NaCl

组分。当洗涤出的淡盐水中的 NaCl≤15g/L 时，三层洗泥桶底部的盐泥通过泥浆泵打入盐泥桶，再用泵打入调浆桶，向桶内加入蒸汽和压缩空气，温度控制在 (35±5)℃进行调浆。再利用泥浆泵分别打入两台厢式压滤机，当进料压力稳定在 0.4MPa 左右时，停止进料，启动清水洗涤泵洗涤滤饼 5～8min，从压滤机出口出来的滤液较清时停止洗涤，然后开启进压滤机的空气阀吹干压滤机内的盐泥。当压滤机出口不再有滤液流出时关掉进口气阀，停止供气，关闭压榨阀，开启放空阀，开始卸盐泥滤饼，用渣车倒入盐泥滤饼斗运走滤渣，收集滤液于贮桶，送至化盐岗位的淡盐水桶去化盐。

厢式压滤机采用间歇操作，结构合理，操作简单，固液分离效果好，使用寿命长，是较理想的过滤设备。但在实际操作中应注意以下三点。

① 搬运、更换滤板时用力要适当，防止碰撞，严禁摔打，以免破裂。滤板的位置切不可放错，过滤时切不可擅自拿下滤板，以免油缸行程不够而发生意外。滤板破裂时应及时更换，不可继续使用，以免引起其他滤板破裂。

② 在压紧滤板前，滤板必须排列整齐，且靠近止推板端，平行于止推板放置，避免因滤板放置不正而引起主梁弯曲变形。

③ 滤布的选择很重要，滤布的性能直接影响压滤机的使用寿命及过滤效果。为了达到比较理想的过滤效果和速度，需根据物料的粒径、密度、黏度、化学成分和过滤工艺条件进行选择。

目前盐泥的综合利用方式主要有制建筑石膏、建筑涂料、保温砖、水泥、七水硫酸镁、硫酸钡、氧化镁、氯化钙等，国内还提出采用盐泥回注方式治理盐泥。

第六节 盐水系统的腐蚀与防护

盐水工序以氯化钠为原料，经过溶盐、精制、澄清、过滤、中和等岗位制备精制食盐水溶液供电解槽使用。该工序的主要腐蚀介质为盐水溶液，金属在盐水溶液中的腐蚀实质是氧去极化腐蚀。饱和盐水对碳钢的腐蚀速度与盐水的温度、氧的扩散以及接触碳钢表面有关。因此，流动、搅拌的盐水由于氧的补给容易，从而对碳钢的腐蚀严重。

一、盐水对碳钢的腐蚀

由于盐水制备过程多在敞开设备中进行，盐水溶液中将含有部分溶解氧，多数氯碱生产企业为了降低投资成本，生产盐水的设备大多采用普通碳钢材料。在含氧的盐水溶液中，由于氧的去极化作用将使普通碳钢不断溶解，发生如下反应。

$$1/2O_2 + H_2O + 2e = 2OH^- \qquad (1-1-19)$$

$$Fe - 2e = Fe^{2+} \qquad (1-1-20)$$

$$Fe^{2+} + 2OH^- = Fe(OH)_2 \downarrow \qquad (1-1-21)$$

上述反应生成的 $Fe(OH)_2$ 又进一步氧化生成三价铁盐，即铁锈，普通碳钢在盐水溶液中迅速被腐蚀，并且，由于溶盐采用 $55\sim60℃$ 热水，会使腐蚀速度加快。在中和岗位添加盐酸调节盐水 pH 值，也将加剧碳钢的溶解。因此，普通碳钢设备不可以直接用于接触盐水。基于上述原因，必须对碳钢设备进行防腐处理，一般采用耐腐蚀性好价格低廉的三元聚丙烯橡胶板进行衬里。盐水是一种渗透性很强的介质，当衬里层存在结构缺陷或施工质量问题时，盐水会透过衬里层，随着温度的下降结晶膨胀，最后导致衬里层破裂。因此，选择橡胶板并确保衬里施工工艺质量，是提高这种复合结构使用寿命的前提。实践表明，烧碱厂盐水工序的衬里设备由于选材得当、施工质量优良，使用寿命均达 10 年以上。

二、盐水对不锈钢及钛材的腐蚀

实践表明，在温度低于 $60℃$ 的饱和盐水中不锈钢的腐蚀速率很小。但由于氯化钠是强电解质，在水溶液中完全电离，产生大量的 Cl^-，不锈钢在 Cl^- 的作用下，容易产生孔蚀和应力腐蚀破裂现象，而 316L（00Cr17Ni14Mo2）不锈钢因为添加了钼（Mo），其

抗 Cl^- 腐蚀性大大增强。钛在盐水中有优异的耐腐蚀性能，但在 pH 值＜8 的盐水中，温度超过 130℃时，会产生缝隙腐蚀。

三、化盐设备的腐蚀与防护

（一）化盐桶

离子膜法电解系统要求盐水溶液不能含铁离子，国内氯碱企业多采用橡胶衬里，化盐桶的使用寿命均在 10 年以上。一次盐水系统的主要设备如化盐桶也可采用涂覆玻璃鳞片，效果较好。该工艺选用热固性耐蚀树脂作为主要成膜物质，以鳞片状玻璃为骨料，制作了厚度为 2～5μm、片径长度为 100～3000μm 的玻璃鳞片，代替橡胶、塑料和玻璃钢衬里，采用刷涂方法涂装，制备的涂层具有优良的抗渗透性和耐磨性。

（二）盐水槽

按照贮存与工艺需要，盐水槽在盐水系统中的配置数量较多，有的大至 3000m^3，有的仅 50m^3 左右。根据工艺要求，盐水温度约为 55～60℃，而且已采用盐酸调节了 pH 值。无论是一次盐水还是二次盐水精制系统的盐水槽，都需要采取防腐措施。

1. 采用软 PVC 板衬里

该法是一种廉价且可靠的衬里工艺，适应于大型装置的现场衬里。无需喷砂除锈，回避了黏结剂的技术问题，4mm 厚的软 PVC 板足以抵御酸性饱和盐水的渗透腐蚀。这种衬里工艺的关键在于软板接缝间的热熔融压焊操作，要求挤出的浆料为连续状，色泽与软板本身一致，然后对挤出浆料的焊道进行清理，除去残渣后再用半圆形软 PVC 焊条施焊。

2. 玻璃鳞片涂料

玻璃鳞片涂料是由耐腐蚀性能良好的树脂和玻璃鳞片组成，以环氧树脂为主要成膜物质，加入玻璃鳞片及各种高效防腐颜料组成的重防腐高固体涂料。玻璃鳞片是一种 2～4μm 厚的片状玻璃质填料，用它作环氧树脂防腐蚀涂料配方中的填料，在 1mm 厚的截面中可有上百片平行排列的玻璃鳞片，腐蚀介质必须绕过它而渗入下一层树脂层，因而玻璃鳞片涂料具有极低的水蒸气渗透性、良好的耐磨性、优良的耐腐蚀性，并且施工方便，施工周期短，被广泛使用在防腐设备表面。应用实例表明，用它涂装的设备使用寿命可达20年以上。

思　考　题

1. 工业原盐主要有哪些种类？各有何特点？

2. 粗盐水中主要有那些杂质？这些杂质对电解过程将造成什么影响？如何将它们除去？

3. 盐水精制的目的是什么？盐水精制的基本原理是什么？

4. 除去粗盐水中的钙、镁离子有哪些方法？试写出其化学反应方程式。

5. 化盐水泵打水不上有哪些原因，如何处理？

6. 简要叙述一次盐水精制的工艺流程。

7. 盐水精制采用了哪些设备？

8. 絮凝剂的作用是什么？它为何能产生这样的作用？

9. 选择盐酸作为中和剂的理由是什么？是否可以采用硫酸或其他酸代替，为什么？

10. 精制盐水有哪些主要的工艺控制指标，如何控制？

11. 新型膜法过滤工艺相比传统过滤技术有哪些优越性？存在哪些不足？

12. 盐水精制生产有哪些安全注意事项？

13. 如何做好盐水精制系统设备和管道的防腐蚀工作？

14. 试述盐泥的综合利用价值及途径。

第二章　隔膜法电解

第一节　隔膜电解基本原理

一、电解过程基本定律

电解过程是电能转变为化学能的过程，当以直流电通过熔融态电解质或电解质水溶液时，产生离子的迁移和放电现象，在电极上析出物质，电解过程遵循法拉第电解定律。法拉第定律是描述电极上通过的电量与电极反应物质量之间的关系的，又称为电解定律，是电解过程遵循的基本定律。法拉第（Michael Faraday 1791～1867）是英国著名的科学家，他发现的电解定律至今仍然指导着电沉积技术，是电化学中最基本的定律。它又分为两个子定律，即法拉第第一定律和法拉第第二定律。

（一）法拉第第一定律

法拉第的研究表明，在电解过程中，阴极上还原物质析出的量与所通过的电流强度和通电时间成正比，用公式可以表示为：

$$G = KQ = KIt \tag{1-2-1}$$

式中　G——电极上生成物质的质量，g；

　　　K——电化当量；

　　　Q——通过的电量，$A \cdot s$ 或 $A \cdot h$；

　　　I——电流强度，A；

　　　t——通电时间，s 或 h。

法拉第第一定律描述的是电能转化为化学能的定性的关系，由上式可知，若要提高电解生成物的产量，则要增大电流强度或延长电解时间,生产上经常采用提电流来增大负荷,提高产量。

(二)法拉第第二定律

进一步的研究表明,电能转化为化学能有着严格的定量关系,这就是法拉第第二定律所要表述的内容。在电极上析出或溶解一定量任何物质都需要通过 96500C 或 26.8 A·h 的电量。电解一定量任何物质所用的电量叫做一个"法拉第"(F),即 96500C 或 26.8 A·h。电解过程中,通过的电量相同,所析出或溶解出的不同物质的物质的量相同。通过电极的电量正比于电极反应的反应进度与电极反应电荷数的乘积。也可以表述为:电解 1mol 的物质,所需用的电量都是 1 个"法拉第"(F),等于 96500C。

结合第一定律也可以说用相同的电量通过不同的电解质溶液时,在电极上析出(或溶解)的物质与它们的物质的量成正比。由于现在标准用语中推荐使用摩尔数,也可以用摩尔数来描述这些定理。

(三)电流效率

电流效率是指电解时,在电极上实际沉积或溶解物质的量与按理论计算出的析出或溶解量之比,通常用符号 η 表示。

$$\eta = G_{实际产量} / G_{理论产量} \times 100\% \qquad (1\text{-}2\text{-}2)$$

电流效率是衡量电解质量好坏的一个很重要的经济技术指标。实际生产过程中,由于在电极上要发生一系列副反应以及电解槽的漏电现象,所以电量不能完全被利用,实际产量比理论产量低,电流效率一般在 95%～97%左右。

二、电解过程与电极反应

精盐水溶液是一种强电解质溶液,氯化钠溶液能电离成 Na^+、Cl^-、H^+、OH^-,在直流电的作用下,Cl^- 和 OH^- 离子向阳极运动,Na^+ 和 H^+ 向阴极移动,如图 1-2-1(b)所示。由于 Cl^- 较 OH^- 容易放电,所以 Cl^- 先在阳极上放电生成 Cl_2,H^+ 较 Na^+ 容易得到电子,所以 H^+ 先在阴极上得到电子生成 H_2,剩下的 Na^+

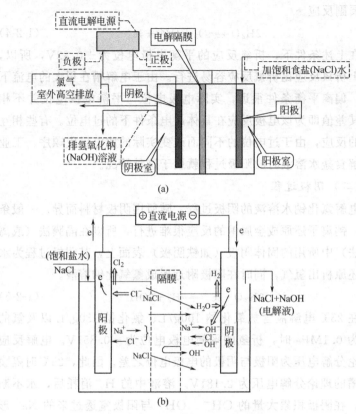

图 1-2-1　食盐水电解过程示意

和 OH⁻ 为取得离子的平衡，在阴极室生成 NaOH 最后流出电解
槽，即得到电解液（又称流出碱）。

（一）阳极过程

在电解过程中，阳极过程的主要反应为氯离子被氧化成为
氯气。

$$2Cl^- \longrightarrow Cl_2 + 2e^- \qquad (1\text{-}2\text{-}3)$$

在 25℃、0.1MPa 的中性饱和食盐水溶液中，析氯反应的平衡
电极电位为 +1.33V。它随氯化钠浓度和温度的降低而增大。溶液
中的水分子也可在阳极上氧化并生成氧气，成为与析氯反应相竞争

的主要副反应。

$$2H_2O \rule[0.5ex]{2em}{0.4pt} O_2 + 4H^+ + 4e^- \tag{1-2-4}$$

在上述条件下，析氧反应的平衡电极电位为 $+0.82V$，所以，阳极上析氧反应比析氯反应容易进行。由于电解槽在很大的电流下工作，偏离平衡条件很远，实际电极电位与平衡电极电位并不相等，其差值即为该电极反应在具体放电条件下的过电位。有些相互竞争的反应，由于过电位的不同而改变实际的放电反应顺序，工业上电解食盐水溶液时的阳极过程就属于这种情况。

（二）阴极过程

电解氯化钠水溶液的阴极过程，随所用阴极材料而异。一般条件下，钠离子还原成金属钠的反应很难进行，所以在隔膜法（或离子膜法）中所用的固体阴极（如铁阴极）表面上，其阴极过程为水分子还原析出氢气，同时在阴极附近形成氢氧化钠溶液。

$$2H_2O + 2e^- \rule[0.5ex]{2em}{0.4pt} H_2 + 2OH^- \tag{1-2-5}$$

在 $25℃$ 电解液含氢氧化钠 $100g/L$、氯化钠 $180g/L$ 以及氢的分压为 $0.1MPa$ 时，析氢的平衡电极电位为 $-0.851V$。电解反应的理论分解电压为阳极与阴极的电极电位之差。因此，$25℃$ 时隔膜电解槽的理论分解电压为 $2.181V$。溶液中的 H^+ 消耗后，水不断电离，在阴极积累大量的 OH^-。OH^- 与阳极室透过来的 Na^+ 形成 $NaOH$ 溶液。因此电解食盐水的总反应可写成：

$$2NaCl + 2H_2O \rule[0.5ex]{2em}{0.4pt} 2NaOH + H_2 \uparrow + Cl_2 \uparrow \tag{1-2-6}$$

另外，采用不同的阴极材料，析氢和析钠的电极电位有很大不同。例如在水银法汞阴极上，由于析氢反应的过电位比析钠的高得多，而析出的钠又容易与汞形成钠汞齐，这样更有利于钠离子的还原。将电解槽中生成的钠汞齐引出，进入加有水的解汞槽中，钠汞齐与水反应，生成氢氧化钠溶液和氢，即

$$NaHg_x + H_2O \rule[0.5ex]{2em}{0.4pt} Na^+ + OH^- + 1/2H_2 \uparrow + xHg \tag{1-2-7}$$

这是水银法和隔膜法主要不同之处。水银法可制得氯化钠含量极低的高纯度、高浓度的氢氧化钠溶液。水银法的电解槽中以汞为

阴极，石墨或金属为阳极。解汞槽中以钠汞齐为阳极，石墨为阴极，在碱液中阴阳两极相互接触，组成短路电池以加速汞齐分解。这时钠汞齐中的金属钠作为阳极而溶解，水则在石墨阴极表面还原而析出氢。解汞反应中释放出来的化学能尚难加以利用，因而水银法的电耗比隔膜法高。水银电解槽的槽电压约比隔膜电解槽高 1V 左右，它相当于解汞反应的分解电压。盐水中钙、镁、铁以及钒、钼、钛、锰等重金属离子含量过高时，也会在汞阴极上还原，生成不稳定的汞齐和汞渣，降低析氢过电位，导致析出氢气并妨碍汞的正常流动，因此水银法电解对盐水的质量要求较高。

三、副反应及控制措施

当食盐水的浓度不高时，在阳极 Cl_2 将溶于盐水中，发生如下副反应。

$$Cl_2 + H_2O \Longrightarrow HClO + HCl \qquad (1\text{-}2\text{-}8)$$

另外，由于 OH^- 和 Cl^- 的放电电压比较接近，当食盐水的浓度不高时，Cl^- 的放电电压有所提高，将在阳极同时发生 OH^- 的放电。

$$4OH^- - 4e \Longrightarrow 2H_2O + O_2 \uparrow \qquad (1\text{-}2\text{-}9)$$

在不同的电极材料表面，析氧反应和析氯反应的过电位也不同，有时相差很大。如在生产中应用的钌-钛金属阳极表面，电流密度为 $1000 \sim 5000 A/m^2$ 时，析氧反应的实际电极电位要比析氯反应高 $0.25 \sim 0.30V$（在石墨阳极上高出 $0.10V$ 左右）。因此，实际的阳极过程主要是析氯，而不是析氧。提高电解液中氯离子浓度，控制阳极液 pH 以降低氢氧根离子浓度，并采用较高的电流密度等措施，都可以增大析氧和析氯反应的电极电位差，有利于抑制析氧反应，从而提高氯气纯度和电流效率。阳极析出的氯部分溶解在阳极液中，生成次氯酸和盐酸。当阴极生成的氢氧化钠，由于扩散或搅动等原因进入阳极液中时，次氯酸被中和，生成易解离的次氯酸盐。而解离出的次氯酸根离子（ClO^-）则可在阳极氧化，生成氯酸盐并逸出氧气。

$$6ClO^- + 3H_2O = 2ClO_3^- + 4Cl^- + 6H^+ + 3/2O_2 + 6e^- \quad (1\text{-}2\text{-}10)$$

此反应随阳极液中氢氧根离子和次氯酸根离子的增多而加剧，结果是既消耗电解产物氯和氢氧化钠，又降低电流效率和产品纯度。加大盐水中氯化钠浓度或提高电解液温度，可以降低氯气的溶解度和次氯酸根离子的浓度。而将阳极和阴极的电解产物妥善分开，则是氯碱工业中有效地进行电解过程的关键。隔膜法、水银法和离子膜法就是隔离两极产物的不同方法。

又如，阴极产生的 OH^- 如果扩散到阳极，还会发生下列反应。

$$2OH^- + Cl_2 = ClO^- + Cl^- + H_2O \qquad (1\text{-}2\text{-}11)$$

$$2HClO + ClO^- = ClO_3^- + 2H^+ + 2Cl^- \qquad (1\text{-}2\text{-}12)$$

所以电解时要用饱和食盐水，且用隔膜阻止阳极室的产物跟阴极室的产物相互混杂。

第二节　隔膜电解槽

一、隔膜电解槽

根据隔膜的安装位置有立式的和卧式的两种，立式的又有长方形（近立方体）的和圆形的。常用的电解槽有虎克（Hooker）电解槽、格拉诺尔（Glanor）电解槽、戴曼德-萨姆罗克（Diamand-Shamrock）电解槽和虎克-伍德（Hooker-Uhde）电解槽等。

（一）电解槽结构

如图 1-2-2 所示，立式隔膜电解槽由阳极组和阴极箱交叉套在一起组成。电槽投运之前，要在阴极网袋上均匀吸附一层薄薄的石棉绒形成一个隔膜，这层隔膜同时耐酸碱耐氯气耐高温，成型好，渗透率高，能够阻挡气体分子通过。电槽组装上线后，就可以加入盐水通电了。盐水从阳极室加入，并从阳极室渗透到阴极室，通电条件下，阳极室产生氯气，阴极室产生氢气和氢氧化钠，氢气溢

出，碱液从阴极箱鹅颈管溢出，这样就形成了一个完整的工作程序
了。图 1-2-3 所示为隔膜电解槽的零部件图。

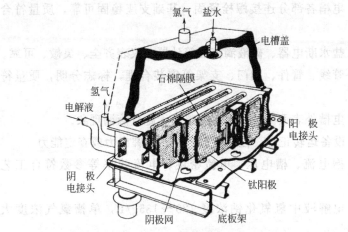

图 1-2-2 隔膜电解槽示意

(a) 阳极片 (b) 阴极箱 (c) 底板

图 1-2-3 隔膜电解槽零部件

（二）主要设备性能

工作介质 饱和氯化钠水溶液、氢氧化钠、氯气、氢气

工作温度 90～99℃

工作压力 阴极室 98～196Pa，阳极室 0～49Pa

阳极面积 30m²

电流负荷 54000～58000A

电流密度 1500～18000A/m²

槽电压 <3.5V

电流效率 ≥95%

（三）设备完好标准

1. 零部件完整齐全，质量符合技术要求

① 电槽各部分连接螺栓紧固，基础支座稳固可靠，质量符合要求。

② 盐水断电器、碱液滴流器等计器、仪表齐全、灵敏、可靠。

③ 管线、管件、阀门、支架等安装合理，标志分明，质量符合要求。

④ 电槽外表面涂漆、保温完整，无跑冒滴漏现象。

2. 设备运转正常，性能良好，达到铭牌出力或查定能力

① 槽电流、槽电压、电流密度、电流效率等参数符合工艺要求。

② 电解液中氢氧化钠浓度 120～135g/L，单槽氯气浓度大于 97%。

③ 电解能力满足生产要求。

3. 技术资料齐全、完整

① 设备技术档案应及时填写。内容包括技术性能、运行统计、检修记录、评级记录、缺陷记录、事故记录等。

② 电槽装配图、部件图及主要易损件图纸齐全准确。

③ 设备操作规程、维护检修规程齐全。

二、电极材料

（一）阳极材料

阳极材料除需满足一般电极材料的基本需求（如导电性、催化活性强度、加工、来源、价格）外，还需能在强阳极极化和较高温度的阳极液中不溶解、不钝化，具有很高的稳定性。长期以来，石墨是使用最广泛的阳极材料。但石墨多孔，机械强度差，且容易氧化成二氧化碳，在电解过程中不断地被腐蚀剥落，使电极间距逐渐增大，槽电压升高。用于电解食盐水溶液时，石墨电极上的析氯过电位也较高。20世纪60年代 H. 比尔提出的在钛基上涂覆氧化钌、

氧化钛而形成的金属氧化物电极是阳极材料的一个重大革新。二氧化钌对某些阳极反应如析氯、析氧具有很好的催化活性，能在高电流密度下工作而槽电压比较低。最突出特点是具有很好的化学稳定性，工作寿命比石墨阳极长得多。过去阳极主要用石墨板，由于它易腐蚀（使用寿命仅 7～8 个月），降低电能的利用率。自 20 世纪 70 年代后，我国的一些大厂，陆续改为以金属钛为基体的金属阳极，使用的寿命可达 4～6 年，甚至 10 年。隔膜的使用寿命也可从原来的 6 个月延长到 1 年。金属阳极多制成网状。

例如在氯碱生产用的隔膜电解槽中，其寿命可达 10 年以上。由于它不易腐蚀，尺寸稳定，被称为形稳性阳极。为适应不同要求和用途，可在涂层中添加其他组分，如加入锡、铱可提高氧的过电位，改善阳极的选择性，又如加入铂可提高电极的稳定性等。目前，贵金属涂层的金属阳极在化学工业中已得到普遍推广。

（二）阴极材料

以金属或合金作为阴极时，由于在比较负的电位下工作，往往可以起到阴极保护作用，腐蚀性小，所以阴极材料比较容易选择。在水溶液电解槽中，阴极一般产生析氢反应，过电位较高。因此阴极材料的主要改进方向是降低析氢过电位。电极隔膜电解槽的阴极一般是用铁丝网或打孔的铁板制成。

为了提高产品质量，也可采用特殊的阴极材料，如在水银法电解食盐水溶液制取烧碱的汞阴极中，利用汞析氢过电位高的特点，使钠离子放电，生成钠汞齐，然后在专用的设备中，用水分解钠汞齐制取高纯度、高浓度碱液。另外，为了节约电能也可采用耗氧阴极，使氧在阴极还原，以代替析氢反应，按理论计算可降低槽电压 1.23V。

三、隔膜材料

电解槽中隔膜采用的是石棉绒材料（如图 1-2-4 所示），将浆状的石棉纤维均匀地吸附在阴极网上，将阴极和阳极分开达到分离氢气氯气的效果。主要采用真空吸附（干燥至白色）的方式倒模，

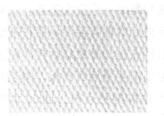

图 1-2-4　隔膜材料-石棉

将石棉绒固定在电解槽中将阴极和阳极分开，厚度约 3mm。石棉绒形成的隔膜呈多孔状，在电解过程中，电解液在隔膜的孔道中呈连续相，连续流通于孔道中，而电解产生的氢气和氯气则是分散相，因此无法通过孔道，使液体连续交换流动，而气体则被分离。

近年来，有些工厂在石棉浆中添加聚四氟乙烯、聚多氟二氯乙烯纤维等高分子材料来延长隔膜的使用寿命。

四、隔膜电解槽的改进方向

（一）扩张阳极＋改性隔膜新技术

目前，金属阳极隔膜电解槽使用的是普通石棉，缺点是易溶胀、会产生气泡效应，使用后溶液电阻高即电耗高。随着企业的发展，较高的槽电压和电耗已严重制约了企业生产负荷和经济效益的进一步提升。将普通隔膜电解槽推广采用扩张阳极＋改性隔膜新技术（图 1-2-5）是国内外金属阳极隔膜电解槽降低电耗的一个发展方向，扩张阳极与阴极极间距缩小，改性隔膜具有高强度、高弹性和高渗透性。为了使扩张阳极＋改性隔膜技术充分发挥应有的技术特性，高质量的精盐水是基础。制备改性隔膜必须选择优质的石棉绒，严格优化改性隔膜吸附工艺和高温烧结技术是关键，科学的电

图 1-2-5　扩张阳极片及剖面

槽数据跟踪采集和运行调节手段是保证。

（二）活性阴极技术

现国内主要采用两种活性阴极技术，即喷涂法活性阴极技术和机体腐蚀法活性阴极技术。

1. 喷涂法活性阴极技术

该技术就是在阴极表面喷涂镍-铝涂层，再把阴极表面的铝析出，使电极表面形成蜂窝状的表面涂层，增大电极的比表面积，降低阴极表面的电流密度，以降低阴极电位。这种活性阴极可使阴极电压下降 0.15V 左右，产能可提高 25％，寿命可达 3 年以上，一次性投资较小。

2. 机体腐蚀法活性阴极技术

该技术是以不锈钢为基材，采用高温碱腐蚀工艺制造的活性阴极，其实质就是将不锈钢表面的铬等组分腐蚀掉，表面形成富镍的多孔状表层，以降低阴极电位。这种活性阴极可使阴极电压下降 0.1V 左右，寿命可达 5 年以上，一次性投资较大。

活性阴极技术的应用也要重视盐水质量的控制，如果盐水质量得不到严格的控制，盐水中的杂质易积附在阴极的表面，影响活性阴极的使用效果。值得一提的是该技术最早是应用在离子膜电解槽上，而隔膜电解槽所使用的盐水质量不如离子膜电解槽所使用的盐水质量高，特别是盐水工段的设备和一次盐水过滤器之后送电解槽的盐水管道材质基本选用碳钢，碳钢在盐水中极易锈蚀，大量的铁锈如进入电解槽，活性阴极的寿命会缩短。因此，应将盐水工段的设备和管道改造，如内衬 PE（线性聚乙烯），并采用盐水二次过滤技术过滤盐水中的残余杂质提高盐水质量，为采用活性阴极技术创造条件。

第三节　电解岗位生产工艺

一、工艺流程

如图 1-2-6 所示，来自盐水工段的合格精盐水首先进入电解工

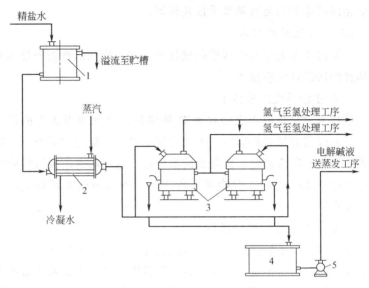

图 1-2-6 隔膜法电解的示意流程

1—盐水高位槽；2—盐水预热器；3—电解槽；4—碱液储槽；5—碱液泵

段的盐水高位槽，靠自流到盐水预热器，经过预热后的盐水通过盐水分配台及管道注入各电解槽，酸性盐水靠高位静压力经管道、喷嘴断电流入电解槽。在直流电的作用下，阳极室产生氯气，阴极室产生氢气和电解液。阳极室约 90℃ 的湿氯气经槽盖上的氯气连接管进入单列氯气管再进入氯气总管。阴极室 90℃ 的湿氢气经阴极箱上部的氢气出口进入断电连接胶管，再进入单列氢气管，最后汇集到氢气总管。电解液自流到电解液地槽，氯气、氢气分别汇集在总管内送至氯气、氢气处理岗位。没放电的 Na^+、OH^- 结合生成 NaOH，混合于没分解的 NaCl 溶液中成为电解液，电解液自阴极箱下部出口经流出碱管，断电器、漏斗进入到碱管，汇集到电解液总管，自流入地碱槽，由送碱泵将电解液自地碱槽中抽出再经计量，送入电解液储罐供蒸发工序进一步浓缩。进入电槽的盐水，从电解槽电解出来的氢气、电解液，电槽本身及各物料管道均需保证绝缘。

二、主要控制指标

隔膜电解槽的主要工艺指标见表 1-2-1。

表 1-2-1　隔膜电解槽主要工艺控制指标

控制项目	控制指标
单槽电解液浓度	$80\sim140\text{g/L}$
单槽氢气纯度	$\geqslant95\%$
单槽氯中含氢	$\leqslant1.0\%$
单槽氯中含氧	$\leqslant3\%$
总口氯气纯度	$\geqslant95\%$
总口氯中含氢	$\leqslant0.5\%$
总口氯中含氧	$\leqslant2.5\%$
槽电压	$\leqslant3.5\text{mV}$
阴极效率	$>90\%$
阳极效率	$>90\%$
槽间电压降	$\leqslant30\text{mV}$
氯气操作压力	$(0\pm49)\text{Pa}$
氢气操作压力	$(0\pm49)\text{Pa}$
液面合格率	$>90\%$
对地电压差	$<10\%$ 槽电压
总口电解液浓度	$(130\pm5)\text{g/L}$
电解室空气含氯	$\leqslant1\text{mg/L}$

三、主要设备及操作控制要点

隔膜电解槽为烧碱生产的关键设备，生产中可因盐水中钙、镁离子含量高与氢氧化钠生成氢氧化钙（镁）沉淀而堵塞隔膜，不仅影响产率而且导致氢氧化钠浓度升高，电槽电流效率下降，槽电压升高而威胁安全生产。使用含氟纤维和石棉混合的改性隔膜，虽然可以降低槽电压的氯中含氢，但氯气中含氧稍增高。氧过高会使金属阳极涂层失活，同时会危及后续工序的安全生产。电解槽除槽器的短路开关，额定电源 120kA，电压为 5V，电解槽和槽间铜排的对地电压为 300V 以上，不注意防护有触电危险。氯气不仅剧毒且与氢气可形成爆炸性混合物，如某厂曾发生过电解槽氯中含氢超标的爆炸事故。氢气一旦泄漏，电解槽液面控制失误导致电槽"干锅"均可形成爆炸，如某厂曾发生过槽底漏盐水的"干锅"爆炸事故。

隔膜电解槽安全控制要点如下。

① 严格监督进入电解槽的盐水质量，盐水浓度必须达到315～325g/L，钙镁离子质量分数小于5×10^{-6}，硫酸根离子质量分数小于5×10^{-6}，pH值控制6～8。

② 每次开车前必须对仪表联锁条件进行严格确认，并严格遵守开车程序和工艺技术指标。严密监视氯气总管和氢气总管压力，以防氯中含氢和氢中含氧超标而引起的爆炸。强化对每台电解槽巡视，及时调整液位，以保证产品质量，防止单槽"干锅"爆炸。

③ 除槽断电器要经常保持完好状态，以保证电解除槽（单槽氯中含氢超标）或异常状态下的及时处理。

④ 定期对电解厂房的桥式吊车绳索的腐蚀情况检查鉴定。

⑤ 电解槽中的金属导体最大对地电压可达300V，因此进入厂房作业人员必须穿戴好绝缘靴和绝缘手套，防止触电。

⑥ 经常对通风系统和作业人员的防护器具的正确使用进行检查，减少石棉粉尘对人体及环境的危害和污染。

四、设备维护

(一) 日常维护

① 定期清洗盐水断电器、以防结盐堵塞，保持滴流平稳。

② 碱液断电器要对准碱液管漏斗，保持滴流处于良好状态。

③ 电槽各部位因螺栓松动所造成的渗漏应及时紧固，对其结盐、结碱应及时清洗干净。

④ 每3～6个月冲洗盐水总管，擦洗电槽基础绝缘瓶。

⑤ 随时注意对地电压的波动情况，发现异常应及时查找原因，进行处理。

（二）常见故障及处理方法（见表 1-2-2）

表 1-2-2 隔膜电解槽常见故障及处理方法

不正常现象	引起异常原因	处理方法
1. 新加槽流量大,含氢高	1. 隔膜过薄过湿 2. 装隔膜时,隔膜破裂	1. 提高液面,增大渗透压 2. 必要时流状加入石棉浆液
2. 单槽氢气压力波动	1. 液封过高 2. 支管不畅出口堵塞 3. 系统存水 4. 电流或压力不稳	1. 检查调整 2. 检查疏通 3. 疏通滴水口放水 4. 联系供变电三站及氯氢处理
3. 单槽氯气压力波动	1. 支管不畅或人为堵塞 2. 系统存水 3. 电流或压力不稳	1. 检查疏通 2. 疏通滴水口放水 3. 联系供变电三站及氯氢处理
4. 氢气断电器、压力表、放空管着火	1. 断电器结盐连电严重 2. 外因火花引起 3. 避雷装置或外因引起	1. 用湿物包盖灭火,拆下装置除掉结盐,包扎密封 2. 认真操作,巡回检查 3. 检查避雷器及阻火器
5. 氢气纯度低和波动较大	1. 系统密封不严 2. 负压过大 3. 滴水无液封系统有漏点 4. 压力波动或出口输送系统不畅 5. 运行电流不稳	1. 认真包扎密封 2. 调整压力,联系氯氢处理 3. 检查系统水封阀门及放空系统 4. 联系氯氢处理工序 5. 保证电流运行稳定
6. 氯气纯度低和波动较大	1. 系统密封不严 2. 负压过大 3. 滴水无液封系统有漏点 4. 盐水含碱高 5. 盐水预热温度低 6. 运行电流不稳	1. 认真包扎密封 2. 调整压力,联系氯氢处理 3. 检查系统水封及滴水 4. 严格控制盐水 pH 值 5. 提高盐水预热温度 6. 保证电流运行稳定
7. 氯内含氢高	1. 液面过低,流量过大,铁丝外露,隔膜破坏 2. 氢气正压过大	1. 加高液面,必要时注入石棉浆 2. 联系调整压力或改放空,处理无效则除槽
8. 盐水供应不足	1. 预热器管路或其他部位漏水 2. 管路、支管堵塞 3. 供水工序故障	1. 联系有关部门修理堵漏 2. 立即组织疏通管路 3. 联系盐水工序处理

不正常现象	引起异常原因	处理方法
9. 阴极箱漏碱严重	长期腐蚀严重	立即包扎加固必要时及早除槽
10. 电槽汽化沸腾	1. 液面过低	1. 立即大量注入淡盐水抢救并将氯氢系统断开,降电流处理或除槽
	2. 盐水注入管堵	2. 严重时立即联系停电以防爆炸
	3. 长时间假液面	3. 加强巡回检查,必要时降电流或除槽
11. 电解液流量小	1. 电解液溢流口被堵 2. 隔膜硬化 3. 阴极网内有结盐	1. 清除溢流管杂物 2. 预先用淡盐水浸泡隔膜 3. 更换阴极箱

第四节　电解岗位生产操作

一、电解岗位任务

① 将盐水高位来的合格盐水均匀地注入电解槽内，使电槽阳极液位稳定在标线范围内。

② 新上电槽按照验收标准进行验收。

③ 负责联系和消除电解室内的气、电、水、电解液、盐水等的跑、冒、滴、漏等现象，对地电压不合格，及时消除接地现象。

④ 经常保持氯气压力计、氢气压力计、氢气安全水封有 2/3 水位。

⑤ 搞好所属设备、管道的维护及保养。

⑥ 作好岗位记录，清扫岗位卫生。

二、开停车准备

本岗位接到要开车的指示后，应做好如下方面的准备工作。

① 检查电解槽的连接铜板是否安装完好、拧紧，电解槽附属设备是否齐全，是否具备送电条件，如有问题立即报告班长或工序

负责人，并及时联系处理。

② 对所属管道阀门、设备进行检查，是否具备开车条件，若不具备应及时报告班长并联系处理。

③ 检查所有氢气断电器是否装好，氯气支管是否装好。

④ 将所有电解液漏斗安装好。

⑤ 将氢气安全水封盖好，并加水满流；将氯气压力计、氢气压力计、氢气安全水封的水加好。

⑥ 经检查一切都具备开车条件后，将氢气阻火器用水封死，开始向氢气总管内充氮气。

⑦ 充氮气 1h 后开始向电解槽内加盐水，盐水液位加至 200～300mm 为合格，但不允许电槽往外跑盐水。

⑧ 所有电槽盐水加好后，再检查一次电槽是否有接地现象，如有经立即消除后再及时报告当班班长，本岗位具备开车条件并坚守岗位待命。

三、正常开车与停车

（一）正常开车

本岗位接到开车命令后，按以下步骤开车。

① 首先拔掉流出碱管的胶塞，待氢气断电器中无盐水，碱漏斗中不积盐水时，报告送电总指挥，本岗位可以送电。

② 调节盐水阀门，维持电槽阳极液位，同时观察是否送电。

③ 当电槽送电后，注意观察电槽是否有异常现象，如有应立即处理并上报。

④ 当电槽送电后检查对地电压表，看正负电压对地是否平衡，如发现偏差超过规定指标应立即进行处理，并报告当班班长，通知有关人员尽快恢复。

⑤ 检查电槽液面，如发现电槽盐水流量供应不上时应立即更换大胶管加盐水，确保电槽阳极液位在玻璃液位计上能观察到。

⑥ 经检查一切正常后，报告送电总指挥可以提电流。

⑦ 氢气纯度长时间上不去，应及时查找原因并积极处理。

⑧ 作好岗位开车原始记录。

（二）正常停车

本岗位接到停车命令后，按下列步骤进行停车。

① 氢气泵或氢压机停车后立即将氢气阻火器的水排空，然后将氢气安全水封盖揭开。

② 拔出氯气支管一根。

③ 将氢气断电器和胶管取下来。

④ 停电后当电解液浓度达到要求时，将流出碱管塞死。

⑤ 待所有电槽阳极盐水液位达到 200～300mm 时，将盐水阀门全部关闭，停止加盐水。

⑥ 将碱液漏斗全部取出。

（三）紧急停车

设备运行过程中出现下列问题时应紧急停车。

① 厂内外供电系统发生故障而突然停直流电时，班长（或操作人员）必须按紧急停车步骤进行处理，听候调度室命令。

② 盐水供应中断，当阳极液面低于液面计，而盐水又不能马上恢复供应时，班长要联系调度室，请示停车（或减产）。

③ 氯气大量外溢无法处理时，班长要立即停车并报生产调度，通知厂部或工段长。

④ 氢气管路、氯气管路、电槽发生爆炸无法进行生产时，班长在紧急情况下，按紧急停车按钮，并汇报调度室。

⑤ 氢气系统爆炸只有在无火焰的情况下才能停车，氢气系统着火严禁停产（正压法灭火）。

⑥ 交流电供应中断，氯压机、氢压机发生故障，班长按紧急停车步骤进行处理。

⑦ 发生严重人身触电事故时，班长（或操作人员）按紧急停车处理。

（四）紧急停车处理

电解槽岗位短时间突然停水、停汽可继续生产，突然停电按以下步骤处理。

① 保持电解槽阳极液位。

② 与调度室联系送电时间。

③ 若短时间停电（1h 以内），可不用塞流出碱管，只要维持阳极液位即可按正常开车程序进行开车送电。

④ 如果 1h 内不能送电，电槽先停加盐水，然后将流出碱管塞死，再送电时按正常开车程序进行开车送电。

（五）电解岗位操作要点

① 电槽盐水液面没有达到指示值，绝对不能送电。

② 必须先拔流出碱胶塞，再送电。

③ 氢气总管必须用氮气置换充分，否则不许送电，置换充分后，氮气不能关闭太早，应在送电后即关闭氮气。

④ 送电后，若遇电槽盐水供给不上，应立即采取措施，若措施不力则必须立即断槽。

⑤ 电槽送电后，如发现异常现象，在采取必要措施消除异常现象前严禁提电流。

⑥ 电槽送电后要勤检查注意观察氯、氢压力及电槽流量，发现问题及时处理，防止事故产生。

⑦ 开始加盐水时，盐水必须呈雾状进入电槽，避免冲破隔膜。

⑧ 停电时，电槽阳极液必须用盐水进行充分置换以保护阳极涂层。

四、安全生产

① 严格遵守公司、厂部制定的本岗位安全制度。

② 本岗位人员必须穿戴好按规定发放的劳动保护用品。

③ 本岗位属于甲级要害岗位，必须执行非岗位操作人员出入登记的制度。

④ 电槽上下周围不准放任何导电物质，不得手持 1m 以上导体穿越电解室。

⑤ 操作中人体不得同时接触两极，不准用黑色金属敲击氢气管道。

⑥ 对地电压差超过规定值要及时消除，没消除之前不准洗氢气断电器。

⑦ 检修电槽时，相邻 5 个电槽不得有氢气放空。

⑧ 氢气系统没有处理严禁放电及电槽接地。

五、电解工序的腐蚀与防护

电解系统的主要任务是电解饱和精制的食盐水溶液，产生氯气、氢气和氢氧化钠溶液，该系统的腐蚀介质有湿氯气、氢氧化钠以及杂散电流。

（一）隔膜电解槽

隔膜电解槽是食盐水电解的关键设备，由阳极组件、阴极组件和槽盖组成，隔膜电解槽的腐蚀多发生在阳极极片、底板和电解槽盖。

阳极接触的腐蚀介质主要是氯气、氯化钠以及副反应产物盐酸、次氯酸、氯酸盐等，介质温度 90～100℃，具有强酸性和强氧化性。金属阳极的腐蚀主要表现为钛钌活性涂层的腐蚀脱落，失去导电活性，须重新涂覆钛钌复合涂层方可使用。

影响阳极涂层损坏的主要原因如下。

① 频繁的开停车或调节生产负荷导致产生反向电势，影响涂层的半导体结构，损失活性；

② 入槽盐水 pH 值过高，导致阳极副产氧气量增加，破坏活性涂层；

③ 电解槽温度控制过高；

④ 活性涂层涂覆工艺不合理，涂层与钛基体粘接不良。

基于上述原因，烧碱生产企业可通过严格工艺控制指标，严把金属阳极涂层制作关，确保金属阳极电解槽使用寿命。

隔膜电解槽盖内侧接触气、液两相，气相的主要腐蚀介质为湿氯气，液相介质有氯化钠、氯酸盐以及从阴极反渗透过来的氢氧化钠等，从而导致电解槽盖接触的介质条件十分苛刻，腐蚀性非常强。一直以来，国内外的防腐蚀工作者都在致力于槽盖材质的研究和开发，常用的电解槽盖材料有碳钢内衬橡胶、玻璃钢、工业钛材等。

（二）杂散电流腐蚀

杂散电流是电解工业中一种特有的腐蚀形式，它是由漏电引起的直接或间接导致金属溶解的现象，金属腐蚀破坏相对集中，腐蚀速度比较快。杂散电流的存在可使盐水管道、电解槽等装置发生腐蚀。杂散电流的腐蚀多发生在盐水进口处，电解槽的支脚以及铜排支柱等部位。

电解工序主要通过采用断电装置、设置排流装置、采用阴极保护、消除系统跑、冒、滴、漏现象等措施来预防杂散电流的影响。

思　考　题

1. 电解过程中的产量与电量有何定量关系？
2. 简述隔膜法电解生产烧碱的基本原理。
3. 隔膜法对电极和隔膜材料有何要求？
4. 绘制隔膜法电解生产烧碱的工艺流程简图。
5. 隔膜电解槽操作控制要点有哪些？
6. 隔膜电解槽有哪些常见腐蚀现象？如何预防？
7. 简述隔膜电解槽的改进方向。
8. 简述隔膜电解槽的日常维护措施。

第三章 氯氢处理

第一节 氢气处理

氢气冷却和洗涤的目的是除掉氢气中的氨、氯、三氯化氮等杂质，将氧气除到小于 5×10^{-6}（体积分数），干燥后加压送出系统。氢气与空气或氢气与氯气在电解、氯冷却、干燥、氢气冷却及输送、氯气液化等密闭设备及管道中，均有可能形成易燃、易爆混合物，而且在生产厂房中也有可能大量氢气外泄。因此该系统的着火爆炸危险因素甚多。

一、氢气处理流程

如图 1-3-1 所示，从电解槽来的高温湿氢气约为 80℃左右，经氢气总管进入氢气-盐水换热器回收热量，经气液分离后由氢气冷却塔下部进入与从上喷淋而下的冷却水直接接触进行逆流换热，使氢气温度降至 30℃以下，从塔的上部出来，然后进入水环式真空泵或罗茨风机压缩至 0.03～0.06MPa。加压后的氢气经冷却水分离器汇集在泵的出口总管上，进入氢气冷却器下部入口，经冷却后从上部出口进入气水分离器到氢气捕集器，再经分配送台至各用户。氢气冷却塔使用循环冷却水自厂房外引入，塔的出口水排送至地沟送回水处理工序泵房。

二、氢气处理主要设备

（一）氢气输送设备

氢气输送可采用水环式真空泵或罗茨风机。

1. 水环式真空泵

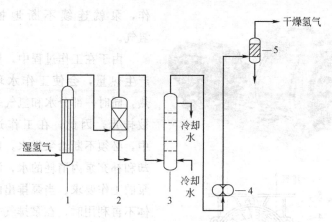

图 1-3-1　氢气处理工艺流程

1—氢气-盐水换热器；2—气液分离器；

3—氢气洗涤塔；4—氢气泵；5—氢气捕集器

　　氢气压缩输送可采用水环式真空泵。水环式真空泵结构简单，主要由机体和轴封组成，机体的主件有主体、端盖、左右定子、叶轮和轴等。当叶轮旋转时，水被叶片带动旋转，由于离心力的作用，水被抛至壳体内壁，形成一层接近等厚度的椭圆形水环，致使椭圆型水环与叶轮轮毂之间形成月牙形空间，该月牙形空间被叶片分成一个个不同容积的工作室。气体从入口轴向吸入定子，径向进入工作室。工作室的容积随叶轮的旋转周期性变化，完成气体的吸入与压缩排放。

　　如图 1-3-2 所示，叶轮 3 偏心地安装在泵体 2 内，因此当叶轮 3 旋转时，水受离心力的作用而在泵体内壁形成一旋转水环 5，水环上部内表面与轮毂相切沿箭头方向旋转，在前半转过程中，水环内表面逐渐与轮毂脱离，因此在叶轮叶片间与水环形成封闭空间，随着叶轮的旋转，该空间逐渐扩大，氢气压力降低被吸入空间；在后半转过程中，水环内表面逐渐与轮毂靠近，叶片间的空间的逐渐缩小，氢气压力升高，高于排气口压力时，叶片间的气体被排出。如此叶轮每转动一周，叶片间的空间吸排一次，许多空间不停地工

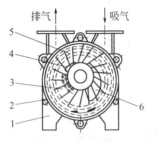

图 1-3-2 水环式真空泵及工作原理

1—端盖；2—泵体；3—叶轮；4—排气孔；
5—水环；6—吸气孔

作，泵就连续不断地抽吸氢气。

由于在工作过程中，做功产生热量，会使工作水环发热，同时一部分水和氢气一起被排走，因此，在工作过程中，必须不断给泵供水，以冷却和补充泵内消耗的水，满足泵的工作要求。当泵排出的气体不再利用时，在泵排气一端接有气水分离器，氢气和所带的部分水排入气水分离器后，气水分离，氢气由排气管排出，留下的水经回水管供至泵内继续使用。随着工作时间的延长，工作水温度会不断地升高，这时需从气水分离器的供水处供给一定的冷水，以降低工作水的温度，保证泵能达到所要求的技术要求和性能指标。

2. 罗茨鼓风机

氢气压缩输送还可采用罗茨鼓风机。罗茨鼓风机采用卧式进排气方向，在机体内通过同步齿轮的作用，使两转子相对地呈反方向旋转，鉴于叶轮相互之间和叶轮与机体之间具有适当的工作间隙，以致构成进气腔与排气腔相互隔绝（存在泄露）借助于叶轮旋转，将机体内的气体由进气腔推送至排气腔后排出机体。

3. 氢气隔膜压缩机

如图 1-3-3 所示，氢气隔膜压缩机是一种特殊结构的容积式压缩机，具有压缩比大、密封性好、压缩气体不受润滑油和其他固体杂质所污染的特点。隔膜压缩机是靠隔膜在气缸中作往复运动来压

缩和输送气体的往复压缩
机。隔膜沿周边由两限制
板夹紧并组成气缸，隔膜
由液压驱动在气缸内往复
运动，从而实现对气体的
压缩和输送。由于它的气
腔不需要任何润滑，从而
保证了压缩气体的纯度，
特别适用于易燃易爆，有

图 1-3-3　氢气隔膜压缩机

毒有害，高纯度气体的压缩、输送和装瓶。根据排气压力的不同，
一般制成为单级或两级的。压力：5～40MPa，标态流量：5～
1000m³/h。

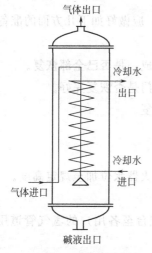

图 1-3-4　气液分离器结构示意

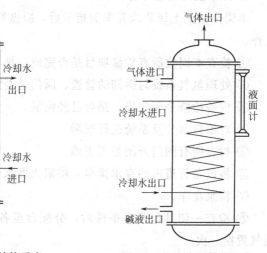

图 1-3-5　洗涤器结构示意

（二）氢气洗涤设备

分离器外壳是一个圆桶，内装蛇形冷却水管，外部装有液面计
和温度计，结构如图 1-3-4 所示。经分离器分离出来的氢气温度比
较高，仍含有蒸汽和碱雾，经过洗涤器（图 1-3-5）可以降低温度，

去掉水分，并回收碱液。洗涤器呈圆桶形，内装蛇形冷却水管和筛板。进入洗涤器的气体经过筛板被洗涤和冷却。

三、氢气处理岗位生产操作

（一）岗位任务

① 负责氢气-盐水换热器的余热利用。

② 负责氢气冷却，使冷却温度达到规定范围。

③ 负责氢气输送及氢气用量分配。

④ 负责氢气管线的排水。

⑤ 负责所属设备的维护和岗位卫生的清扫。

⑥ 确保氢气纯度大于98％。

（二）操作程序

1. 开车前的准备工作

本岗位接到上级要求开车的指示后，应做好如下几方面的准备工作。

① 检查本岗位所有检修项目是否完成，是否已全部恢复。

② 处理氢气系统时拆卸的管道、阀门是否恢复完好。

③ 设备检修是否完毕、是否已经恢复。

④ 对检修部分及系统进行试漏。

⑤ 检查所有阀门开闭是否正确。

⑥ 将设备管道内的存水排尽，将阻火器水位加至规定高度。

⑦ 将泵盘车。

⑧ 检查一切具备开车条件后，分配台至各用户的氢气管道用氮气置换一次。

2. 正常开车

本岗位接到开车命令后按下列步骤进行操作。

① 电话通知氯化氢工序打开氢气排空阀。

② 打开氢气冷却塔的冷却水阀。

③ 将水环式真空泵盘车数圈。

④ 向泵及分离器中加水至规定液位，同时打开冷却水阀。

⑤ 打开循环阀和出口阀，启动马达。

⑥ 当泵运行正常后，关闭循环阀，调节入口阀，并随电流变化调节开泵数量。

3. 正常停车

本岗位接到停车命令后，按下列步骤进行停车。随电解槽降电流而逐台停水环式真空泵，泵停车操作程序如下：先关入口阀，然后开循环阀，同时关闭出口阀，停马达。停冷却水，盘车数圈。所有水环式真空泵停止运行后马上通知电解槽岗位立即揭开氢气安全水封盖。将氢气冷却塔冷却水关闭，并关闭氢气分配台去各用户的阀门。

4. 水环式真空泵倒泵操作程序

先开一台水环式真空泵，再停一台水环式真空泵，具体按以下步骤进行。

① 通知调度室本岗位要倒泵。

② 检查备用泵，打开循环阀。

③ 向泵及分离器中加水，至规定液位。

④ 启动马达。

⑤ 紧急停车处理措施如下。

水环式真空泵突然停气仍可正常开车。

突然停直流电，应将所有泵的入口阀迅速关闭，打开循环阀。短时间停直流电可不停泵，长时间不能供电，则按正常停车程序停车。

突然停交流电，应迅速将所有泵的入口阀门关闭，关闭泵的出口阀门，将泵的电源开关复位，打开循环阀，盘泵，关闭用户阀门。

突然停水，应迅速关闭所有泵的入口阀门，停马达，关闭泵的所有出口阀门，打开循环阀，切换冷却水水源。

5. 正常停车处理

本岗位在接到正常停车的命令后，按下列步骤操作。

① 通知各用氢单位将安全水封的排水阀打开。

② 将分配台各用户的阀门全部打开，全开各泵出、入口阀。

③ 关闭氢气总管阀门，水环式真空泵分离器的排水阀。

④ 卸下氢气冷却塔的水封并上好盲板。

⑤ 将所有向氢气处理系统加水的阀门打开。

⑥ 关闭氢气阻火器的水封排水阀，同时打开加水阀加水。

⑦ 确保各安全水封排水阀出水。

⑧ 各安全水封出水 30min 后，关闭各加水阀。

⑨ 开启各排水阀向系统外排水。

⑩ 将到各用户的安全水封加盲板隔开，通知分析工取样作动火分析。

（三）安全注意事项

① 严格遵守本岗位安全制度。

② 本岗位人员必须穿戴好按规定发放的劳动保护用品。

③ 本岗位属于甲级防火防爆要害岗位，必须执行非岗位操作人员出入登记的制度。

④ 本岗位严禁烟火，不准用黑色金属敲击氢气管道。

⑤ 氢气纯度必须保持在 98％以上，若不合格必须立即解决。

（四）不正常现象的原因分析及处理方法（见表 1-3-1）

表 1-3-1　氢气处理岗位不正常现象的原因分析及处理方法

不正常现象	原因	处理方法
氢气纯度 不合格	1. 氢气泵抽负压 2. 氢气断电器胶管断裂 3. 清洗断电器没有上胶塞 4. 管道堵塞 5. 水封、脱水管未封好 6. 氢气泵填料函抽气 7. 阀门填料函漏	1. 调节压力严格工艺控制 2. 更换新胶管 3. 清洗断电器须塞好胶塞 4. 堵塞泄漏点 5. 加水封住 6. 填料函加填料 7. 填料函加填料

续表

不正常现象	原因	处理方法
氢气压力 波动严重	1. 电流波动大 2. 管道存水 3. 出口压力波动大 4. 调节不当 5. 管道泄漏 6. 泵不正常	1. 与整流联系稳定电流 2. 消除管道存水 3. 与调度室及用户联系 4. 仔细调节精心操作 5. 消除泄漏现象 6. 倒泵检修
出口压力 突然降低	1. 泵跳闸 2. 泵断水 3. 泵断轴 4. 停直流电 5. 泵叶轮坏 6. 大幅度降电流 7. 用户用量增大	1. 迅速换泵 2. 迅速加水 3. 换泵检修 4. 关闭泵入口阀 5. 换泵检修 6. 关闭泵入口,调节压力 7. 通过分配台控制用量
氢气压力 突然升高	1. 用户停车 2. 泵短轴、断水跳闸 3. 大幅度提电流 4. 冷却塔水封抽空 5. 管道严重破裂、泄漏 6. 突然停动力电	1. 立即大量排空 2. 换开泵 3. 增开泵 4. 加水封住水封 5. 立即堵漏 6. 关闭泵的入口阀
氢气压力 突然下降	1. 用户用量突然增大 2. 大幅度降电流 3. 直流电故障	1. 与调度室联系合理分配用量 2. 关闭泵入口,调节压力 3. 关闭泵入口阀

第二节　氯气处理

　　氯气处理的主要任务是对电解槽来的湿氯气进行冷却、干燥和加压输送。经硫酸干燥后的氯气如果水分超标,将加剧氯气输送及液氯等工序的管道和设备腐蚀,给后续生产系统造成严重影响。目前,国内部分氯碱企业处理后的氯气含水质量分数在 $0.005\%\sim0.010\%$ 之间,但大多数企业只能达到 $0.03\%\sim0.04\%$。特别是随着氯气输送工艺的不断进步,国内很多氯碱企业逐步采用透平压缩机取代传统的纳氏泵输送氯气工艺,其对氯中含水的要求更高。确定合理的干燥工艺和操作条件，降低干燥氯气中的含水量，对烧碱生产意义重大。

一、氯气冷却与干燥

工业上采用浓硫酸作为氯气的干燥剂。浓硫酸具有良好的脱水性，不与氯气发生化学反应，并且氯气在硫酸中的溶解度较低。氯气的干燥是在硫酸与湿氯气接触后通过硫酸吸收氯气中的水分实现的，因此硫酸干燥氯气的实质是水从氯气中扩散到硫酸中的传质过程，而该过程能否进行或进行的程度如何，取决于氯气分压与硫酸液面上水蒸气分压的差值。差值越大，传质推动力越大，干燥效果就越好。温度一定时，硫酸浓度越高，水蒸气分压愈低；硫酸浓度一定时，温度降低则水蒸气分压随之下降，从而加大了传质过程中的推动力。因此，在操作时选择适当的硫酸浓度和操作温度，有利于提高氯气干燥效果。

（一）氯气的冷却

自电解槽出来的湿氯气几乎被水蒸气所饱和。湿热氯气所夹带的饱和水蒸气量与湿氯气温度有关，温度越高，氯气所夹带的水蒸气量越多。因此，降低湿氯气的温度，则水蒸气的分压降低，湿氯气将部分冷凝下来，这就是氯气冷却的基本原理。例如，将湿氯气中的水蒸气自 85℃冷却至 15℃，则每千克氯气可以冷凝下来的水分为 0.3337kg。氯气冷却温度越低，则冷却后氯气含水越低。但不可将氯气冷却得温度太低，如果氯气冷却温度低于 9.6℃，则形成氯的水合物结晶（$Cl_2 \cdot 8H_2O$），极易堵塞氯气管道和设备。

（二）氯气的干燥

生产上要求控制氯含水低于 60×10^{-6}（质量分数），则每千克氯气还得除掉水分 0.00424kg。因为浓硫酸具有强烈的吸水性，当它和含水物质相接触时，就能把该物质中的水分吸出来，生成硫酸水合物，例如 $H_2SO_4 \cdot H_2O$、$H_2SO_4 \cdot 2H_2O$、$H_2SO_4 \cdot 4H_2O$ 等，这样，利用浓硫酸的吸水性，冷却后的氯气与浓硫酸接触，氯气中的残留的水分大部分就会被浓硫酸吸收掉成为含水小于 60×10^{-6}（质量分数）的氯气，同时，浓硫酸吸收氯气中的水分后，本身变为稀硫酸。

（三）氯气的输送

氯气压缩输送是由氯压机来完成的，主机部分由压缩机、升速器、电动机三个部分组成，它们之间由齿型联轴节连接起来。在转子转动时，氯气在离心力和三级压缩的作用下，分别经过三台中间冷却器，将氯气温度降到工艺要求后，送入氯气分配台，供用户使用。

二、氯气处理工艺流程

由氯气总管出来的高温湿氯气进入脱氯塔钛筛板下部，与进入钛筛板上部的氯气直接冷凝水在钛筛板上直接换热，高温湿氯气被氯水洗涤冷却，而氯水被加热后，氯水中的部分溶解氯解析出来回到氯气中，多余的氯水流入氯水地槽，送废氯处理工序。

自脱氯塔顶部出来的湿氯气进入一段钛冷却器的上部，氯气走管程，自上而下，冷却水走管间，自下而上，氯气被冷却至 60℃以下。氯气冷凝下来的氯水与氯气同向流动，流入氯水汇合管，进入脱氯塔上部。经一段钛冷器冷却后的氯气进入二段钛冷器的上部，氯气走管程，自上而下，冷却水走管间，自下而上，氯气被冷却至 12～20℃左右。氯气冷凝下来的氯水与氯气同向流动，流入氯水汇合管，进入脱氯塔。

经二段钛冷器冷却后的氯气进入水除雾器，除掉氯气所夹带的大部分水分，这部分氯水也汇流入脱氯塔顶部。从水除雾器出来的氯气进入泡沫干燥塔的底部，自下而上，与泡沫塔上部加入的浓硫酸以及中部加入的稀硫酸在各个筛板上汽液充分接触，氯气中的水分被硫酸吸收，氯中含水降至 60×10^{-6}（质量分数），硫酸由于吸收水分而被稀释至 75%左右，自塔底排出，进稀酸储罐。

自泡沫干燥塔出来的氯气进入酸除雾器，除掉氯气中夹带的酸雾进入氯压机，压缩后送到氯气分配台，供用户使用，如图 1-3-6 所示。

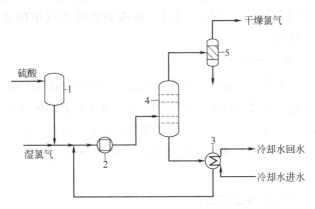

图 1-3-6 液环式压缩机氯气输送流程

1—硫酸高位槽；2—液环式压缩机；3—酸冷却器；

4—酸分离器；5—气液分离器

三、主要设备及操作控制要点

（一）液环式氯气压缩机

常用的液环泵称为纳氏泵，它由椭圆形泵壳和叶轮组成，见图 1-3-7。泵内有适量的液体，在旋转叶轮的作用下沿泵体内壁形成液环，靠液环与叶片间形成的若干密闭工作室的容积大小变化，将气体吸入或排出。这种泵可用作真空泵，也可用作压缩机。用作压

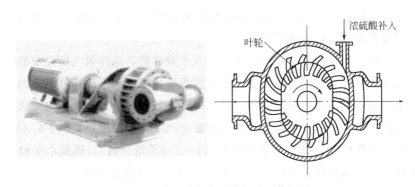

图 1-3-7 液环式氯气压缩机及工作原理

缩机时出口压力（表压）可达 500～600kPa。

氯气压缩机是一种叶片旋转式机械，凭借叶轮的高速旋转，使气体受到离心力作用而产生压力，同时气体在叶轮、扩压器等过流元件里的扩压流动，气体速度逐渐减慢，动压转换为静压，气体压力又得到提高。

（二）氯气透平压缩机

图 1-3-8 所示为氯气透平压缩机的工作原理图。

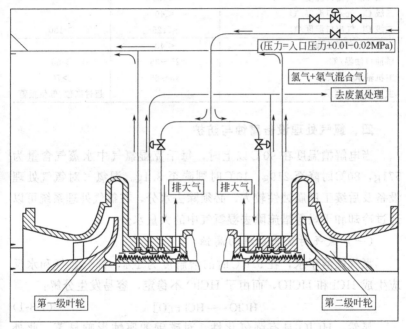

图 1-3-8 氯气透平压缩机工作原理

表 1-3-2 所示为氯气透平压缩机的运行指标。

表 1-3-2 透平机运转正常时的运行控制指标

名称	条件	报警条件
一级入口氯气压力/kPa	−10～−15	≪−20
氯中含水量/(mg/kg)	≪150×10⁻⁶	

名称	条件	报警条件
氯中含 H_2/%	≤0.4	
一级氯气出口压力/MPa	0.06～0.21	
二级氯气出口压力/MPa	0.15～0.40	
密封空气压力/MPa	0.25～0.3	
密封气节流后压力/MPa	0.07～0.2	≤0.08
过滤器前后压差/MPa	<0.05	>0.05
Cl_2 气入口温度/℃	<25～30	
一级 Cl_2 气出口温度/℃	<125	
二级 Cl_2 气入口温度/℃	<40	
二级 Cl_2 气出口温度/℃	<125	>130
二级冷却器后温度/℃	<40	
供油口油温/℃	25～35	>55
主机轴承温度/℃	45～65	>70
主油箱液位指示		超过高位、低位报警

四、氯气处理设备腐蚀与防护

当电解槽温度在 90℃ 以上时，每千克湿氯气中水蒸气含量为 571g，80℃ 时降至 219g，10℃ 时则降至 3.1g。湿氯气对氯气处理设备及后续工序腐蚀性较大，必须除去水分，在氯气处理系统可以通过冷却和干燥等措施除去湿氯气中的大量水分。

（一）氯气对金属材料的腐蚀

氯气微溶于水，在 9.6℃ 时的溶解度为 1%，部分氯气和水反应生成 HCl 和 HClO，而由于 HClO 不稳定，容易发生分解：

$$HClO \Longrightarrow HCl + [O] \qquad (1\text{-}3\text{-}1)$$

显然，HClO 具有强氧化性，对碳钢的腐蚀影响显著。此外 Cl^- 还会破坏不锈钢表面的氧化膜导致不锈钢腐蚀。钛材因具有优良的耐湿氯气腐蚀性能，可用于作为输送湿氯气的管道材料。为了降低装置投资成本，部分管道也可采用工程塑料制作（如增强聚丙烯等）。

（二）氯气冷却器及干燥塔的防腐蚀

耐高温湿氯气腐蚀的钛制冷却器投入生产，改变了氯碱工业中处理湿氯的生产面貌。钛在高温湿氯气的环境中极耐腐蚀,钛在常温时的氯水中,腐蚀速率为 0.000565mm/a;在 80℃时的氯水中,钛的腐蚀速率为 0.00431mm/a;含水量为 95% 的湿氯气中,常温下钛的腐蚀速率为 0.00096mm/a。一般氯碱企业湿氯气冷却采用两段间接冷却工艺,第一段钛管冷却器在管外采用工业循环水冷却氯气至温度低于 40℃,再经第二段钛管冷却器采用 5℃冷冻盐水冷至 12~15℃,冷却介质走管间,湿氯气走管内,节省了钛材。为防止钛管与钛管板连接部位产生缝隙腐蚀和接触腐蚀,工程技术人员经常组织对钛管冷却器壳程进行清洗。

氯气处理工序干燥岗位的填料塔、泡罩塔、气液分离器等,接触的是具有强烈腐蚀性的湿氯气和浓硫酸,选用工程塑料、玻璃钢、耐酸陶瓷等,防腐蚀效果较好。

五、废氯与事故氯的处理

(一)事故氯气和废氯气的来源

透平机岗位开停车需置换的低浓度氯气;透平机机组跳闸或操作不当造成离子膜电解氯气总管氯气正压,通过氯气正压安全水封外溢的事故湿氯气;离子膜电解来的废氯气以及真空脱氯岗位不正常时产生的废氯气;液化岗位液氯液下泵产生的尾气;液氯钢瓶包装产生的尾气;液化岗位氯气分配台和透平机岗位由于管道或设备原因造成外溢的事故氯气;来自氯化氢工序的事故氯气等。

(二)事故氯气和废氯气的处理方法

通过风机的抽吸,经过事故氯气总管,进入负压事故氯吸收塔底部与塔顶循环喷淋下来的 15%~16% 稀碱液在填料层进行化学吸收。产生的热量会使循环吸收的碱液温度升高,较热的碱液进入配碱循环槽,通过吸收塔循环泵加压,进入吸收塔板式换热器与循环冷却水进行热交换,出来温度较低的碱液打上事故氯吸收塔顶部循环吸收不断产生的事故氯气。事故氯吸收塔出口的废气随后进入尾气塔的底部与塔顶部循环喷淋下来的 15%~16% 稀碱液,在填料层进一步进行化学吸收，同样产生的热量会使循环吸收的碱液温度升高，较热的碱液进入碱液循环槽，通过尾气塔循环泵加压进入尾气吸收塔板式换热器与循环冷却水进行热交换，出来温度较低的碱液打上尾气塔顶部循环吸收不断产生的废气。最后尾气塔出口排出的尾气通过风机的出口排向大气。风机的入口设置有风机补气电动碟阀、遥控补气控制阀、氯气正压安全水封压力自动调节阀，严格控制风机的抽气量。

工业用的清洁水直接进入配碱循环槽与从液碱包装来的 30％碱液混合，配置 15％～16％的稀碱液用来吸收氯气。吸收塔板式换热器和尾气塔板式换热器的循环冷却水从烧碱循环水来，与热碱液进行热交换后，直接回到烧碱循环水凉水塔冷却。

（三）事故氯碱液循环系统开停车操作

1. 开车前准备

① 碱液循环系统开车之前，必须全系统设备、管道清洗合格并经过试压试漏。

② 检查碱液循环系统的管路、接点、设备、阀门完好无泄漏。

③ 检查碱液循环系统的电器、仪表均处于可控制状态。

④ 在配碱循环槽按 1∶1 的比例加入 32％碱液和工业清洁水，控制稀碱液浓度约为 15％～16％和配碱循环槽的液位为 2/3 位置，如为新开车液面要求略高于正常工作液面。

⑤ 检查吸收塔板式冷却器和尾气塔板式冷却器碱液进出口阀门是否开启，关闭旁路阀。

⑥ 检查吸收塔板式冷却器和尾气塔板式冷却器循环冷却水进出口阀门是否开启、并调节好水量。

⑦ 检查配碱循环槽 A/B 出口阀是否开启，关闭备用的配碱循环槽的出口阀、碱回流阀。

⑧ 检查碱液循环槽出口阀是否开启。

⑨ 检查吸收塔循环泵、尾气塔循环泵的润滑油是否加到规定液位、盘车正常，机封冷却水是否开启，调节冷却水的压力小

于 0.1MPa。

⑩ 检查各泵的进出口阀是否关闭。

2. 碱液循环系统正常开车步骤

① 确认准备工作完成后，打开吸收塔循环泵的进口阀和出口排气阀，排出泵内的空气，然后关闭排气阀。紧接着启动吸收塔循环泵，慢慢打开泵出口阀，调节泵出口的回流阀，调节泵出口的压力至正常范围。

② 打开尾气塔循环泵的进口阀和出口排气阀，排出泵内的空气，然后关闭排气阀。紧接着启动吸收塔循环泵，慢慢打开泵出口阀，调节泵出口的回流阀，调节泵出口的压力至正常范围。

③ 检查碱液循环系统的各温度、压力是否在控制的范围内，泵运行是否正常。

④ 通过塔底部回流管的视镜观察碱液的流动情况，并适当调整碱液的循环量。碱液循环系统运行正常 30min 后，方可启动风机抽空系统。

3. 吸收塔和尾气塔循环泵的倒泵操作

① 打开备用泵的进口阀和出口排气阀，排出泵内的空气，然后关闭排气阀。紧接着启动备用泵，缓慢打开泵出口阀，两台泵同时运行。

② 缓慢关闭运转泵的出口阀，调节备用泵，保持泵出口压力稳定。

③ 停下运转泵，关闭运转泵的进口阀和机封冷却水，备用泵投入运行。

4. 碱液循环槽与次氯酸钠成品槽的倒槽操作

当碱液循环槽内的碱液长时间被氯气吸收，碱液与氯气反应生成次氯酸钠溶液，如果碱液吸收完，将会出现跑氯事故。因此为了避免跑氯事故发生，需要让分析工按时分析次氯酸钠饱和度，发现达标，应及时更换饱和的次氯酸钠溶液。具体操作如下。

① 打开用来接收碱液循环槽未饱和的次氯酸钠溶液的次氯酸

钠成品槽的进液阀,关闭尾气塔循环泵去往盐水、污水站的阀门。

② 缓慢打开尾气塔循环泵通往次氯酸钠成品槽的阀门,同时关闭通往尾气吸收塔的阀门以及泵出口回流阀,将碱液循环槽的溶液不断输送到次氯酸钠成品槽。在此过程中,尾气吸收塔碱液循环系统将停止运行。

尾气塔循环备用泵直接输送配碱循环槽的次氯酸钠半成品至次氯酸钠成品槽,具体操作如下。

① 打开用来接收配碱循环槽未饱和的次氯酸钠溶液的次氯酸钠成品槽的进液阀,关闭尾气塔循环泵去往盐水、污水站的阀门。

② 确认备用泵出口与尾气塔连接的阀门关闭、与次氯酸钠成品槽连接的阀门关闭。打开泵入口管与需要输送次氯酸钠的配碱循环槽的阀门,打开泵出口的排气阀,排出泵内空气,然后关闭排气阀。

③ 启动备用泵,然后缓慢打开泵出口与次氯酸钠成品槽的连接阀,调节好泵出口压力,直至输送完溶液,然后停下备用泵,关闭打开的泵进出口阀。

5. 碱液循环系统的正常停车操作

① 接到停车指令后,关闭吸收塔循环泵的出口阀,然后停下泵、关闭泵入口阀。

② 关闭尾气塔循环泵的出口阀,然后停下泵、关闭泵的入口阀。

③ 关闭泵机封冷却水,排净泵内残余碱液。

6. 碱液循环系统正常运行的操作与控制

① 每小时巡回检查吸收塔和尾气塔的碱液循环是否正常,塔底部是否积液堵塞进气口。

② 注意控制碱液的温度和泵出口的压力,严格控制碱液温度在正常范围内。

③ 严格控制碱液循环槽的碱液浓度,碱液接近饱和状态及时倒槽,使用新鲜碱液,次氯酸钠输送到次氯酸钠成品槽后,及时配制好新鲜碱液备用。

④ 检查碱液循环泵的机封冷却水是否正常。

⑤ 检查碱液管道是否有漏点，并及时消漏。

7. 负压事故氯气处理系统的开停车操作

(1) 开车前准备工作

① 检查风机空气运转是否正常、检查事故氯气系统管道是否试压试漏。

② 检查负压事故氯碱液循环系统运行是否正常，循环冷却水系统运行是否正常。

③ 检查废氯气分配台和事故氯气总管碟阀是否开关灵活。

④ 检查氯气正压水封液位自动控制系统是否运行正常，设定液封的高度。

⑤ 通过 DCS 全部打开风机的补气控制阀门、关闭废氯气分配台所有阀门以及事故氯气总管碟阀。

(2) 正常开车步骤

① 全开风机的出口碟阀，启动风机，然后缓慢打开进口阀。

② 缓慢关闭风机的补气控制阀门，调节风机的抽气量，注意废氯气分配台的压力变化情况。

③ 当事故氯气系统出现负压后，缓慢打开废氯气分配台各事故氯气阀门，同时关闭风机的补气控制阀，调节系统的压力。

④ 联系透平机岗位，打开事故氯气总管碟阀，负压事故氯处理装置与氯气正压安全水封管道连通，然后将风机补气控制自动阀切换为自动状态。

⑤ 开车正常后，检查风机的出口是否有氯气冒出，检查碱液循环泵、风机电机电流、配碱循环槽碱液浓度，并做好原始记录。

(3) 正常运行的操作与控制

① 经常检查氯气正压安全水封的出口压力是否超标太大，避免负压事故氯装置通过正压水封抽吸氯气系统的氯气。

② 经常检查风机的出口是否有氯气冒出，检查碱液循环泵、风机电机电流、配碱循环槽碱液浓度，碱液接近饱和状态时及时倒

槽使用新鲜碱液。

③ 经常与透平机岗位、液氯岗位、液氯包装岗位、离子膜岗位以及氯化氢岗位联系，保持系统的压力正常。

④ 认真填写原始生产记录，保持岗位卫生清洁。

（4）正常停车步骤

① 接到停车指令后，关闭废氯气分配台所有阀门和事故氯气总管碟阀。

② 全开风机的补气控制阀，风机继续抽吸约 30min 左右。然后关闭入口阀，停风机。

③ 关闭风机出口阀，打开风机底部排液阀排液。

8. 负压事故氯气处理系统紧急操作

当电解氯气系统出现事故（如透平机跳闸或操作不当）时，氯气总管压力正压，事故氯气将破安全水封进入负压事故氯处理装置。

① 及时关小风机补气控制阀，增大风机的抽气量，控制氯气正压安全水封出口的压力为负压。

② 及时与透平机岗位联系，了解事故情况，避免事故氯气外溢。

③ 经常检查碱液的温度变化情况，开大循环冷却水量，降低碱液温度。

六、氯气处理岗位生产操作与安全环保

（一）岗位任务

① 负责氯气输送和保证原氯纯度在 95% 以上。

② 负责调节氯气压力在规定范围。

③ 负责对氯气泵酸浓度的测定并及时更换硫酸。

④ 负责泵酸的冷却。

⑤ 负责所属设备的维护和岗位卫生的清扫。

⑥ 作好岗位原始记录。

（二）操作程序

1. 开车前的准备工作

本岗位接到上级要求开车的指示后，应做好如下几方面的准备工作。

① 检查本岗位所有检修项目是否完成，是否已全部恢复。

② 测压点、捕集器人孔盖、酸阀是否已恢复好。

③ 对检修部分及系统进行试漏。

④ 硫酸储罐是否有足够存酸。

⑤ 捕集器存酸是否已压空并将硫酸贮槽打满。

⑥ 检查所有阀门开闭是否正确并确保灵活好用。

⑦ 将泵盘车。

2. 正常开车

本岗位接到开车命令后按下列步骤进行操作。

① 向氯气泵中加浓硫酸并盘车。

② 待酸加到规定位置时启动马达，关闭加酸阀。

③ 待马达运转正常后，关加酸阀。

④ 待泵运转正常后打开泵的入口，并仔细调节氯气压力。

⑤ 打开循环阀和出口阀，启动马达。

⑥ 当泵运行正常后报告上级领导本岗位一切正常。

⑦ 作好岗位开车原始记录。

3. 正常停车

本岗位接到停车命令后，按下列步骤进行停车。先关入口阀，然后停马达；将酸分离器中的酸压空，关出口阀；再开下一入口阀将管道中的酸抽走；盘车数转，关闭冷却器的出入口阀。

4. 氯气泵倒泵操作程序

先开一台氯气泵，再停一台氯气泵，具体按以下步骤进行。

① 通知调度室本岗位要倒泵。

② 检查备用泵，打开循环阀。

③ 向泵及分离器中加酸，至窥视镜中间位置。

④ 启动马达。

5. 紧急停车处理

氯气泵突然停气仍可正常开车。

突然停交流电，迅速将所有泵的入口阀门关闭，关闭泵的出口阀门，将泵的电源开关复位，打开循环阀，盘泵，关闭用户阀门。

突然停循环水，不需要停车，将用水设备全部改用自来水。

6. 正常停车检修处理

本岗位在接到正常停车检修处理的命令后，按下列步骤操作。

① 将所有氯气泵酸分离器中的酸压入中酸大罐。

② 将捕集器中的酸压送一次。

③ 待系统压力指示为 0 时，打开每台泵的入口放酸阀，将酸放尽为止。

④ 上述工作完成后报告有关部门领导处理完毕。

7. 操作要点

① 氯气操作压力严格控制在 (0 ± 50) Pa，因槽内压力太高会冲开压力计，造成电解室跑氯气。

② 氯气出口压力严格控制在规定指标内，不可波动太大否则将造成事故。

③ 停泵保持一定液位，防止氯气掉压或憋压。

④ 压酸时必须注意观察酸位，不得造成跑氯气。

（三）本岗位的工艺控制指标

① 氯气出口压力　　0.1～0.15MPa

② 氯气纯度　　≥95%

③ 氯气操作压力　　(0 ± 50) Pa

④ 分离器酸位　　50%

⑤ 氯气中含氢　　≤0.5%

⑥ 氯气中含水　　≤0.04%

⑦ 泵酸浓度　　≥95%

⑧ 浓酸浓度　　≥98%

（四）安全注意事项

① 本岗位人员必须穿戴好按规定发放的劳动保护用品。

② 泵的填料函必须有防护罩防止酸喷出伤人。

③ 测定泵酸浓度时，必须缓慢开启取样阀，并戴胶手套和防护眼镜。

④ 执行压酸、加酸等酸系统操作时，要特别注意安全防止酸烧伤。

⑤ 防毒面具必须配备在岗位操作室。

⑥ 运转设备必须有安全罩，无特殊原因不得靠近。

⑦ 必须及时更换浓硫酸，防止腐蚀设备管道。

⑧ 开车初期和事故状态下的废氯气处理装置，要经常保持完备状态。

⑨ 应定期对设备和管道等腐蚀状况进行检查与鉴定。

⑩ 自动调节、安全联锁系统应定期检验、调试，做到经常检查维护，保持正常运转状态。

（五）不正常现象的原因分析及处理方法

氯气处理岗位不正常现象及处理见表 1-3-3。

表 1-3-3　氯气处理岗位不正常现象原因及处理方法

不正常现象	原　　因	处理方法
氯气纯度不合格	1. 氢气泵抽负压 2. 氯气水封抽空 3. 氯气泵大小头漏气 4. 管道泄漏 5. 酸管抽气 6. 阀门填料函漏 7. 电解槽压力计缺水	1. 调节压力严格工艺控制 2. 增加水封液位 3. 更换机械密封 4. 堵塞泄漏点 5. 封住 6. 填料函加填料 7. 加水
氢气控制压力波动严重	1. 电流波动大 2. 管道存水 3. 干燥塔、脱酸塔存酸 4. 调节不当 5. 管道泄漏 6. 泵不正常	1. 与整流联系稳定电流 2. 消除管道存水 3. 消除存酸 4. 仔细调节精心操作 5. 消除泄漏现象 6. 倒泵检修

续表

不正常现象	原　因	处理方法
出口压力突然降低	1. 泵跳闸 2. 泵断酸 3. 泵断轴 4. 停直流电 5. 泵叶轮坏 6. 大幅度降电流 7. 用户用量增大	1. 迅速换泵 2. 迅速加酸 3. 换泵检修 4. 关闭泵入口阀 5. 换泵检修 6. 关闭泵入口，调节压力 7. 通过分配台控制用量
氯气压力突然升高	1. 用户停车 2. 泵倒压 3. 大幅度提电流 4. 管道严重破裂、泄漏 5. 水封抽空 6. 突然停动力电	1. 立即与调度室联系处理 2. 换开泵 3. 增开泵 4. 立即堵漏 5. 立即加水封住 6. 关闭泵的入口阀
氯气操作压力突然下降	1. 用户用量突然增大 2. 大幅度降电流 3. 直流电跳闸	1. 与调度室联系合理分配用量 2. 关闭泵入口，调节压力 3. 关闭泵入口阀

（六）交接班制度及要求

① 交班者必须全面完成本班生产任务，并积极为下班创造良好条件，按交接班内容进行对口详细交接，使接班者清楚满意。

② 生产上、操作上、设备上的不正常现象，当班者能处理的必须处理，若经处理未处理好必须向接班者交代清楚，并有义务协同接班者共同处理好后再下班。

③ 岗位设备、卫生区域必须清洁卫生、整齐交给下班。

④ 接班者必须换好劳服用具提前15min到达生产岗位参加班前会，听取上班生产情况介绍和本班工作布置及安全讲话，然后进行对口交接。接班者经过仔细检查确认无误后于正点在交接班记录上签字，交班者方可离开。

⑤ 接班者在交接班过程中发生的事故，由交班者负责处理；接班后发生的事故由接班者本人负责处理，若系隐瞒未交事故则需追究交班者责任。

⑥ 若有原始记录不全、马虎不清、乱写乱画、交班者不在岗位或不在交班时间内对口交班者，当班能处理的事故不处理、岗位卫生不打扫及其他原因，接班者有权拒绝接班。

第三节 循环冷却水系统

水是优良的热交换介质，在所有液体和固体中，水的比热容最大，为 $4.184J/(g\cdot℃)$。水的这种特性非常适用于冷却各种热介质，随着工业的发展，冷却水的应用越来越广泛。循环冷却水系统是指以水作为冷却介质，冷却水换热并经降温循环使用的一种冷却水系统。循环冷却水系统包括敞开式和密闭式两种类型，主要由冷却设备、水泵和管道组成。冷水流过需要降温的生产设备（常称换热设备，如换热器、冷凝器、反应器）后，温度上升，如果即行排放，冷水只用一次（称直流冷却水系统）。使升温冷水流过冷却设备则水温回降，可用泵送回生产设备再次使用，冷水的用量大大降低，常可节约 95％ 以上。冷却水占工业用水量的 70％ 左右，因此，循环冷却水系统起了节约大量工业用水的作用。

开式循环冷却水系统是目前应用最广、类型最多的一种冷却水系统。如图 1-3-9 所示，在开式系统中，冷却水用过后不是立即排放掉，而是循环再用。水的再冷却是通过冷却塔或冷却池进行的，冷却水要与空气接触，部分水还会被蒸发损失掉。由于开式冷却塔循环冷却水系统的优越性，发展较快，应用范围也越来越广。

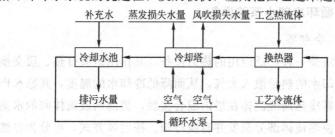

图 1-3-9 开式冷却塔循环冷却水系统

一、循环冷却水流程

现代开式冷却塔循环冷却水系统一般由原水预处理设备、冷却塔、水池、循环水泵站、换热设备、旁路处理设备等组成，如图1-3-10所示。

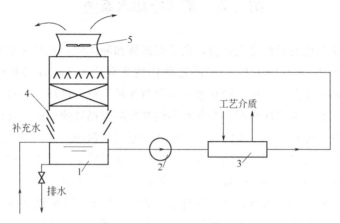

图 1-3-10 开式循环冷却水系统运行示意
1—水池；2—循环水泵；3—热交换器；4—冷却塔；5—风机

冷却水在循环水系统中不断循环使用，由于水温升高，水流速度变化，水的蒸发和空气中杂物的进入以及设备结构和材料等多种因素的综合作用，会造成循环水水质恶化，影响循环水系统的正常运行。为了防止发生这些故障，可以使用各种水处理剂，以保持和稳定循环水水质在一个良好的水平。

二、循环冷却水系统设备

(一) 冷却塔

冷却塔是一种广泛应用的热力设备，其作用是通过热、质交换将高温冷却水的热量散入大气，从而降低冷却水的温度，其凉水作用主要是靠冷热两股流体在塔内混合接触，借助两股流体间的水蒸气分压差使热流体部分蒸发并自身冷却。按通风方式，可分为自然通风冷却塔和机械通风冷却塔，如图1-3-11所示。冷却塔的部件一般包括塔体、配水系统、填料、通风设备和集水池等。

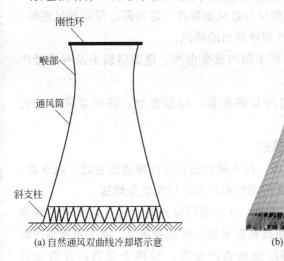

(a) 自然通风双曲线冷却塔示意

(b) 自然通风冷却塔实物

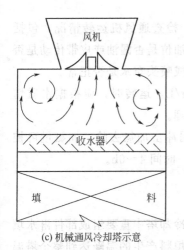

(c) 机械通风冷却塔示意

(d) 机械通风冷却塔实物

图 1-3-11　冷却塔

1. 选塔的注意事项

① 根据建筑面积，选用逆流塔或横流塔，若多塔设计，圆形逆流塔考虑塔与塔之间净距离应保持不小于 0.5 倍塔体直径，横流

及逆流组合塔可并排布置。

②冷却塔的进风窗应与建筑物保持一定间距，保证新风进塔，避免挡风与循环吸入冷却塔排出的热风。

③冷却塔不应装在车间内或变电所、锅炉房顶上及有热量产生、粉尘飞扬的场所。

④选用水泵应与冷却塔配套，保证流量，扬程要满足工艺要求。

2. 冷却塔的使用维护

①冷却塔安装完毕，投入运转前，应仔细清除管道、收水器、填料表面及集水池等处的杂物和污垢，以免发生堵塞。

②冷却塔交付使用前，应先进行试运转。检查通风机、塔体安装是否平稳，逆流塔旋转布水器运转是否正常，喷头布水是否均匀出水，电动机防潮措施是否严密等，经检查合格，方能交付运行。

③冷却塔使用时，应经常观察、检查通风机运转情况，包括电源、电压、通风机振动、噪声，齿油位是否漏油或皮带传动是否松动、是否打滑等，检查旋转布水器或喷头布水是否正常。

④冷却塔进水浊度不大于 $10mg/L$，运转时，应根据水质情况，考虑定期排污或增加水质稳定处理。

⑤循环水中产生菌藻时，可采用冲击加氯去除，加氯量可控制回水总管内余氯为 $0.5\sim1.0mg/L$，时间 $4\sim6h$。

3. 冷却塔常见故障

(1) 冷却能力问题

冷却能力是冷却塔质量的核心。冷却塔中重要组成部件淋水填料的作用是降低冷却水的水温，淋水填料产生的温降达到整个塔温降的 $60\%\sim70\%$，可见淋水填料的质量与性能在很大程度上决定了冷却塔的冷却能力。

经常出现的问题有冷却塔用户在运行中发现冷却效果不好，或是冷却水的水温降越来越差，或是完全丧失了冷却能力。

（2）水量损失问题

冷却塔损失水量是值得关注的节水运行参数。冷却塔补充新水量的多少取决于冷却水循环过程中损失水量的多少。冷却塔损失水量包括：蒸发损失、风吹损失、排污损失。

① 蒸发损失　在湿式冷却塔中蒸发损失是不可避免的。

② 风吹损失　风吹损失是指从冷却塔排出的热湿气流中有水滴被风吹飘移出塔外。

③ 排污损失　冷却塔的排污损失是防止溶解性固体形成结垢，而由冷却水池中排泄带走的水量。实际运行中，冷却塔用户对冷却水水质稳定无工序保证，造成冷却水浓缩倍数很高（浓缩倍率很低），加大排污量，增加了补充新水量。

（二）旁滤系统

为控制循环冷却水的浊度，在循环水系统中应设置旁流过滤水处理设施，过滤量一般控制为循环水量的 $1\%\sim5\%$。旁滤设施主要设备有旁滤池或旁滤罐。旁滤池由容器、滤料、配水系统、进出水管和反冲洗设备等组成，有的系统同时设有空气和蒸汽反冲洗设备。旁滤池中滤料多采用石英砂和无烟煤，近年来出现了陶瓷滤料和纤维球滤料等。

旁滤系统的主要操作控制要点如下。

① 定期（一般每周一次）检测旁滤池进、出水中的浊度，以判断旁滤效果。若发现旁滤效果下降或失效，应及时查找原因，尽快解决。

② 严格控制好进水量。进水量过大，截污能力会下降，容易导致冲翻滤料，影响出水水质。进水量过小，反洗周期长，滤料易板结。

③ 控制好反洗强度是运行操作的关键，反洗强度过大易造成出水夹砂现象。

④ 当循环水系统出现工艺介质泄漏时，应及时关闭滤池的进水阀，以免对滤料产生污染。

⑤ 定期清理水箱等储水容器的水垢、青苔等杂物。

三、循环冷却水处理

冷却水在相当多的工业设备和空调设施中都需要，为节约水资源，将水进行循环使用。循环冷却水系统运行出现的问题主要是腐蚀、结垢和粘泥三个方面。为保证冷却水系统设备处于最佳的运行状态，有效控制微生物菌群、抑制水垢产生、预防管道设备腐蚀，目前已形成了成熟的循环水处理技术。选用合适的水处理方法可以达到降低能耗、延长设备使用寿命的目的。

腐蚀是指金属和它所存在的环境之间的化学或电化学反应引起的金属破坏现象。在中性或碱性的开式循环冷却水系统，引起金属腐蚀的主要因素是水中溶解氧气。结垢是指在水中溶解或悬浮的无机物，由于种种原因而沉积在金属换热表面，垢的主要成分为 $CaCO_3$ 和腐蚀产物，加入合适的缓蚀剂可大大减少腐蚀产物的产生。粘泥是指金属管内壁附着的黏性物质，主要由细菌和藻类等微生物代谢产物，同时黏附了水中悬浮杂质而形成。

为了防止冷却水在循环过程中引起水冷器的腐蚀、结垢和粘泥等障碍，保护设备，提高换热效率，必须对其进行软化除垢和杀菌灭藻处理。在循环冷却水系统中，水垢和微生物的危害比较突出，大部分已使用了软化或脱盐的方法去除水垢，而微生物和藻类的危害往往不被重视。微生物容易在管壁上生长繁殖，引起管道堵塞，增加水流阻力，轻微时造成换热效率降低，严重的造成孔蚀，可使管道穿孔，报废设备。藻类也容易在凉水塔和凉水池中大量繁殖引起配水管道阻塞。因此，使用消毒剂对循环冷却水进行杀菌除藻也是必需的。

根据循环冷却水处理的规范要求：其中循环水的粘泥量 $<4mL/m^3$，异养菌数 $<5\times10^5$ 个/mL。要达到国标要求，需要采取综合治理方法，但主要的是选择杀生剂，进行杀菌灭藻。国内循环冷却水杀生剂据不完全统计有近 80 种，分为三类：一为氧化型杀生剂；二为非氧化型杀生剂，其中包括某些表面活性剂；三为金

属盐类杀生剂。氧化型杀生剂主要有：氯、溴、臭氧、次氯酸钠、过氧化氢、二氧化氯等。

（1）二氧化氯（ClO_2）的消杀特性

控制冷却水系统中微生物生长的方法是投加杀生剂，常用的是液氯、次氯酸钠、二氧化氯等氧化性杀生剂和季铵盐、氯酚、有机胺类等非氧化性杀生剂。其中氯气使用最普遍，但碱性环境会使氯气的杀生效果严重下降，氯与水中有机物生成致癌物，且氯气设备存在腐蚀泄漏隐患，促使人们寻求更好的替代产品。ClO_2 作为替代产品，特点如下。

① 具有广谱、高效的杀菌能力，其有效氯是氯气的 2.63 倍，杀菌效果是氯气的 5 倍。

② ClO_2 基本不受 pH 值影响，在碱性处理方案中使用 ClO_2 杀菌更具优势。另外 ClO_2 不与氨及氨基化合物反应，能保持杀生能力，这一特点使 ClO_2 非常适用于合成氨厂和炼油厂等冷却水处理。

③ ClO_2 不仅能杀死微生物，且能分解残留细胞结构，有效控制细菌、藻类和粘泥，具剥泥效果，提高换热效能。

④ ClO_2 杀菌效果持续时间长，长期使用不会对微生物产生抗药性，同时温度升高，其杀菌能力也增强。

采用二氧化氯作为杀生剂，优点很多，是目前效果最好、最引人注意的品种，使用正日益广泛。一般首次使用浓度根据使用环境和水中微生物的含量来确定添加量（参见图 1-3-12）。

（2）二氧化氯处理循环水流程

（3）ClO_2 在工业循环冷却水中的应用实例

① 南京某石化公司烯烃厂循环水系统保有水量 7kt，1995 年使用南京理工大学稳态 ClO_2 代替投氯控制菌藻，每次投加 2% 稳定液（有效 ClO_2 0.4×10⁻⁶），每 3 天投加一次，细菌总数控制在 103～105 个/mL。

② 某石化总厂腈纶厂两组循环水系统，循环水量 5.5kt/h，保

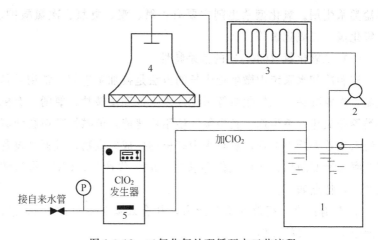

图 1-3-12　二氧化氯处理循环水工艺流程

1—贮水池；2—循环泵；3—换热器；4—冷却塔；5—二氧化氯发生器

有水量 2.6kt，浓缩倍数 3.0，用稳态 ClO_2 代替氯的工业性试验，一次性冲击投加 2% 稳态 ClO_2 50kg，有效 ClO_2 浓度 0.3mg/L，异养菌总数投药后 24h 为 1.13×10^2 个/mL，48h 为 3.73×10^2 个/mL。

③ 某炼油厂循环水系统采用 2% 稳态 ClO_2，每三天投加一次，使用半年多，异养菌总数一般控制在 10^3 个/mL，生物黏泥 $<1mL/m^3$，浊度小于 10mg/L，在做清洗剥离时，投加 2% 稳态 ClO_2 100mg/L，循环 24h，经分析水质变化效果明显，浊度由 4mg/L 逐步上升到 47mg/L，总铁由 0.4mg/L 上升到 38mg/L。

（4）ClO_2 在工业循环冷却水中的应用问题

目前应用最为普遍的是稳态 ClO_2 杀菌剂，但许多企业在使用中存在如下问题。

① 稳态 ClO_2 售价较高，有些厂家过分夸大 ClO_2 的杀菌能力，给用户推荐的投加剂量偏低，使得一些用户使用效果不理想。

② 目前国内稳态 ClO_2 的含量定义不严格，如 2% 的稳态 ClO_2 液体，是指稳态下溶液中含有的 ClO_2 的量，还是活化后得

到的活性 ClO_2 量？如是前者，得到多少活性 ClO_2 取决于活化得率，而活化方式不同，其得率从 20%～90% 以上差别很大，用户往往不得而知。建议用户在购买稳态 ClO_2 时要求厂家提供活化后得到的活性 ClO_2 量。

③ 活化操作方式不当将严重影响活化得率，会造成 ClO_2 大量挥发损失，及对操作人员的刺激伤害。二氧化氯的投加方式一般采用注入法，这时循环系统内不应有压力存在（<0.05MPa），且需有不小于 0.2MPa 的压力水源存在，将二氧化氯发生器的发生液出口管，伸到循环水池水面下，循环水泵进水口附近水域，在 1～2h 内，即可使二氧化氯发生液（$ClO_2 + ClO^-$）在全循环水系统中分布均匀。

④ 二氧化氯极不稳定，虽有稳定性二氧化氯消毒液成品，但浓度过低，制成费用及运输费用高，使用时需现场活化，其活化率大打折扣，最好的方案是使用二氧化氯发生器在使用地点现场发生。

（5）二氧化氯在工业循环冷却水处理中应用的发展趋势

多年实践证明，ClO_2 具有很好的杀灭菌藻、控制生物粘泥作用，在碱性处理方案中及在漏氨、漏油的循环系统中使用效果更为显著，因此，运行成本低、操作简便、安全的 ClO_2 产品将更能为用户接受。

① 稳态 ClO_2 杀菌剂　2%～10%，25kg 塑料桶包装，存放安全，但含量低，运输量大，操作劳动强度大。产品售价以 2% 计约 6000 元/吨，活化装置投入 5000 元/套，每千吨保有水量每天投加 2% 稳态 ClO_2 10kg，运行费用为 120 元。适合小系统或配合加 Cl_2 阶段性投加 ClO_2 系统使用，以及适合系统在应用试验阶段使用。

② 固体稳态 ClO_2 杀菌剂　有效含量 10%～30%，1kg 塑料袋包装，10kg 一个纸箱包装。突出特点是运输、贮存安全、方便，活化得率高，操作简便，活化过程无刺激性气味。采用固体直接溶水后投加到工业循环冷却水贮水池中。目前 10% 含量售价为 32000

元/吨，每千吨保有水量每天投加固体稳态 ClO_2 2kg，运行费用为64元。适用于小系统或作冲击杀菌剥泥使用，以及适合系统在应用试验阶段使用。

③ 化学法二氧化氯发生器　为成熟产品，常用规格有 $30\sim10000g/h$，由 ClO_2 发生系统、计量控制系统、投加系统及盐槽、酸槽等组成。设备类型有正压注入式和负压吸入式。反应工艺有氯酸盐法和亚氯酸盐法。设备结构合理、设计精巧，操作方便，安全可靠，使用寿命长，可连续投加或间断冲击投加，可配在线检测自控系统，实现无人值守。ClO_2 在工业循环冷却水处理中应用，不仅具有杀菌除藻效果，而且具有除铁和剥离粘泥作用。化学法二氧化氯发生器运行安全可靠，运行费用低，投加操作方便，在特别注意降耗增效的现代企业，化学法二氧化氯发生器的推广使用将成为今后几年工业循环冷却水系统技改的重点项目。

四、典型事故案例分析

重庆天原化工厂"4.16"氯气泄漏爆炸事故分析

（一）事故经过

事故发生前的2004年4月15日白天，该厂处于正常生产状态。15日17时40分，该厂氯氢分厂冷冻工段液化岗位接总厂调度令开启1号氯冷凝器。18时20分，氯气干燥岗位发现氯气泵压力偏高，4号液氯贮罐液面管在化霜。当班操作工两度对液化岗位进行巡查，未发现氯冷凝器有何异常，判断4号贮罐液氯进口管可能有堵塞，于是转5号液氯贮罐（停4号贮罐）进行液化，其液面管也不结霜。21时，当班人员巡查1号液氯冷凝器和盐水箱时，发现盐水箱氯化钙（$CaCl_2$）盐水大量减少，有氯气从氨蒸发器盐水箱泄出，从而判断氯冷凝器已穿孔，约有 $4m^3$ $CaCl_2$ 盐水进入了液氯系统。发现氯冷凝器穿孔后，厂总调度室迅速采取1号氯冷凝器从系统中断开、冷冻紧急停车等措施。并将1号氯冷凝器壳程内 $CaCl_2$ 盐水通过盐水泵进口倒流排入盐水箱。将1号氯冷凝器余氯和 1 号氯液气分离器内液氯排入排污罐。15 日 23 时 30 分，该厂采取措施，开启液氯包装尾气泵抽取排污罐内的氯气到次氯酸钠的漂白液装置。16 日 0 时 48 分，正在抽气过程中，排污罐发生爆炸。1 时 33 分，全厂停车。2 时 15 分左右，排完盐水后 4h 的 1 号盐水泵在静止状态下发生爆炸，泵体粉碎性炸坏。

险情发生后，该厂及时将氯冷凝器穿孔、氯气泄漏事故报告了化医集团，并向市安监局和市政府值班室作了报告。为了消除继续爆炸和大量氯气泄漏的危险，重庆市于 16 日上午启动实施了包括排险抢险、疏散群众在内的应急处置预案，16 日 9 时成立了以一名副市长为指挥长的重庆天原化工总厂"4·16"事故现场抢险指挥部，在指挥部领导下，立即成立了由市内外有关专家组成的专家组，为指挥部排险决策提供技术支撑。

经专家论证，认为排除险情的关键是尽量消耗氯气，消除可能造成大量氯气泄漏的危险。指挥部据此决定，采取自然减压排氯方式，通过开启三氯化铁、漂白液、次氯酸钠 3 个耗氯生产装置，在较短时间内减少危险源中的氯气总量；然后用四氯化碳溶解罐内残存的三氯化氮（NCl_3）；最后用氮气将溶解 NCl_3 的四氯化碳废液压出，以消除爆炸危险。10 时左右，该厂根据指挥部的决定开启耗氯生产装置。16 日 17 时 30 分，指挥部召开全体成员会议，研究下一步处置方案和当晚群众的疏散问题。17 时 57 分，专家组正向指挥部汇报情况，讨论下一步具体处置方案时，突然听到连续 2 声爆响，液氯贮罐发生猛烈爆炸，会议被迫中断。据勘察，爆炸使 5 号、6 号液氯贮罐罐体破裂解体并形成一个长 9m、宽 4m、深 2m 的炸坑。以坑为中心，约 200m 的地面和构、建筑物上有散落的大量爆炸碎片，爆炸事故致 9 名现场处置人员因公殉职，3 人受伤。

爆炸事故引起党中央、国务院领导的高度重视，中央领导同志对事故处理与善后工作作出重要指示，国家安监局副局长等领导亲临现场指导，并抽调北京、上海、自贡共 8 名专家到重庆指导抢险。这个过程一直持续到 4 月 19 日，在将所有液氯贮罐与气化器中的余

氯和 NCl_3 采用引爆、碱液浸泡处理后，才彻底消除危险源。

（二）事故原因分析

事故调查组认为，天原"4·16"爆炸事故是该厂液氯生产过程中因氯冷凝器腐蚀穿孔，导致大量含铵的 $CaCl_2$ 盐水直接进入液氯系统，生成了极具危险性的 NCl_3 爆炸物。NCl_3 富集达到爆炸浓度和启动事故氯处理装置振动引爆了 NCl_3。

1. 直接原因

① 设备腐蚀穿孔导致盐水泄漏，是造成 NCl_3 形成和聚集的重要原因。根据重庆大学的技术鉴定和专家的分析，造成氯气泄漏和盐水流失的原因是氯冷凝器列管腐蚀穿孔。腐蚀穿孔的原因主要有五个方面：一是氯气、液氯、氯化钙冷却盐水对氯冷凝器存在普遍的腐蚀作用；二是列管内氯气中的水分对碳钢的腐蚀；三是列管外盐水中由于离子电位差对管材发生电化学腐蚀和点腐蚀；四是列管与管板焊接处的应力腐蚀；五是使用时间已长达 8 年并未进行耐压试验，使腐蚀现象未能在明显腐蚀和腐蚀穿孔前及时发现。

调查中还了解到，液氯生产过程中会副产极少量 NCl_3。但通过排污罐定时排放，采用稀碱液吸收可以避免发生爆炸。但 1992 年和 2004 年 1 月，该液氯冷冻岗位的氨蒸发系统曾发生泄漏，造成大量的氨进入盐水，生成了含高浓度铵的 $CaCl_2$ 盐水（经抽取事故现场 $CaCl_2$ 盐水测定，盐水中含 NH^{4+} 与 NH_3 总量为 17.64g/L）。由于 1 号氯冷凝器列管腐蚀穿孔，导致含高浓度铵的 $CaCl_2$ 盐水进入液氯系统，生成了约 486kg（理论计算值）的 NCl_3 爆炸物，为正常生产情况下的 2600 余倍。这是 16 日凌晨排污罐和盐水泵相继发生爆炸以及 16 日下午抢险过程中演变为爆炸事故的内在原因。

② NCl_3 富集达到爆炸浓度和启动事故氯处理装置造成振动，是引起 NCl_3 爆炸的直接原因，经调查证实，该厂现场处理人员未经指挥部同意为加快氯气处理的速度，在对 NCl_3 富集爆炸危险性认识不足的情况下，急于求成，判断失误，凭借以前的操作处理经

验，自行启动了事故氯处理装置，对 4 号、5 号、6 号液氯贮罐及 1 号、2 号、3 号气化器进行抽吸处理。在抽吸过程中，事故氯处理装置水封处的 NCl_3 因与空气接触和振动而首先发生爆炸，爆炸形成的巨大能量通过管道传递到液氯贮罐内，搅动和振动了罐内的 NCl_3，导致 5 号、6 号液氯贮罐内的 NCl_3 爆炸。

2. 间接原因

（1）压力容器日常管理差，检测检验不规范，设备更新投入不足

① 国家质量技术监督局《压力容器安全技术监察规程》（以下简称《容规》）第 117 条明确规定："压力容器的使用单位，必须建立压力容器技术档案并由管理部门统一保管"，但该厂设备技术档案资料不齐全，近两年无维修、保养、检查记录，压力容器设备管理混乱。

②《容规》第 132 条、133 条分别规定："压力容器投用后首次使用内外部检验期间内，至少进行 1 次耐压试验"。但该厂和重庆化工节能计量压力容器监测所没有按照该规定对压力容器进行首检和耐压实验，检测检验工作严重失误。发生事故的氯冷凝器在 1996 年 3 月投入使用后，一直到 2001 年才进行首检，2002 年 2 月进行复检，2 次检验都未提出耐压试验要求，也没有做耐压试验。致使设备腐蚀现象未能在明显腐蚀和腐蚀穿孔前及时发现，留下了重大事故隐患。

③ 该厂设备陈旧老化现象十分普遍，压力容器等安全设备腐蚀严重，设备更新投入不足。

（2）安全生产责任制落实不到位，安全生产管理力量薄弱

2004 年 2 月 12 日，重庆化医控股（集团）公司与该厂签订安全生产责任书以后，该厂未按规定将目标责任分解到厂属各单位和签订安全目标责任书，没有将安全责任落实到基层和工作岗位，安全管理责任不到位。安全管理人员配备不合理，安全生产管理力量不足，重庆化医控股（集团）公司分管领导和厂长等安全生产管理

人员不熟悉化工行业的安全管理工作。

(3) 事故隐患督促检查不力

重庆天原化工总厂对自身存在的事故隐患整改不力，特别是该厂"2·14"氯化氢泄漏事故后，引起了市领导的高度重视，市委、市政府领导对此作出了重要批示。为此，重庆化医控股（集团）公司和该厂虽然采取了一些措施，但是没有认真从管理上查找事故的原因和总结教训，在责任追究上采取以经济处罚代替行政处分，因而没有让有关责任人员从中吸取事故的深刻教训，整改的措施不到位，督促检查力度不够，以至于在安全方面存在的问题没有得到有效整改。"2·14"事故后，本应增添盐酸合成尾气和四氯化碳尾气的监控系统，但直到"4·16"事故发生时都未配备。

(4) 对 NCl_3 爆炸的机理和条件研究不成熟，相关安全技术规定不完善

国家有关权威在《关于重庆天原化工总厂"4·16"事故原因分析报告的意见》中指出："目前，国内对 NCl_3 爆炸的机理、爆炸的条件缺乏相关技术资料，对如何避免 NCl_3 爆炸的相关安全技术标准尚不够完善"，"因含高浓度的 $CaCl_2$ 盐水泄漏到液氯系统，导致爆炸的事故在我国尚属首例"。这表明此次事故对 NCl_3 的处理方面确实存在很大程度的复杂性、不确定性和不可预见性。故这次事故是因为氯碱行业现有技术下难以预测的、没有先例的事故，人为因素不占主导作用。同时，全国氯碱行业尚无对 $CaCl_2$ 盐水中铵含量定期分析的规定，该厂 $CaCl_2$ 盐水 10 余年未更换和检测，造成盐水中的铵不断富集，为生成大量的 NCl_3 创造了条件，并为爆炸的发生埋下了重大的潜在隐患。

(5) 重庆主城的 7 个区有危险品化工企业 69 家，它们与数百万市民朝夕相伴，城市规划存在严重缺陷。

根据以上对事故原因的分析，调查组认为"4·16"事故是一起责任事故。

（三）事故教训

重庆天原化工总厂"4·16"事故的发生，留下了深刻的、沉痛的教训，对氯碱行业具有普遍的警示作用。

① 天原化工总厂有关人员对氯冷凝器的运行状况缺乏监控，有关人员对4月15日夜间氯干燥工段氯气输送泵出口压力一直偏高和液氯贮罐液面管不结霜的原因，缺乏及时准确的判断，没能在短时间内发现氯气液化系统的异常情况，最终因氯冷凝器氯气管渗漏扩大，使大量冷冻盐水进入氯气液化系统，这个教训应该认真总结，有关氯碱企业应引以为戒。

② 目前大多数氯碱企业均沿用液氨间接冷却 $CaCl_2$ 盐水的传统工艺生产液氯，尚未对盐水含盐量引起足够重视。有必要对冷冻盐水中含铵量进行监控或添置自动报警装置。

③ 加强设备管理，加快设备更新步伐，尤其要加强压力容器与压力的监测和管理，杜绝泄漏的产生。对在用的关键压力容器，应增加检查、监测频率，减少设备缺陷所造成的安全隐患。

④ 进一步研究国内有关氯碱企业关于 NCl_3 的防治技术，减少原料盐和水源中铵形成 NCl_3 后在液氯生产过程中富集的风险。

⑤ 尽量采新型制冷剂取代液氨的传统液氯生产工艺，提高液氯生产的本质安全水平。

⑥ 从技术上进行探索，尽快形成一个安全、成熟、可靠的预防和处理 NCl_3 的应急预案，并在氯碱行业推广。

⑦ 加强对 NCl_3 的深入研究，完全弄清其物化性质和爆炸机理，使整个氯碱行业对 NCl_3 有更充分的认识。

⑧ 加快城市主城区化工生产企业，特别是重大危险源和污染源企业的搬迁步伐，减少化工安全事故对社会的危害及其负面影响。

（四）氯碱厂三氯化氮爆炸事件树分析及预防措施

1. 三氯化氮爆炸事件树分析

事件树分析（Event Tree Analysis，简称 ETA）是安全系统工程的重要分析方法之一，是一种从原因到结果的自上而下的分析方法，从一个初始原因事件，交替考虑成功与失败的两种可能性，然后再以这两种可能性分别作为新的初始原因事件，如此继续分析下去，直至找到最后的结果。因此，它是一种归纳逻辑树图，事故发生的动态发展过程形象、清晰地贯穿在整个树图中。事故的产生是一个动态的过程，是若干事件按时间顺序相继出现的结果，每一个初始原因事件都可能导致后果，但并不一定是必然的结果。因为事件向前发展的每一步都会受到以下方面的制约。

① 操作规程；

② 防失误设计和安全防护设施；

③ 人机对话和操作人员的控制；

④ 安全管理制度的约束；

⑤ 其他条件的制约。

因此，每一阶段都有两种可能性结果，即达到既定目标的"成功"和达不到既定目标的"失败"。

重庆天元化工总厂三氯化氮爆炸事故，造成 9 人死亡，3 人受伤；氯气泄漏导致 15 万人疏散。据专家组初步判断：主要原因是氯罐及相关设备陈旧，泄漏处置时工作人员违规操作；但专家还推断，引起爆炸的直接原因可能就是存在化学物质三氯化氮。

了解三氯化氮从何而来、如何控制，是解决问题的根本关键。所有的危险、有害因素尽管有各种各样的表现形式，但从本质上讲，之所以能造成有害的后果，都可归结为存在能量、有害物质失去控制两方面因素的综合作用，并导致能量的意外释放的结果。氯碱厂三氯化氮的爆炸，是系统中存在有害物质和危险能量的表现形式。过去，氯碱企业曾一度对三氯化氮引起高度重视，通过生产工艺过程控制，已经在理论和实践上基本解决了三氯化氮对氯碱安全生产的威胁。

上述事件树分析从事故的起因（或诱发事件）开始，途径原因事件到结果事件为止，每一事件按"成功"和"失败"两种状态进行分析。成功和失败的交叉点称为歧点，用树枝的上分枝作为成功事件，把下分枝作为失败事件，按事件发展不断延续分析，直至最后结果，最终形成一个在水平方向横向展开的树形图。根据分析结果，可以按"成功"事件继续，按"失败"事件纠正，即达到既定目标的"成功"，消除事故隐患。同时，根据分析过程，可以看出，在事件发展过程，有 4 个受到控制的步骤，只有这几个步骤连续失败时才会导致事故的发生。因此，事故的发生不是单因素问题，是一连串系统问题必然的结果。

浙江某厂使用含有铵（20g/L）的废碱液配制 $6000m^3$ 盐水，由于氨味太大，加入盐酸中和，进入电解槽系统产生了 NCl_3，导致 1♯液化器发生爆炸。事故分析是 1♯液化器数月未排污，8 月 7 日停止使用后残余约 500kg 液氯，随着液氯不断气化，残余液氯中 NCl_3 浓度增高而发生爆炸（这一案例还说明了氯气液化设备必须经排污处理后方可停用，避免残余液氯气化后 NCl_3 浓缩，在检修过程引起爆炸）。

山东某厂液氯气化器发生的爆炸，是在拆除气化器底部排污管过程中发生的，排污管炸得粉碎，造成 1 人死亡、2 人重伤、1 人轻伤。原因是使用卤水含铵超标，造成系统三氯化氮积累。气化器底部排污管积聚的残余液氯在拆除过程中常压气化（沸点为 $-34℃$），NCl_3 浓缩引起爆炸（这一案例也说明了氯气气化设备必须经排污处理后方可检修，避免残余液氯气化后 NCl_3 浓缩，在检修过程中引起爆炸）。

2. 三氯化氮的性质、产生及危险因素

（1）三氯化氮性质及产生

三氯化氮在常温下是黄色的油状液体，沸点 71℃（液氯沸点为 $-34℃$），相对密度 1.65，自燃爆炸温度 95℃。在电解槽阳极液 pH 为 2～4 的条件下，将产生 NCl_3。NCl_3 是一种极易爆炸的物质。采用气化氯工艺充装液氯时，当气化器中液氯蒸发时，三氯化氮与氯的分离系数为 6～10，即气相氯中 NCl_3 含量为 1，而液相氯中三氯化氮含量为 6～10。所以 NCl_3 大部分存留于未蒸发的液氯残液中。当气化器内液氯总量随着气化越来越少时，积留在其中的 NCl_3 含量就越来越高，超过 5％时即有爆炸的危险。在氯气液化生产中，气相中 NCl_3 应小于 5％，当 NCl_3 高浓度时仅需很少能量就能发生爆炸。液氯中三氯化氮含量为 0.05％时，如果 1t 液氯气化后剩余液量为 10kg，此时，液相中三氯化氮含量高达 5％，这些残余液体完全蒸发时气相中三氯化氮浓度也是 5％，即有爆炸的危险。

（2）三氯化氮爆炸危险因素

引起爆炸的操作有：启、闭阀门，敲击，撞击，液体冲击（泵抽），用水蒸气气化，明火高温等。爆炸的范围可小至积聚在阀门底部少量 NCl_3，在操作阀门时爆炸。爆炸产生的能量与 NCl_3 积聚的浓度或量有关，最小引起无损害爆鸣。

传统的液氯充装是由气化器来完成的，由于液氯压力有限，只能采用（规定 45℃热水）气化液氯提高压力，然后充装液氯钢瓶。当气化器容积不变的条件下，NCl_3 爆炸温度可达 2128℃，压力可达 536MPa（在空气中爆炸温度约为 1700℃）。所以，即使液氯中只有微量的三氯化氮，如不注意气化温度（采用水蒸气或明火加热）和蒸发量，就会存在重大隐患。这种原因引起的爆炸事故在国内曾发生多起。采用劳伦斯泵直接将氯加压充装钢瓶，则完全消除了上述隐患。但是，用户在使用中，应禁止使用水蒸气或明火直接加热钢瓶气化液氯，钢瓶中至少要剩余液氯 5～10kg，钢瓶内禁止产生负压或物料倒灌（配置缓冲罐），液氯充装单位应定期清洗钢瓶和充装前检验钢瓶。

（3）控制及预防措施

对三氯化氮的产生可以从原、辅料工艺流程的操作规程等方面进行控制。过程控制和采取的预防措施如下。

① 原、辅料的控制

a. 原料盐的控制 避免运输、堆垛、仓储过程含铵物质污染原盐。

b. 卤水的控制　控制地下盐矿注水的水质量，避免卤水含铵。

c. 化盐水的控制　在采用河水化盐时，特别在农村使用化肥的季节，应严密监视化肥对水体的污染，避免化盐水含铵。

d. 精制剂的控制　在精制盐水过程，应控制添加精制剂带入含铵物质。

② 工艺流程控制

a. 控制精盐水指标　无机铵≤1mg/L，总铵≤4mg/L（离子膜电解盐水经过二次精制后，总铵检测一般为0）。

b. 加次氯酸钠　在精制盐水中加次氯酸钠除铵，并用压缩空气吹除。

c. 采用氯水冷却洗涤工艺　用板式（T_i）热交换器将氯水冷却，低温氯水直接洗涤电解槽出来的湿氯气（净化氯气）。

d. 采用合理工艺　采用冷冻剂-冷冻盐水-氯气液化（间壁式）热交换工艺，避免制冷剂（氨）与氯气接触（通常采用氨作为冷媒，一般是将氨蒸发器和氯冷凝器分别与冷冻盐水热交换，一旦设备腐蚀泄漏，也不至于氯和氨直接接触，由此发生事故的概率是很小的）。

e. 液氯分离的控制　氯气液化后，经分离器、排污槽将 NCl_3 排出系统（碱吸收处理）。

③ 操作规程控制

a. 建立安全控制指标　无机铵≤1mg/L，每天分析1次；总铵 4mg/L，每周分析1次；特殊情况跟踪分析，作为安全指标，每天报安全部门备案。

b. 控制排污物中 NCl_3 浓度　排污物中的 NCl_3 不得超过 60g/L，如发现排污物中的 NCl_3 大于 80g/L，应增加排污量（带液氯排污）和排污次数，并加强检测；如排污物中的 NCl_3 大于 100g/L 时，应采取措施查找原因。

通过以上分析可以看出，三氯化氮引起的爆炸，绝不是偶然的。如果在原料、工艺流程和操作规程方面对三氯化氮进行控制，加强过程管理，就可以避免类似事故的发生。

某石化氯碱厂工程爆炸事故

（一）事故简介

2000 年 3 月 7 日 9 时 44 分，山东省淄博市某石化氯碱厂技改工地发生一起爆炸事故，造成 3 人死亡。

（二）事故发生经过

某石化氯碱厂聚氯乙烯车间 PVC 改扩建工程，计划定于 2000 年 5 月停产大修施工，由中国化学工程第×建设公司第二分公司承接此项改造工程。该公司为赶工期，2000 年 3 月 1 日在某石化公司召开的氯碱改造工程协调会上，提出能否在大修前将 VC 废气碳钢管换成不锈钢管，即在不停产的情况下进行 VC 废气管改造施工。会上确定，会后由生产车间作决定。3 月 1 日下午，某化建项目经理找到氯碱厂聚氯乙烯车间主任（聚氯乙烯改造工程厂方项目负责人）进行对接。经商定，认为可以施工，但需采取加盲板与生产系统隔离和氮气置换等安全措施。

3 月 7 日 8 时许，施工单位安全员与车间分析员一起到现场进行测试分析，后由车间人员去办理动火票。与此同时，某化建负责该项目施工的综合作业组组长按照项目经理 3 月 6 日下午的安排，组织安排对浆料罐进行施工。9 时 44 分，3 人在动火票未办出的情况下，从事罐顶拆螺栓加盲板施工时发生爆炸，造成 3 人死亡。

（三）事故原因分析

1. 技术方面

在运行中的易燃易爆界区内作业，却对危险源及其应对措施缺乏足够的认识。对作业人员进行氯乙烯化学特性及其致害性质的安全交底针对性不强，未对危险场所专用工具和特殊防范措施给予充分重视是此次事故的技术原因。

2. 管理方面

施工单位因抢工程进度，在被改造施工装置没有停产的情况下，没有采取可靠的安全防范措施，没有取得动火票（动火票正在办理过程中)，作业组从事拆螺栓加盲板作业，是导致事故发生的直接原因。管理不到位，安全责任制不落实。氯碱厂对外来施工队伍管理不严，对 PVC 改造工程施工现场安全监管不力，安全把关不细不严，不能及时发现和制止违章施工行为，现场安全管理失控，设备管理有漏洞是本次事故重要原因。

（四）事故结论与教训

施工过程中安全管理不到位是此次事故的主要原因。

首先，业主某石化氯碱厂对此次事故所涉及的界区没有进行严格的要求，在施工过程中也没有严格到位的管理措施。

其次，总承包单位某石化工程公司是改扩建的总承包单位，但对此次事故所涉及界区的安全监督管理不到位，存在以包代管现象，未在现场派驻安全监察督导人员，亦未进行具体的技术交底，没有核查分包单位的安全措施。

其三，事故发生单位某化建二分公司在运行中的易燃易爆界区内作业，却对危险源及其应对措施缺乏足够的认识。对作业人员进行氯乙烯化学特性及其致害性质的安全交底针对性不强；未对危险场所专用工具和特殊防范措施给予充分重视。

上述原因导致了在可燃性气体弥漫的环境中作业人员未采取可靠的防范措施，用不符合要求的工器具作业或从事违禁作业，安全管理的各个环节都出现疏漏。

（五）事故的预防对策

严格执行安全生产各项规章制度，有章必循，在编制技术方案的同时，编制安全技术措施和生产安全事故应急救援预案，落实具体防范措施。

加强安全技术知识教育和安全意识教育，针对有毒有害和化学危险品进行专项教育，使作业人员充分了解其危险性和危害性，对此类作业进行专项安全技术交底。

加强安全监管力度，严肃施工安全规章制度，加强施工明火作业安全管理。

这是一起严重违章指挥和违章作业引发的生产安全事故。在带压力或易燃易爆气体管道及容器上，严禁进行维修作业。此项工程在未停产的情况下进行施工作业，是此次事故的根源所在。在特定的环境下施工作业，本应严格制定施工技术措施，进行针对该环境下施工作业的安全交底。在该作业现场已形成爆炸性混合性气体，无论动明火还是金属敲击产生火花都能导致爆炸。但是建设单位、施工单位和施工人员对施工作业场所的易燃、易爆介质的性质、特点、危险性缺乏足够的认识。特别是建设单位，本应对化工材料的性质十分了解，但由于安全素质不高，安全意识淡漠是这起事故发生的一个根本原因。

近几年，化工施工单位承担石油、化工、炼油生产装置的检修、改造时，普遍缺乏完善的安全技术措施。其原因是由于原来化工部施工单位执行的由化工部基建局和中石化联合发布的《炼油、化工安全施工规程》的内容已不能适应施工生产的需要，特别是中石化已于1997年将规程修订后重新颁布，其中对生产装置运行、检修、改造期间的内容作了重大改动。为此，化工施工行业应尽快制定相应施工安全标准。

第二篇　离子膜法电解

第四章　盐水二次精制

第一节　引　　言

　　离子膜法电解又称膜电槽电解法，是利用阳离子交换膜将单元电解槽分隔为阳极室和阴极室，使电解产品分开的方法。离子膜电解法是在离子交换树脂的基础上发展起来的一项新技术。利用离子交换膜对阴阳离子具有选择透过的特性，容许带一种电荷的离子通过而限制相反电荷的离子通过，以达到浓缩、脱盐、净化、提纯以及电化合成的目的。

　　离子膜法电解的生产流程见图 2-4-1。经过两次精制的浓食盐水溶液连续进入阳极室，钠离子在电场作用下透过阳离子交换膜向阴极室移动，进入阴极液的钠离子连同阴极上电解水而产生的氢氧离子生成氢氧化钠，同时在阴极上放出氢气。食盐水溶液中的氯离子受到膜的限制，基本上不能进入阴极室而在阳极上被氧化成为氯气。部分氯化钠电解后，剩余的淡盐水流出电解槽经脱除溶解氯、固体盐重饱和以及精制后，返回阳极室，构成与水银法类似的盐水环路。离开阴极室的氢氧化钠溶液一部分作为产品，一部分加入纯水后返回阴极室。碱液的循环有助于精确控制加入的水量，又能带走电解槽内部产生的

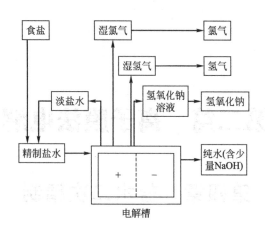

图 2-4-1 离子膜法电解工艺流程

热量。

先进的离子膜可在 $4000A/m^2$ 的电流密度下运转，电流效率为 95％～96％或更高，可以直接生产 32％～35％的氢氧化钠溶液，离子膜的使用寿命约为两年。由于离子膜法具有较多的优点，目前新建的氯碱生产装置一般都采用离子膜法，现有的水银法或隔膜法氯碱厂也会有一部分在技术改造时转换为离子膜法。

如何延长膜的使用寿命是每家氯碱企业运行管理的关键，其首要工作是控制盐水质量。盐水中的杂质主要有：对烧碱装置安全生产有影响的 NH_4^+，对电解槽的电流效率有影响的 Ca^{2+}、Sr^{2+}、Ba^{2+}、Al^{3+}、Hg^{2+}、I^-、SO_4^{2-}、SiO_2 等，会导致电压升高的 Mg^{2+}、Ni^{2+}、Fe^{2+}、Al^{3+}、SiO_2 等。虽然各生产企业使用盐的质量不同（如海盐、井矿盐、湖盐），其中杂质含量各有区别，但离子膜法电解系统对盐水的要求基本一致。盐水精制是将盐水中的有害物质通过特定工艺技术除掉，以达到离子膜电解槽的使用要求。去除这些离子的技术有很多，近年来采用膜过滤法处理盐水和去除 SO_4^{2-}，提高了氯碱企业的整体技术装备水平，也为高电流密度电解槽的应用打下了良好的基础。

一、一次盐水精制

（一）传统工艺

传统的盐水精制工艺是在盐水精制反应器内加入纯碱、烧碱，使盐水中的 Ca^{2+}、Mg^{2+} 生成沉淀，经过道尔澄清桶沉降分离，再经过砂滤器过滤大量的杂质。一次盐水经涂有 α-纤维素的炭素烧结管过滤器，除去固体悬浮物。Na_2SO_3 加入盐水中，去除其中的游离氯。配制好的 α-纤维素先预涂炭素烧结管，另一部分与盐水一起加入过滤器，以防止过滤元件堵塞和延长过滤周期，过滤器交替使用，定期反洗。该工艺特点原理简单、运行稳定、维修费用低，但装置占地面积大、自动化控制程度低、操作复杂、α-纤维素运行费用高，特别是砂滤器中的 SiO_2 给系统增加了新的污染。

（二）CN 法盐水处理

CN 型过滤器采用悬浮介质层的吸附及过滤原理进行固液分离，能够高效除去盐水中的悬浮物质。粗盐水加"两碱"后，流入混合反应槽停留 1.5h 左右，经充分反应后，进 CN 过滤器吸附过滤后，出水的 $\rho(SS)$ ≤1mg/L（离子膜法制碱的要求）。整套工艺采用 PLC 自动化控制系统，清洗再生采用自身反冲洗的方式，过滤层不堵塞，只需每年补充少量使用的过滤介质。该工艺简单，一次投资少，整套设备选用 FPP 材料，耐腐蚀、维修量少，适合氯碱企业新建或改扩建项目。

（三）膜法盐水处理

膜分离是在 20 世纪初开发，20 世纪 60 年代后迅速崛起的一项分离新技术，兼有分离、浓缩、纯化和精制的功能，又有高效、节能、环保，分子级过滤及过滤过程简单易于控制等特征，依据膜孔径不同可分为微滤膜、超滤膜、纳滤膜和反渗透膜，根据材料不同可分为无机膜和有机膜。膜分离在常温下进行，无相态变化，无化学变化，选择性好，适应性强，膜法盐水精制操作稳定，自动化控制程度高，盐水质量高。该工艺适合新建和改建氯碱装置采用，是盐水精制技术的发展方向。

（四）陶瓷膜法盐水处理

无机陶瓷膜是采用高纯净无机陶瓷材料经特殊工艺、采用高技术手段烧结而成的非对称膜，呈管状及多通道状，盐水经一步精制反应，充分反应的粗盐水进入陶瓷膜盐水过滤器，采用高效的"错流"过滤方式去除精制反应后的全部悬浮粒子，保证精制盐水中的 $w(SS)$ 在 5×10^{-7} 以下，直接送离子膜电解二次盐水工序精制。陶瓷膜具有熔点高、硬度大的优良品质，同时具有良好的化学性能，不受酸、碱及氧化剂的影响并耐高压，可在 1MPa 工作压力下长期运行。陶瓷膜过滤精度高，盐水质量稳定，膜处理能力大。该工艺简单，一次投资少，适合新建氯碱企业和老企业改扩建项目。

二、二次盐水精制

（一）除铵技术

盐水中的少量铵，特别是采用掺卤或全卤工艺时铵含量更高，在电解槽阳极室内与 Cl_2 反应生成 NCl_3，而 NCl_3 是一种易爆炸的含氮化合物，它的存在给氯碱生产带来安全隐患。当粗盐水进入折流槽，加入一定量的 $NaClO$，在除氨反应槽中完成反应，生成单氯胺，向氨吹除塔通压缩空气，单氯胺被空气带出系统，盐水中铵的质量分数小于 1×10^{-6}。采用氯水代替 $NaClO$ 进行除铵可节省运行费用，该方法的工艺简单，操作方便，铵去除率高。

（二）除 I^- 技术

I^- 与盐水中的 Ba^{2+} 形成碘酸钡和高碘酸钡，此化合物阻止了 $BaSO_4$ 沉淀的形成，又阻止了螯合树脂的吸附，它们随精盐水进入电解槽，渗透到离子膜内部，从而影响电解槽的电流效率。

目前，除碘方法主要有以下三种。

① 将 I^- 氧化成 I_2 分子，再吸附出来。如果盐水中 I^- 的浓度大于 0.2mg/L，需对卤水进行除碘。经过氧化反应，I^- 被氧化，盐水通过有吸附剂的设备，其中的碘被吸附，从而达到除碘的

目的。

② 采用离子膜法烧碱装置与隔膜法烧碱装置联合运行的方式，通过隔膜法烧碱带出部分碘。

③ 通过离子交换树脂吸附的方式除去碘。

（三）金属离子去除技术

Ca^{2+}、Mg^{2+} 等金属离子在盐水中含量较高，为了达到离子膜电解的要求，通常需要两步法进行处理。第一步采用物理化学法使 w（Ca^{2+}、Mg^{2+}）小于 5×10^{-6}，此为一次精制盐水，其质量指标为：

w（Ca^{2+}、Mg^{2+}）$<5\times10^{-6}$

ρ（$NaCl$）为 $300\sim310g/L$

w（无机铵）$<1\times10^{-6}$

w（总铁）$<1\times10^{-7}$

w（SS）$<1\times10^{-6}$

ρ（SO_4^{2-}）$<5g/L$

游离氯的含量为 0。

第二步采用螯合树脂吸附法，使 w（Ca^{2+}、Mg^{2+}）$<2\times10^{-8}$ 达到离子膜电解的要求，此为二次精制盐水，其质量指标为：

ρ（$NaCl$）为 $300\sim310g/L$

ρ（Na_2SO_4）为 $5\sim8g/L$

w（Ca^{2+}、Mg^{2+}）$<2\times10^{-8}$

w（Sr^{2+}）$<5\times10^{-8}$

w（Ba^{2+}）$<5\times10^{-7}$

w（SiO_2）$<5\times10^{-6}$

w（Al^{3+}）$<1\times10^{-7}$

w（Fe^2）$<2\times10^{-7}$

w（I^-）$<2\times10^{-7}$

w（Ni^{2+}）$<1\times10^{-8}$

w（Mn^{2+}）$<1\times10^{-8}$

w（SS）$<1\times10^{-6}$

w［有机物（折合 TOC）］$<1\times10^{-5}$

活性氯未检测出。

第二节　盐水二次精制的目的

一、一次盐水的质量要求

电解槽使用的离子膜，要求入槽盐水的 Ca^{2+}、Mg^{2+} 低于 $20\mu g/L$，普通的化学精制法只能使盐水中 Ca^{2+}、Mg^{2+} 降到 $10mg/L$ 左右，要使 Ca^{2+}、Mg^{2+} 降到 $20\mu g/L$ 的水平，必须先将盐水中的悬浮物（SS）降到 $1mg/L$ 以下，然后用螯合树脂处理，进一步降低杂质含量，以满足离子膜电解的要求。

一次盐水精制的目的是利用原盐易溶于水的特性，将原盐制成饱和水溶液。用氢氧化钠除去盐水中的镁离子，用碳酸钠除去盐水中的钙离子，用氯化钡除去盐水中的硫酸根离子，再经过沉降过滤除掉盐水中的悬浮物，最后加盐酸进行中和。

一次盐水质量指标：

NaCl	$300\sim315g/L$	$Mg^{2+}+Ca^{2+}$	$\leqslant10mg/L$
$Fe^{2+}+Fe^{3+}$	$\leqslant0.20mg/L$	SO_4^{2-}	$\leqslant5g/L$
SS	$\leqslant1.0mg/L$	ClO^-	无
SiO_2	$\leqslant10mg/L$	I_2	$\leqslant0.2mg/L$
Ba^{2+}	$\leqslant0.5mg/L$	pH	9 ± 0.5
Sr^{2+}	$\leqslant2.5mg/L$		

一次盐水的质量指标是根据过滤器、螯合树脂和膜对盐水的质量要求而制定的，因此不同的工程公司对一次盐水质量的要求，有些指标会有一些差异。

二、二次盐水的质量规格

二次盐水精制是利用螯合树脂的吸附作用，进一步降低盐水中的钙镁及其他杂质离子，使盐水中各离子的指标达到离子膜电解的质量要求。

二次盐水质量标准：

NaCl	$300\sim315g/L$	pH	9 ± 0.5
$Ca^{2+}+Mg^{2+}$	$<20\mu g/L$	Sr^{2+}	$<50\mu g/L$

三、二次盐水质量对电解槽的影响

离子膜法制碱技术中，进入电解槽中的盐水质量是这项技术的关键，其对离子膜的寿命、槽电压、和电流效率及产品质量有着重要的影响。表 2-4-1 表示盐水中存在的各种离子对膜的影响和一般工厂对二次盐水中的容许浓度，但各个工厂的控制要求是有差异的。

表 2-4-1　盐水中的杂质浓度及其对膜的影响

离子种类	容许量	对膜的影响
Ti、Co、Cr、Mo、W	$<10mg/L$	在膜上形成杂质层
Fe	$44\sim55\mu g/L$	在膜上形成杂质层,含量低影响槽电压,含量高影响电流效率
Ni	$22\sim55\mu g/L$	在膜上形成杂质层,主要影响槽电压
Ca、Mg	$<22\sim33\mu g/L$	在膜内形成氢氧化物沉淀,使槽电压升高,电流效率下降。
Sr	$<55\sim550\mu g/L$	在膜内形成结晶沉淀,使槽电压升高,电流效率下降
Ba	$110\mu g/L$	在膜内形成结晶沉淀,使槽电压略有升高,电流效率略有下降
Al	$<55\mu g/L$	在膜内形成结晶沉淀,使电流效率下降
SiO_2	$5.5\sim11mg/L$	在膜内形成结晶沉淀,使电流效率下降
I	$0.44\sim1.0mg/L$	在膜内形成 $Na_3H_2IO_6$ 沉淀,使电流效率下降
SO_4^{2-}	$3.3\sim5.5g/L$	在膜内形成结晶沉淀,使电流效率下降
$ClO_3{}^-$	$<16g/L$	在盐水系统积累
Hg	$\leqslant13mg/L$	沉积在阴极上,使阴极过电压升高,槽电压升高。
$Fe(CN)_6^-$	—	在阳极室氰基被氧化,放出铁进入酸性盐水

第三节 盐水二次精制工艺

一、盐水二次精制原理

二次盐水精制塔中用的离子交换树脂是一种螯合树脂，结构式为 $RCH_2NHCH_2PO_3NO_2$。二次盐水精制是利用螯合树脂的螯合作用，除掉盐水中的金属离子。螯合树脂的种类很多，各国自成系列，有多种商品牌号。如

日本	CR-10	ES-466	CR-11
德国	Lewotit	TP208	
法国	ES-467		
中国上海	D-751		
中国天津	D-412		

就化学组成来说，螯合树脂是由母体和螯合基团两部分组成。

(一) 吸附

螯合树脂是一种离子交换树脂，它能吸附溶液中的金属离子形成螯合物，螯合物也叫内配合物，由中心离子和多基配位体形成，具有环状结构的配合物，如图 2-4-2 所示。其中 M 是中心离子（金属离子），N、O 是可提供共用电子对的原子，中心离子和它们形成了二个配位键，在适当条件下，生成稳定的环状结构。

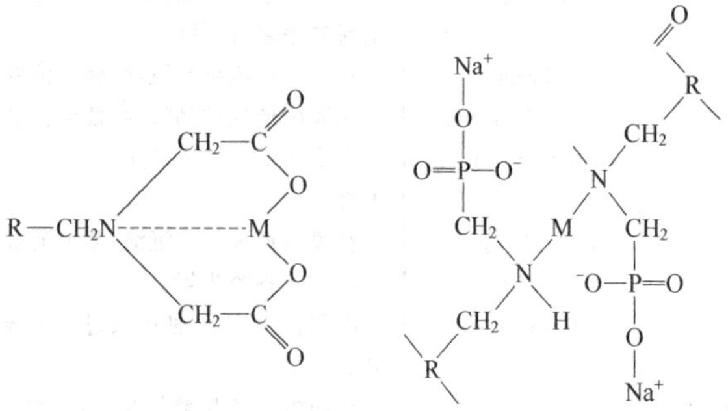

图 2-4-2 螯合树脂结构示意

（二）脱附

配合物的形成和离解，是两个互相对立而又依赖的过程，一方面中心离子通过配位键与配合剂相结合形成配合物，表现出一定的化学吸引力；另一方面，由于配合物内部的矛盾运动，它们中部分又要离解，表现出一定的化学排斥力。在一定的外界条件下（如pH值、温度、浓度）达到一个相对平衡状态，改变条件就破坏了平衡，螯合树脂的再生就是根据这个原理。

以亚氨基乙酸为例，配合物的理论和实践都说明，它对金属离子的配合能力随 pH 值而变化，pH 值越低，配合能力越弱，pH值越高，配合能力越强。另一方面，不同金属离子与螯合树脂的配合能力强弱不同，配合能力强的，在低 pH 值时仍能配合，比如汞；而配合能力弱的，只有在较高 pH 值下才能配合，这是因为发生如下变化所致。

$$R-N\begin{array}{c} CH_2\text{-}COO \\ \\ CH_2\text{-}COO \end{array}M+2H^+ \rightarrow R-N\begin{array}{c} CH_2\text{-}COOH \\ \\ CH_2\text{-}COOH \end{array}+M^+ \qquad (2\text{-}4\text{-}1)$$

由于酸度的增加，上述平衡向右移动。

在实际生产中，加入 5% 的 HCl 溶液"洗"树脂，当 pH＝1时，几乎全部生成 R-N（CH$_2$-COOH）$_2$，原先配合的金属离子全部"洗"脱，这时的树脂叫"H"型。

（三）再生

在已"洗脱"金属离子的"H"型树脂中加入 4% 的 NaOH 溶液，调节 pH 值为 14，由于溶液中的 H$^+$ 大量减少，使下列平衡向右移动，树脂又回到吸附前的状态。

$$R-N\begin{array}{c} CH_2\text{-}COOH \\ \\ CH_2\text{-}COOH \end{array}+2NaOH \rightarrow R-N\begin{array}{c} CH_2\text{-}COONa \\ \\ CH_2COONa \end{array}+2H_2O \qquad (2\text{-}4\text{-}2)$$

二、盐水二次精制工艺流程

过滤后的盐水由一次盐水泵送到二次盐水，通过板式换热器加热到 60℃，加热以后的盐水被送到螯合树脂吸附系统，由 PLC 自动控制。螯合树脂吸附系统包括二个吸附塔。从螯合树脂吸附系统出来的超纯盐水被送到超纯盐水贮槽，然后用泵送到离子交换电解槽进行电解。

图 2-4-3 是一个较直观的二塔流程简图。

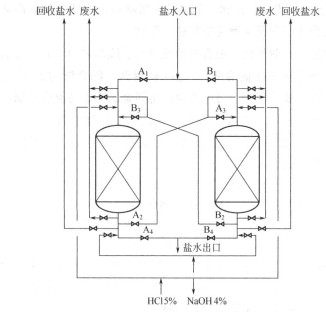

图 2-4-3　树脂塔两塔配置工艺示意

当二塔串联时，A→B 则 A_1、A_2、A_3、B_4 阀开，B_1、B_2、B_3、A_4 阀关闭。

当二塔串联时，B→A 则 B_1、B_2、B_3、A_4 阀开，A_1、A_2、A_3、B_4 阀关闭。

当 A 塔单独运转时，A_1、A_4 阀开，其余阀关。

当 B 塔单独运转时，B_1、B_4 阀开，其余阀关。

螯合树脂一旦失去交换能力将通过加酸、碱和纯水给螯合树脂系统进行自动再生。31％的 HCl 加到酸喷射器中稀释成 4％的 HCl

然后被送到螯合树脂吸附塔。从电解槽出来的 32% 的烧碱在烧碱喷射器被纯水稀释成 5% 的 NaOH 溶液然后被送到螯合树脂吸附系统进行螯合树脂塔的再生。

三、主要设备

二次盐水处理的主要设备是螯合树脂塔，螯合树脂塔是钢衬胶结构，使用低钙镁橡胶。如图 2-4-4 所示，树脂塔的主要构件有四个部分，即 B、C 零件、视镜、液位电极。

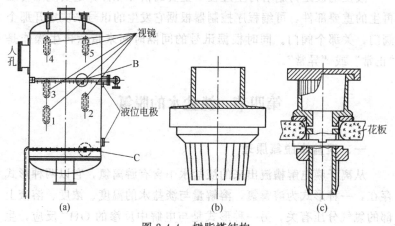

图 2-4-4 树脂塔结构

（一）B、C 零件

正常工作时，盐水自塔上口进入，通过螯合树脂层，除去 Ca^{2+}、Mg^{2+}，再通过材质为 PVDF 制的分布器 C 狭缝 ［如图 2-4-4 (c) ］，流出树脂塔，分布器起到了制止树脂流失和均匀分布流量的双重作用。返洗时的绝大部分废液都通过圆管排出，B 是固定在一圆管上的过滤器 ［如图 2-4-4 (b) ］，防止在返洗时树脂流失。

（二）视镜

视镜除了观察塔的工作情况外，视镜 1、2、3 还有指示树脂层高度的作用。根据树脂层高度决定是否要增添树脂，以防止出现贯穿点。需要指出的是，等量的树脂处在 "Ca" 型、"H" 型和

"Na"型时具有不同的体积，所以测量高度时一定要固定一种型号的树脂。

由子不能确定树脂是否全部为"Ca"型，故只能选"H"或"Na"型为标准。所以应设专人在再生过程中观测螯合树脂层的高度，来决定是否添加树脂。一般由"Na"型转成"H"型时树脂体积减少40％。

（三）液位电极

液位电极是树脂塔再生过程中重要的信号元件，是实现全自动再生的重要部件，可编程序控制器根据它发生的讯号来决定开那个阀门，关那个阀门。同时根据讯号的间隔时间来指示再生操作是"正常"或"异常"。

第四节 淡盐水的脱氯

一、淡盐水脱氯原理

从离子膜电解槽流出来的淡盐水中含有游离氯，它以两种形式存在，一种形式为溶解氯，溶解量与淡盐水的温度、浓度、溶液上部的氯气分压有关。另一种形式是与电解中反渗的 OH^- 反应，生成 ClO^-，这两种形式的氯合起来称为游离氯，以氯气计。因此在淡盐水中同时存在 Cl_2、$HClO$、ClO^-、H^+，它们之间存在以下的化学平衡，即

$$Cl_2 + H_2O \Longrightarrow HClO + H^+ + Cl^- \tag{2-4-3}$$

$$HClO \Longrightarrow ClO^- + H^+ \tag{2-4-4}$$

脱氯原理是破坏化学平衡，使上述反应朝生成氯气的方向进行。对于剩下少量的游离氯采用添加还原剂的办法彻底除去。

脱氯的工艺有三种，即真空法脱氯、空气吹除法脱氯和化学法除残余氯。

二、真空法脱氯工艺

真空脱氯的原理是在真空中使较高温度的淡盐水处于沸腾状

态，产生水蒸气，利用生成的气泡带走氯气。

　　工艺流程如图 2-4-5 所示，在淡盐水中先加入适量盐酸，混合均匀，进入淡盐水罐，因酸度变化，逸出的氯气进入氯气总管，淡盐水泵将淡盐水送往脱氯塔。脱氯塔装有填料，塔的真空在82.7～90.7kPa 时，此压力下盐水的沸点约在 50～60℃之间，85℃的淡盐水进入填料塔内急剧沸腾，水蒸气携带着氯气进入钛冷却器，水蒸气冷凝，进入淡盐水罐，再去脱氯，氯气经真空泵出口送入氯气总管，氯水则送回淡盐水罐。出脱氯塔的淡盐水进入脱氯盐水罐，用20％的 NaOH 调节 pH 值为 8～9，然后再加入亚硫酸钠溶液，去除残余的游离氯，然后用泵送去化盐工序。

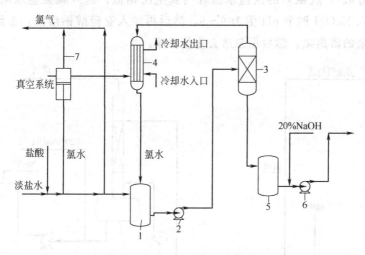

图 2-4-5　真空脱氯工艺示意

1—淡盐水罐；2—淡盐水泵；3—脱氯塔；4—钛冷却器；

5—脱氯盐水罐；6—脱氯盐水泵；7—真空系统

工艺指标

脱氯前淡盐水

NaCl	(210 ± 10) g/L	含盐酸量	0.2～0.3g/L
游离氯	0.4～0.6g/L	温度	80～90℃

脱氯后淡盐水

NaCl	(210 ± 10) g/L	含盐酸量	0.1～0.2g/L
游离氯	＜0.02g/L	温度	70～80℃

三、空气吹除法脱氯工艺

空气吹除法的原理是将空气加压通入脱氯塔内，在填料表面空气和淡盐水接触脱氯。

工艺流程如图 2-4-6 所示，淡盐水加入盐酸后，流到淡盐水罐，用淡盐水泵打入脱氯塔，在填料表面和鼓风机鼓入的空气进行逆流接触，溢出的氯气随着空气流出，含氯量约为 2％～3％（体积分数），脱氯后的淡盐水流程与真空法相似，进入脱氯盐水罐，加入 NaOH 调节 pH 值为 8～9，然后再加入亚硫酸钠溶液，去除残余的游离氯，然后用泵送去化盐工序。

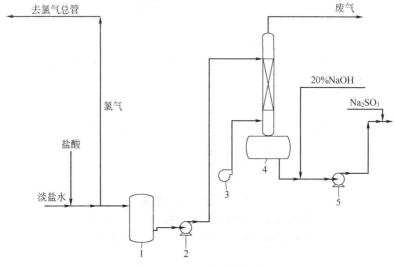

图 2-4-6　吹除脱氯工艺示意

1—淡盐水罐；2—淡盐水泵；3—空气鼓风机；4—脱氯塔；5—脱氯盐水泵

鼓入的风量约是淡盐水量的 5～7 倍，如能达到 10 倍，则效果更好，但热能损耗大。

工艺指标

去脱氯塔淡盐水

NaCl	(210 ± 10) g/L	含盐酸量	$0.2\sim0.3$g/L
游离氯	$0.4\sim0.6$g/L	温度	$80\sim90℃$

出脱氯塔淡盐水

NaCl	(210 ± 10) g/L	含盐酸量	$0.1\sim0.2$g/L
游离氯	<0.02g/L	温度	$70\sim80℃$

四、化学法除残余氯工艺

（一）Na_2SO_3 的化学性质

1. 还原性

Na_2SO_3 在碱性介质中有

$$SO_4^{2-}+H_2O+2e^-\longrightarrow SO_3^{2-}+2OH^- \qquad \varPhi=+0.20V \qquad (2\text{-}4\text{-}5)$$

Na_2SO_3 在酸性介质中有

$$H_2SO_3+4H^++4e^-\longrightarrow S+3H_2O \qquad \varPhi=+0.45V \qquad (2\text{-}4\text{-}6)$$

根据电极电位可以判断 Na_2SO_3 在碱性溶液时还原性较强。

2. 水溶液的稳定性

Na_2SO_3 的水溶液中存在下列平衡：

$$SO_2+H_2O\longrightarrow 2H^++SO_3^{2-} \qquad (2\text{-}4\text{-}7)$$

即亚硫酸钠溶液在酸性溶液中会分解出 SO_2 气体。

（二）化学法除氯原理

在碱性介质中 SO_3^{2-} 被 ClO^- 氧化成 SO_4^{2-}

$$ClO^-+SO_3^{2-}\longrightarrow SO_4^{2-}+Cl^- \qquad (2\text{-}4\text{-}8)$$

由于生成的 SO_4^{2-} 是强酸，而 SO_3^{2-} 是中强酸，为避免反应物 pH 值下降，故反应要在碱性条件下进行。但是过高的碱性会影响一次精制盐水的质量，所以反应 pH 值不宜大于 9。

（三）工艺流程

化学法除氯的工艺流程如图 2-4-7 所示。

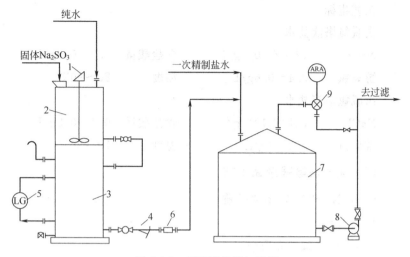

图 2-4-7　亚硫酸钠添加流程

1—搅拌器；2—配制槽；3—亚硫酸钠槽；4—过滤器；5—液面计；

6—计量泵；7——次盐水贮罐；8——次盐水泵；9—氧化-还原电位计

第五节　二次盐水精制岗位生产操作

一、操作要点

① 控制盐水温度在（60±5）℃，pH 值在 8 以上范围。

② 塔入口盐水的钙、镁含量在 4mg/L 以上时，在减少通液时间的同时，增加第一个塔出口 Ca^{2+}、Mg^{2+} 的分析次数。

③ 对一次盐水中的 Sr^{2+} 要定期进行分析，确认在 2.5mg/L 以下。

④ 定期的分析过滤后盐水中 SS，控制在 1mg/L 以下。

⑤ 一次精制盐水中不允许存在 ClO^-，否则会引起树脂的急剧恶化。

⑥ 对第一个塔出口盐水中的 Ca^{2+}、Mg^{2+} 每日进行一次分析，确认在 $20\mu g/L$ 以下，取样时间要在再生结束前不久。

⑦ 对第二个塔出口盐水中的 Ca^{2+}、Mg^{2+} 每周进行分析一次以上，确保在 $20\mu g/L$ 以下。取样时间要在再生结束前不久。如果发生超标，要查找原因，采取措施，找出原因之前，要缩短通液时间。

⑧ 对第二个塔出口盐水中的 Ca^{2+}、Mg^{2+} 每周要定期地分析一次以上，确认在 $20\mu g/L$ 以下。

⑨ 经常检查树脂压差，压差上升会降低盐水流量，如超压差时，要强制再生，增加二次返洗强度使破碎树脂逸出。

⑩ 在再生返洗时，返洗水从塔顶逸出，为防止树脂流失，树脂飘逸高度应在塔上部视孔的中央，如树脂飘逸高度超过基准时，减少返洗水量，以防树脂流失。

⑪ 确认树脂塔出口的 pH 值在 8 以上，再生结束后，由于塔内残留少许的 NaOH，pH 暂时升高到 10 以上是正常的，这是再生工作正常的标志，否则视为不正常。

二、二次盐水精制岗位开停车

（一）开车前的准备工作

① 检查设备和管道以及阀门的开关位置。

② 检查必需的化学药品（32%NaOH、31%HCl）是否齐备。

③ 检查设备驱动力和仪器驱动力是否正常。

④ 检查仪表回路和联锁装置。

⑤ 检查所有必要的公用设施（工业水、纯水、压缩空气、仪表气源等）。

⑥ 检查电解部分是否已准备好。

⑦ 检查脱氯部分是否已准备好。

（二）开车操作

1. 原始开车

① 打开 NaOH 槽上的进料阀，将 32% 的 NaOH 加至规定液位。

② 打开 HCl 槽上的进料阀，将 31％的 HCl 加至规定液位。

③ 打开纯水槽上进料阀，将纯水槽的液量加至规定液位。

④ 检查螯合树脂塔内装填的螯合树脂量是否符合工艺条件。

⑤ 对各螯合树脂进行再生。

⑥ 检查过滤精盐水贮槽的液位在正常的范围内，并且盐水的质量符合工艺要求。

⑦ 通知过滤岗位送合格过滤精盐水，根据超纯盐水液位情况，打开超纯盐水与过滤盐水的回流阀。

⑧ 接离子膜电解岗位通知，关回流阀，将超纯盐水送往离子膜电解岗位。

2. 短期停车后开车

① 过滤、中和工序开车正常后，确认盐水温度、浓度、pH 值、不纯物质满足盐水二次精制的要求后，准备向树脂塔通液。

② 先打开树脂塔盐水进出口阀。

③ 慢慢开启盐水进口阀。

④ 盐水开始循环，由一次精制→二次精制→贮罐→化盐。

⑤ 分析第一树脂塔、贮罐的 Ca^{2+} 浓度。如分别低于 0.2mg/L、0.02mg/L 时，可开始向电解槽供水。

⑥ 开车前须将已运转一定时间的树脂塔进行再生。

3. 长期停车后开车

① 打开树脂塔周围的手动阀，接通程序控制器。

② 慢慢打开阀门，向树脂塔通液，进行一次、二次循环。

③ 循环开始后，如 Ca^{2+} 含量在第一塔出口高于 0.2mg/L，在第二塔出口高于 0.02mg/L 时，则要对树脂塔进行再生。确认 Ca^{2+} 含量时通液量一定要在规定的流量下进行。

④ 盐水一次精制、二次精制及化盐循环稳定后，确认二次精制盐水质量，满足电解槽的要求才可向电解槽通液。

（三）停车操作

1. 短期停车

① 当其他设备皆正常时，盐水在一次盐水→过滤→二次精制→化盐工序之间进行循环。

② 当其他设备发生故障时，关闭盐水进口阀，盐水出口阀通过控制板，切断去现场电磁阀盘的信号，再生工序改为手动。

③ 系统停电，关闭塔四周的全部自动和手动阀。其他步骤同②。

2. 长期停车

① 关闭盐水进口阀、盐水出口阀。

② 塔内盐水用纯水置换。

三、二次盐水精制岗位正常运行

（一）再生

螯合树脂塔运行一段时间后，吸附能力降低，此时就需要进行再生。再生时首先用 5％的盐酸溶液洗树脂，使被树脂吸附的金属离子全部洗脱，此时的树脂叫做"H"型。然后在洗脱了金属离子的"H"型树脂中加入 4％的氢氧化钠溶液，调节 pH 值为 14，经过氢氧化钠处理的树脂又回到了吸附前的活性状态。

从螯合树脂出来的废水中含有较高的酸或碱，其被再生废水接受器接受，然后排至废水坑，废水由再生废水泵送到界区之外的废水处理工序。

（二）控制项目

① 超纯盐水质量 $Ca^{2+}＋Mg^{2+}$：最大 $0.02\mu g/L$。

② 检查螯合树脂塔的液位。

③ 根据操作手册确保塔压力损失和螯合树脂塔再生在控制范围内。

④ 检查纯水槽的液位，开启纯水泵从纯水槽中供纯水到螯合树脂塔底部达到防止逆流的目的。

⑤ 检查进树脂塔盐水的温度是否达到 $60℃$。

⑥ 检查盐酸槽中 31％盐酸的液位。

⑦ 检查 NaOH 槽中 32％NaOH 的液位。

四、螯合树脂的更换与添加

螯合树脂经过一段时间的工作后，由于种种原因，树脂的吸附容量下降，经过倍量再生之后，在额定的条件下仍不能稳定生产出合格的盐水，这时就需更换树脂。

（一）树脂的取出

利用水力喷射器产生负压，将塔内的水混合树脂抽出。具体步骤如下。

① 打开人孔，将喷射器吸入口的软管投入塔内，喷射器出口的软管放入塑料袋内。

② 打开纯水阀，利用水力喷射器将塔内的树脂与水一起从塔内抽出，收集到袋内。当塔内水位不足时，补充纯水。

③ 达到规定的树脂层高度时，停止操作。

（二）树脂的补充

与树脂的取出相同，但是进出口相反。具体步骤如下。

① 将喷射器的吸入口放入聚乙烯桶内，内装树脂和纯水。

② 将喷射器的出口软管放入塔内，打开塔出口取样阀门，使塔内水位下降。

③ 打开纯水阀，利用水力喷射器，将桶内的树脂与水一起从桶内抽出，加到塔内。

④ 当桶内水位不够时，应补加。

⑤ 填充到规定高度后，停止一切操作，封闭入口。

（三）关于树脂的倍量再生

填充新的树脂后或树脂的 Ca^{2+} 吸附容量降低时，要倍量再生。倍量再生就是用正常量的盐酸洗脱二次，实际证明，这样的做法是有效的。经过一段时期的工作后，螯合树脂吸附了一定量的重金属，而螯合树脂对重金属的吸附能力很强，正常洗涤 Ca^{2+} 的操作工艺，不能将重金属全部洗脱，从而影响了树脂对 Ca^{2+} 的吸附，倍量再生增加了重金属的洗脱率，从而恢复了树脂对 Ca^{2+} 的吸附量。

五、常见故障与处理

二次盐水精制系统常见故障与处理见表 2-4-2。

表 2-4-2　二次盐水精制系统常见故障与处理

序号	故障现象	故障原因	处理方法
1	第二塔出口 Ca^{2+}、Mg^{2+} 含量超标	a. 一次盐水中 Ca^{2+}、Mg^{2+} 超标 b. 一次盐水有游离氯 c. 盐水中悬浮物含量超标 d. 盐水温度过高或过低 e. 盐水 pH 值过高或过低 f. 树脂层高度不够	a. 与盐水岗位联系,调到正常 b. 在过滤盐水罐中加 Na_2SO_3,去除游离氯 c. 检查膜过滤器运行情况 d. 将盐水温度调到(60 ± 5)℃ e. 将盐水 pH 值调到 9 ± 0.5 f. 对树脂塔进行再生或添加树脂
2	树脂破碎	a. 再生用酸、碱浓度过高 b. 再生用酸含有游离氯 c. 反吹空气太剧烈	a. 将酸、碱浓度调到正常 b. 使用合格的高纯盐酸 c. 严格按操作法操作
3	树脂塔压差上升	a. 盐水中 SS 超标	a. 对塔进行再生,检查过滤器运行情况

六、安全与环保

1. 严格遵守本岗位安全制度。

2. 岗位操作人员必须穿戴好按规定发放的劳动护具及用品。

3. 岗位室外工作,爬罐、上下楼梯,特别是雨、雪,早晚班要特别注意安全。

4. 电器设备有问题,应联系电工修理,转动设备必须有防护罩。清扫卫生时,严禁把水冲到电机上。

5. 谨防苛化液、蒸汽烫伤,谨防盐酸、盐水烧伤眼睛。

6. 行灯必须使用安全电压。

第六节　盐水精制案例

淡盐水脱氯及盐水精制工艺改进

一、一次盐水精制工艺与淡盐水脱氯工艺

从离子膜电解槽出来的淡盐水经过调节 pH 值后送入脱氯塔,

在真空条件下将淡盐水中的游离氯抽出，氯气经冷却、分离后，回收至湿氯气总管。脱氯淡盐水中再加入一定量的碱液调节 pH 值，并加入 Na_2SO_3 溶液除去其中残留的游离氯，然后送往一次盐水工段用于配水和化盐，脱氯淡盐水经外管网进入化盐水贮槽。为了避免盐水中的 SO_4^{2-} 积累超标，淡盐水进化盐水贮槽之前先分流一部分，经除去 SO_4^{2-} 后再进入化盐水贮槽。一次盐水精制后排出的盐泥浆滤液、螯合树脂塔排出的中和后再生废水也返回化盐水贮槽，与其他工段输送来的水按比例调配成化盐水，经化盐水泵送至化盐池。原盐经计量送入化盐池，从盐水加热、冷却器来的化盐水由化盐池下部通入，与原盐逆流接触，从化盐池上部出口得到饱和粗盐水。饱和粗盐水流经折流槽时加入一定量的 NaOH 和 NaClO 溶液。为了除净 Mg^{2+}，NaOH 的加入量必须超过理论需要量。加入 NaOH 的粗盐水由折流槽自流入带搅拌器的粗盐水槽中进行精制反应，Mg^{2+} 与 OH^- 反应生成 $Mg(OH)_2$，菌藻类、腐殖酸等天然有机物被 NaClO 氧化分解为小分子。自粗盐水槽出来的盐水用加压泵送至气水混合器，与空气混合后经加压溶气罐、文丘里混合器，再进入预处理器。$FeCl_3$ 溶液也被加入，到文丘里混合器中与盐水混合。在预处理器内，悬浮于盐水中的 $Mg(OH)_2$ 絮凝物、分解为小分子有机物和部分非溶性机械杂质，通过 $FeCl_3$ 的吸附与共沉淀作用被同时除去。清盐水由预处理器上部出口进入反应槽，同时加入过量的 Na_2CO_3 溶液，盐水中的 Ca^{2+} 与 CO_3^{2-} 充分反应形成 $CaCO_3$ 沉淀，然后送入膜过滤器。过滤分离后，合格的盐水经缓冲槽进入一次盐水贮槽，由一次盐水泵送往二次盐水及电解工段。精盐水在进入一次盐水泵之前加入一定量的 Na_2SO_3 溶液除去其中的游离氯。膜过滤器、反应槽、预处理器、澄清桶等截留的盐泥渣浆排入盐泥槽，用泥浆泵打入板框压滤机压滤，滤液回收去化盐，滤饼作为废渣供综合利用。

二、工艺缺点

淡盐水脱氯及一次盐水精制工艺过程复杂，需要的添加剂较多，动力消耗大，盐泥排放量多，既浪费原料、人力、电力，又污染环境，与国家提倡的节能降耗和保护环境的政策不相符。

① 需要向脱氯系统里加入还原性物质 Na_2SO_3，既造成 Na_2SO_3 的浪费，又需要增加 Na_2SO_3 配制和加入的设备、管道、计量、检测等装置，工艺过程复杂。

② 造成盐水中 SO_4^{2-} 杂质含量增加，需要加入 $BaCl_2$ 除去 SO_4^{2-}，造成 $BaCl_2$ 使用量增加，盐泥排放量增加。

③ 需要在盐水精制过程中加入 NaClO 除去有机物和菌藻类杂质，既造成 NaClO 浪费，又需要增加 NaClO 配制和加入的设备、管道、计量、检测等装置，工艺过程复杂。

④ 设备多、管道多，因而出现故障的概率大，增大了检修和维护的工作量。

三、改进方案

为了简化生产工艺，减少添加剂的种类及用量，减少动力消耗，减少废弃物外排量，减轻员工的劳动强度，可利用淡盐水中的游离氯（主要形式为 ClO^-）取代一次盐水精制过程中加入的 NaClO（有效成分为 ClO^-），用于除去盐水中的有机物和菌藻类杂质。具体操作可通过控制脱氯过程中的工艺参数，使经过脱氯塔脱氯后的淡盐水中含有需要量的游离氯，该淡盐水直接送到一次盐水工序化盐，取消脱氯后加亚硫酸钠的装置和操作，取消一次盐水精制过程中加次氯酸钠的装置和操作。

（一）淡盐水脱氯系统改进

取消 Na_2SO_3 储罐、配制槽、Na_2SO_3 泵、物料进出管道和水管、自动调节阀、在线检测和计量装置等，对离子膜电解淡盐水脱氯系统的工艺管道等进行配套改造。调整脱氯塔脱氯操作的工艺条件，根据工艺变化调整在线检测装置控制参数，并取消 Na_2SO_3 配制和加入的相关在线检测装置及操作，同时保证离子膜电解及淡盐水脱氯系统的其他工艺参数控制在规定的范围内和整个生产系统的稳定运行。

该工序改进的难点是既要保证返回淡盐水中保留的游离氯量准确控制在规定的范围内，以满足一次盐水生产的需要，还要保证多余的游离氯全部回收利用，同时保证离子膜电解及脱氯系统的其他工艺参数控制在规定的范围内和整个生产系统的运行稳定。如果游离氯的含量偏高，则会造成后续系统的设备、管道、阀门等被腐蚀和 $BaCl_2$ 用量增加，同时造成一次盐水工序的操作出现波动；如果游离氯的含量偏低则不能达到除去盐水中的有机物和菌藻类的目的，进而对一次盐水的膜过滤装置及后续的二次盐水螯合树脂塔和离子膜等造成损坏。如果多余的游离氯不能全部回收利用，还会造成环境污染和氯气的浪费。由于离子膜法烧碱生产系统设置有许多自动连锁，因此，如果不能保证工艺参数控制在规定的范围内和整个生产系统的运行稳定，则可能造成整个离子膜法烧碱生产系统无法正常运行甚至停车。

（二）盐水精制系统改进

取消 NaClO 配制槽、物料进出管道和水管、输送泵、阀门、在线检测和计量装置等。调整除 SO_4^{2-} 的工艺条件，根据淡盐水中的 SO_4^{2-} 含量控制 $BaCl_2$ 的加入量，既达到除去 SO_4^{2-} 的目的，又不至于浪费 $BaCl_2$。对一次盐水的相关设备、管道、阀门及在线自动检测装置等设施进行同步改造。根据工艺变化调整在线检测装置的控制参数，并取消 NaClO 配制和加入的相关在线检测装置，增加一次盐水在线 pH 计、ORP（氧化还原电位）等检测和控制装置，保证一次盐水精制的各项工艺参数在规定范围内。该工序改进的难点在于保证一次盐水生产系统运行稳定的前提下，根据脱氯淡盐水中的游离氯含量，合理调整化盐水中游离氯的含量，以保持粗盐水中所含的游离氯在规定的范围内。如果游离氯的含量偏低，则不能达到除去盐水中的有机物和菌藻类的目的；如果游离氯的含量偏高，则不仅会造成后续系统的设备、管道、阀门等被腐蚀，还会造成后续部分的 Na_2SO_3 用量增加，提高生产成本，加重环境污染，甚至会造成离子膜电解电流效率降低。

改进后，离子膜电解及淡盐水脱氯系统、一次盐水精制系统的各项工艺参数均满足工艺要求，生产系统运行正常稳定。在离子膜电解及淡盐水脱氯工序节约了 Na_2SO_3、动力电、纯水和人工费，同时在一次盐水工序节约了 $BaCl_2$、$NaClO$、动力电、生产水和人工费，并减少了外排的盐泥量，减轻了对环境的污染。该改进工艺简化了氯碱生产过程中盐水精制和淡盐水脱氯的工艺，取消了加 Na_2SO_3 和 $NaClO$ 的设施及操作工序，既节约了原材料和能源，减少了盐泥的排放量，稳定了生产，又减轻了劳动强度，符合国家节能减排的要求，降低了生产成本。

思 考 题

1. 简述二次盐水精制的目的。
2. 简述二次盐水中杂质离子对离子膜的影响。
3. 简述螯合树脂的工作原理。
4. 螯合树脂塔的主要结构有哪些？各有何作用？
5. 淡盐水脱氯的原理是什么？
6. 盐水脱氯有哪几种工艺，各有什么特点？
7. 二次盐水精制的主要操作要点有哪些？
8. 螯合树脂如何进行的更换与添加？
9. 什么是树脂倍量再生？
10. 二次盐水精制的常见的异常现象有哪些？如何处理？

第五章　离子膜电解

第一节　引　言

一、离子交换膜法电解技术

目前世界上比较先进的电解制碱技术是离子交换膜法。这一技术在20世纪50年代开始研究，80年代开始工业化生产。离子交换膜电解槽主要由阳极、阴极、离子交换膜、电解槽框和导电铜棒等组成，每台电解槽由若干个单元槽串联或并联组成。电解槽的阳极用金属钛网制成，为了延长电极使用寿命和提高电解效率，钛阳极网上涂有钛、钌等氧化物涂层；阴极由碳钢网制成，上面涂有镍涂层；阳离子交换膜将电解槽分隔成阴极室和阳极室。阳离子交换膜有一种特殊的性质，即它只允许阳离子通过，而阻止阴离子和气体通过，也就是说只允许 Na^+ 通过，而 Cl^-、OH^- 和气体则不能通过。这样既能防止阴极产生的 H_2 和阳极产生的 Cl_2 相混合而引起爆炸，又能避免 Cl_2 和 $NaOH$ 溶液作用生成 $NaClO$ 而影响烧碱的质量。图2-5-1和图2-5-2是离子交换膜电解槽及车间布置图。

图 2-5-1　复极式离子交换膜电解槽

图 2-5-2　离子膜电解槽车间

二、离子交换膜法电解工艺流程

离子交换膜法电解制碱的主要生产流程简单表示如图 2-5-3 所示。

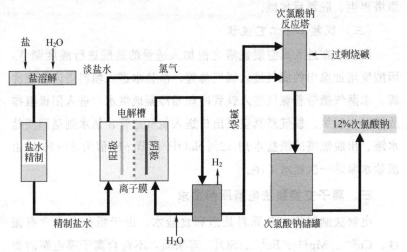

图 2-5-3 离子交换膜法电解制碱的生产流程

（一）二次盐水工艺流程

由一次盐水贮槽来的一次盐水经泵打到换热器进入树脂塔。由树脂塔来的盐水经树脂过滤器、电磁流量计进入盐水高位槽，高位槽的盐水自流进入电解槽。

（二）电解部分工艺流程

阴、阳极电解液经进槽软管进入电解阴、阳极室，在直流电作用下在电解槽内发生化学反应，阳极室生成氯气，盐水浓度下降为淡盐水，阴极室生成烧碱和氢气，阴、阳极室的气液混合流体经出口软管汇入出口总管进入分离器进行气液分离。氯气由阳极分离器上出口进入阳极液循环槽上部，再一次进行气液分离后进入氯气总管。淡盐水由阳极分离器下出口流入阳极液循环槽，阳极液循环泵将淡盐水抽出，大部分送往脱氯工段，小部分淡盐水按比例调节返回电解槽。氢气由阴极分离器上出口进入氢气总管。碱液由阴极分离器下出口流回阴极液循环槽，阴极液循环泵将碱液抽出，大部分经过冷却后继续循环，其余碱液经冷却后送往成品碱中间贮槽，从中间槽出来的成品碱液大部分送往成品碱罐区，一部分自用碱供树脂塔再生、脱氯后加碱。

（三）脱氯工序工艺流程

淡盐水在进入真空脱氯塔之前加入适量的盐酸进行酸度调节，因酸度增加逸出的氯气进入氯气总管。淡盐水进入填料塔内急剧沸腾，水蒸气携带着氯气进入钛管冷却器冷凝成氯水，进入阳极液排放槽再去脱氯。氯气经真空泵出口送入氯气总管，氯水则送回淡盐水罐。出脱氯塔的淡盐水用 32％NaOH 调节 pH 值为 8～10 后由淡盐水泵送一次盐水工序。

三、离子交换膜法电解原料要求

电解法制碱的主要原料是饱和食盐水，由于粗盐水中含有泥沙、Cu^{2+}、Mg^{2+}、Fe^{3+}、SO_4^{2-} 等杂质，不符合离子膜电解的要求，因此必须精制。精制食盐水时经常加入 Na_2CO_3、NaOH、$BaCl_2$ 等，使杂质成为沉淀过滤除去，然后加入盐酸调节盐水的 pH。

这样处理后的盐水仍含有一些 Ca^{2+}、Mg^{2+} 等金属离子，由于这些阳离子在碱性环境中会生成沉淀，损坏离子交换膜，因此该盐水还需送入阳离子交换塔，进一步通过阳离子交换树脂除去 Ca^{2+}、Mg^{2+} 等。这时的精制盐水就可以送往电解槽中进行电解了。

四、离子交换膜法制碱技术的优势

离子交换膜法制碱技术，具有设备占地面积小、能连续生产、生产能力大、产品质量高、能适应电流波动、能耗低、污染小等优点，与传统生产工艺比较，具有无汞污染、无石棉绒污染、能耗低等明显的环境效益，是氯碱工业发展的方向（参见图 2-5-4）。

(a) 离子膜电解槽厂房 (b) 选进的DCS集散控制系统

图 2-5-4 离子膜法生产烧碱新工艺

第二节 离子膜电解原理

一、电解槽中的化学反应

(一) 离子膜电解原理

众所周知 Donnon 膜理论主要阐明具有固定离子和对离子的膜具有排斥外界溶液中某一离子的能力。在电解盐水溶液中所使用的阳离子交换膜的膜体中有活性基团，它是由带负电荷的固定离子同一个带正电荷的对离子（Na^+）形成静电键。由于磺酸基团具有亲水性能，而使膜在溶液中膨胀，膜体结构变松，从而造成许多微细弯曲的通道，使其活性基团中的对离子（Na^+）可以与水溶液中的静电荷的 Na^+ 进行交换。与此同时膜活性基团中的固定离子具有排斥 Cl^- 和 OH^- 的能力，从获得高纯度的氢氧化钠溶液。

离子交换膜法电解食盐水的原理如图 2-5-5 所示。在这种电解槽中，用阳离子交换膜把阳极室和阴极室隔开。阳离子交换膜跟石棉绒膜不同，它具有选择透过性。它只让 Na^+ 带着少量水分子透过，其他离子难以透过。电解时从电解槽的下部往阳极室注入经过严格精制的 NaCl 溶液，往阴极室注入水。当直流电通过电解质的水溶液时，在电场作用下，钠离子从阳极室透过离子膜迁移到阴极室时，水分子也伴随着迁移。在阳极室中 Cl^- 放电，生成 Cl_2，从

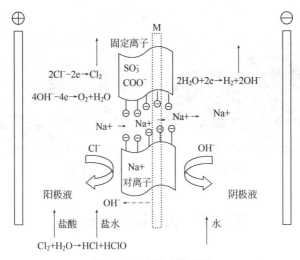

图 2-5-5 离子交换示意

电解槽顶部放出，同时 Na^+ 带着少量水分子透过阳离子交换膜流向阴极室。在阴极室中 H^+ 放电，生成 H_2，也从电解槽顶部放出。但是剩余的 OH^- 由于受阳离子交换膜的阻隔，不能移向阳极室，这样就在阴极室里逐渐富集，OH^- 和 Na^+ 反应生成了 NaOH 溶液。随着电解的进行，不断往阳极室里注入精制食盐水，以补充 NaCl 的消耗；不断往阴极室里注入水，以补充水的消耗和调节产品 NaOH 的浓度。所得的碱液从阴极室导出。因为阳离子交换膜能阻止 Cl^- 通过，所以阴极室生成的 NaOH 溶液中含 NaCl 杂质很少。用这种方法制得的产品比用隔膜法电解生产的产品浓度大，纯度高，而且能耗也低，所以它是目前最先进的生产氯碱的工艺。

工业生产烧碱时，在盐水循环经阳极室、烧碱循环经阴极室时，电解得以完成。阳极室放出氯气，阴极室放出氢气，并产生氢氧化钠，同时还存在一定的副反应。

电解槽中的化学反应

阳极反应

$$Cl^- - 2e \Longrightarrow Cl_2 \qquad (2\text{-}5\text{-}1)$$

$$4OH^- - 4e \Longrightarrow O_2 + 2H_2O \qquad (2\text{-}5\text{-}2)$$

$$6ClO^- + 3H_2O - 6e \Longrightarrow 2ClO_3^- + 4Cl^- + 6H^+ + 3/2O_2 \qquad (2\text{-}5\text{-}3)$$

阴极反应

$$2H_2O + 2e \Longrightarrow H_2 + 2OH^- \qquad (2\text{-}5\text{-}4)$$

阳极室内溶液的反应

生成的氯气在电解液中（阳极液）的物理溶解

$$Cl_2(g) \Longrightarrow Cl_2(aq) \qquad (2\text{-}5\text{-}5)$$

生成的氯气与阳极液中的水反应

$$Cl_2 + H_2O \Longrightarrow HClO + HCl \qquad (2\text{-}5\text{-}6)$$

溶解的氯气与从阴极室反渗透过来的氢氧化钠的反应

$$Cl_2 + 2NaOH \Longrightarrow 1/3NaClO_3 + 5/3NaCl + H_2O \qquad (2\text{-}5\text{-}7)$$

$$Cl_2 + 2NaOH \Longrightarrow 1/2O_2 + 2NaCl + H_2O \qquad (2\text{-}5\text{-}8)$$

$$HClO + NaOH \Longrightarrow 1/2O_2 + NaCl + H_2O \qquad (2\text{-}5\text{-}9)$$

电解槽中离子的迁移如图 2-5-6 所示，精制的饱和食盐水进入

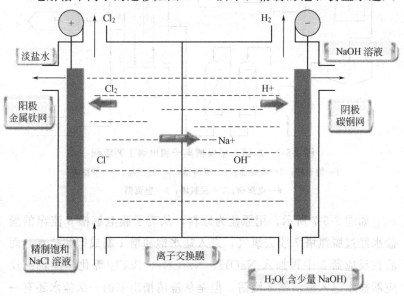

图 2-5-6　离子交换膜法电解原理示意

阳极室，加入一定量的 NaOH 溶液的纯水加入阴极室。通电时，H_2O 在阴极表面放电生成 H_2，Na^+ 穿过离子膜由阳极室进入阴极室，导出的阴极液中含有 NaOH，Cl^- 则在阳极表面放电生成 Cl_2。电解后的淡盐水从阳极导出，可重新用于配制食盐水。

二、离子膜电解工艺流程

（一）单极槽离子膜电解工艺流程

各种单极槽离子膜电解流程，虽有一些差别，但总的过程大致相同，采用的设备及操作条件也大同小异。图 2-5-7 为旭硝子单极槽离子膜电解工艺流程简图。

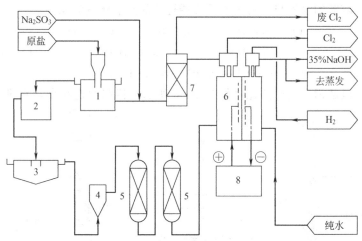

图 2-5-7　旭硝子单极槽离子膜电解工艺流程
1—饱和槽；2—反应器；3—澄清槽；4—过滤器；5—树脂塔；
6—电解槽；7—脱氯塔；8—整流器

如图 2-5-7 所示，用原盐为原料，从离子膜电解槽 6 流出的淡盐水经过脱氯塔 7 脱去氯气，进入盐水饱和槽 1 制成饱和盐水，而后在反应器 2 中再加入 NaOH、Na_2CO_3、$BaCl_2$ 等化学品，出反应器盐水进入澄清槽 3 澄清，但是从澄清槽出来的一次盐水还有一些悬浮物，这对盐水二次精制的螯合树脂塔将产生不良影响，一般要求盐水中的悬浮物小于 1mg/L，因此盐水需要经过盐水过滤器 4 过滤。而后盐水再经过螯合树脂塔 5 除去其中的钙镁等金属离子，就可以加到离子膜电解槽 6 的阳极室；与此同时，纯水和液碱一同进到阴极室。通入直流电后，在阳极室产生氯气和流出淡盐水经过分离器分离，氯气输送到氯气总管，淡盐水一般含 NaCl 200～220g/L，经脱氯塔 7 去盐水饱和槽。在电解槽的阴极室产生氢气和 30%～35% 液碱同样也经过分离器，氢气输送到氢气总管。30%～35% 的液碱可以作为商品出售，也可以送到氢氧化钠蒸发装置蒸浓到 50%。

（二）复极槽离子膜电解工艺流程

各种复极槽离子膜电解流程虽有一些差别，但总的过程大致相同，采用的设备及操作条件也大同小异。图 2-5-8 为旭化成复极槽离子膜电解工艺流程简图。

从离子膜电解槽 9 流出来的淡盐水，经过阳极液气液分离器 10、阳极液循环槽 8、脱氯塔 13 脱去氯气（空气吹除法），从亚硫

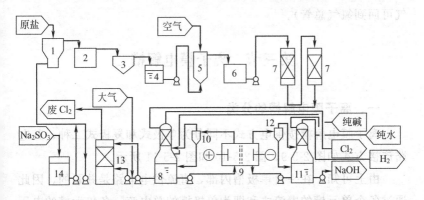

图 2-5-8　旭化成复极槽离子膜电解工艺流程

1—饱和器；2—反应器；3—沉降器；4—盐水槽；5—盐水过滤器；6—过滤后
盐水槽；7—螯合树脂塔；8—阳极液循环槽；9—电解槽；10—阳极液气液
分离器；11—阴极液循环槽；12—阴极液气液分离器；13—脱氯塔；
14—亚硫酸钠槽

酸钠槽 14 加入适量的亚硫酸钠，使淡盐水中的氯脱除干净，进入饱和器 1，制成饱和食盐水溶液。向此溶液中加入 Na_2CO_3、$NaOH$、$BaCl_2$ 等化学品，在反应器 2 中进行反应，进入沉降器 3，使盐水中的杂质得以沉降。从盐水槽 4 出来的澄清盐水中仍含有一些悬浮物，经过盐水过滤器 5，使悬浮物降到 1mg/L 以下。此盐水流入过滤后盐水槽 6 再通过螯合树脂塔 7，进入阳极液循环槽 8，加入到电解槽 9 的阳极室中去。向阴极液循环槽 11 加入纯水，然后与碱液一道进入电解槽阴极室，控制纯水加入量以调节制得氢氧化钠的浓度，氢氧化钠经气液分离器 12 及阴极液循环槽 11，一部分经泵引出直接作为商品出售，也可以进入浓缩装置，进一步浓缩后再作为商品，另一部分经循环泵回电解槽。电解槽产生的氯气经阳极液气液分离器 10 并与二次盐水进行热交换后送到氯气总管，电解槽产生的氢气经阴极液气液分离器 12 并与纯水进行热交换后送入氢气总管。淡盐水含 NaCl 190～210g/L 左右，送到脱氯塔 13，脱除的废气再送处理塔进行处理（如果是真空脱氯，脱除的氯气可回到氯气总管）。

第三节　离子膜电解槽

一、离子膜电解槽的分类

离子膜电解槽按供电方式不同分为单极式和复极式二种，其电路连接方式如图 2-5-9，图 2-5-10 和图 2-5-11 所示。

由上可知，在一台单极槽内部，直流供电电路是并联的，因此通过各个单元槽的电流之和即为单极槽的总电流，各单元槽的电压是相等的，所以单极槽的特点是低电压大电流操作。复极槽则正好相反，每个单元槽的电路是串联的，电流相等，但电解槽的总电压则为各单元槽电压之和，所以复极槽的特点是低电流、高电压操作运行。

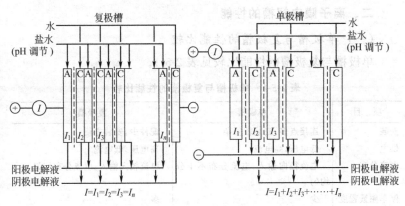

图 2-5-9　离子膜电解槽电路连接方式

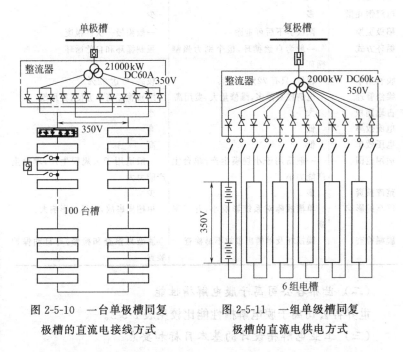

图 2-5-10　一台单极槽同复　　　　图 2-5-11　一组单级槽同复
　　极槽的直流电接线方式　　　　　　极槽的直流电供电方式

　　根据两极间距对电解槽分类，又可分为常极距膜电解槽、小极距膜电解槽、零极距膜电解槽和膜-电极一体化（M&E 或 SPE）等四种类型。

二、离子膜电解槽的性能

(一)单极槽与复极槽的性能比较

单极槽与复极槽的性能比较见表 2-5-1。

表 2-5-1 单极槽与复极槽的性能比较

项 目	单极槽	复极槽
安装	连接点多,安装较复杂	配件少,安装方便
供电	低电压,高电流	高电压,低电流
电流分布	电流径向输入,电流分布不十分均匀	电流轴向输入,电流分布均匀
停车频繁程度	少	多
槽间电压降	大	小
电解铜耗量	多	少
阳极更换	阳极拆下后可重涂	一般阳极一次性报废
循环方式	一般为自然循环,极个别为强制循环	强制循环和自然循环
膜利用率	较低,只有 72%～77%	较高,可达 92%
维修管理	电解槽数量多,维修量大,费用高	维修管理简单方便,费用低
占地面积	大	小
电流效率	低	高
电压效率	低	高
适用范围	一般适用于小规模生产,单台生产能力小	一般适用于大规模生产,单台生产能力大
整流投资	多	少
停车的影响	单槽故障对系统影响小,开工率高	单槽出事故,对系统影响大
膜漏检查	膜损坏及单槽出事故不易检查	膜破易检查和检修,有自动保护装置

(二)世界各公司离子膜电解槽性能

世界各公司离子膜电解槽性能比较见表 2-5-2。

(三)工业电解槽设计的基本目标和要点

工业电解槽设计和制造要考虑其经济效益,必须达到以下五个目标。

1. 能耗低

表 2-5-2 世界各公司离子膜电解槽性能比较

项 目	旭化成	旭硝子	伍德	迪诺拉	ICI	德山曹达	西方	氯工程	东曹
电解槽型号	标准	AZEC-M$_3$	BM27-100	24DD350	FM21	TSE-DN-270	MGC-6-20	CME DCM 406X2	TMB
直流电耗/(kW·h/t)	2290	2240	2170~2270	2190	2200	2315	2200	2200	2350~2450
NaOH 浓度(质量分数)/%	30±0.5	33±0.5	32±2	>32	>32	32±0.5	35	32	33
碱中含盐/(mg/L)	<55	<55	<138	<42	<70	<138	<70	<42	<42
氯气纯度(体积分数)/%	>98.5	>97.8	>98	>96.5	≥98.5	≥97.5	≥98.5	≥97.5	-
氯中含氧(体积分数)/%	<0.8	<1.7	<2	<2.5	≤1.25	<2	≤1.5	≤1.5	-
氢气纯度(体积分数)/%	99.9	99.9	99.9	99.9	99.9	99.9	99.9	99.9	99.9
电流效率/%	95~96	95~96	95~96	95~96	95~96	95~96	95~96	95~97	95~96
运行电流密度/(A/dm²)	33~34	32.9	36.7	36.2	32.7	32.9	31.1	30	34.7
设计电流密度/(A/dm²)	40	33.5	37	32.7~35.7	32.7	37	33~35	40	40~50

在整个电解生产过程中，能耗是成本的重要组成部分。为了降低能耗就要获得高的电流效率和低的槽电压，要在较大的电流密度下运行，仍能保持低的电耗，使每吨碱电耗在 $2150 \sim 2350 \text{kW} \cdot \text{h}$，甚至更低。目前多数电解槽的电流密度均在 $3 \sim 3.5 \text{kA/m}^2$，个别地区因电费低廉，可在 4kA/m^2 运转，目前意大利迪诺拉公司开发的复极电解槽，日本氯工程公司和东曹公司开发的复极电解槽 BiTAC 可在大于 4kA/m^2 条件下运转，特别是 BiTAC 电解槽，运转电流密度可高达 6kA/m^2。

为满足节能要求，在设计中要注意以下几点。

① 电流分布要合理、均匀；

② 降低极间距离，减少极间溶液电压降；

③ 尽量降低金属结构部分的电压降；

④ 使电解液能充分循环，使气体能顺利逸出；

⑤ 使电解温度保持一定，可适当加温或保温；

⑥ 选择适宜的电极活性及几何尺寸；

⑦ 选择合适的结构以提高膜的电流效率。

2. 容易操作和维修

既可使操作人员减轻劳动强度，又能安心进行操作，即电解槽的开、停车或改变供电电流的操作简单。在更换离子膜时必须是在短时间内进行，且方便易行又安全。电极的结构要考虑到电极重涂工艺简单化。具体要注意以下几点。

① 尽量减少电解槽的数量；

② 选择合适的密封结构及密封圈材质；

③ 设计便于开、停车的结构。

3. 制造成本低，使用寿命长

从使用寿命考虑阳极室的最好材料是钛，阴极室的最好材料是镍。电解槽的配件也要考虑采用防腐蚀材料。具体要注意以下几点。

① 设计的电解槽能在高电流密度下操作，以提高电解槽的单

位容积的生产能力，降低设备费用；

② 提高离子膜的利用率；

③ 选择合适的电解槽结构及材质。

4. 膜的使用寿命长

膜使用寿命的长短，除与膜本身的质量、操作条件控制有关外，与电解槽设计、制造有很大关系，因此在设计和制造电解槽时，要从延长膜寿命方面多予以考虑。具体要注意以下几点。

① 电流分布要均匀；

② 尽量采用自然循环；

③ 要采用溢流方式，设法避免膜上部出现气体层、干区；

④ 减小膜的振动。

5. 运转安全

① 槽电压、槽温监测；

② 电解槽安全联锁停车；

③ 防止氯中含氢高的措施。

三、离子膜电解槽结构

离子膜电解槽主要由阳极、阴极、离子膜、电解槽框等组成，不同类型的电解槽，其结构也不一样，下面简单介绍几种常见的离子膜电解槽结构。

（一）旭化成强制循环复极式离子膜电解槽

1. 外形结构与组装方式

旭化成复极式离子膜电解槽的外形结构、组装、紧固方式见图2-5-12。该电槽由单元槽、总管、挤压机、油压装置四大部分组成。单元槽两边的托架架在挤压机的侧杆上，依靠油压装置供给油压力推动挤压机的活动端头，将全部单元槽进行紧固密封。两侧上下的四根总管与单元槽用聚四氟乙烯软管连接，并用阴、阳极液泵进行强制循环。这种电解槽结构紧凑，占地面积小，操作灵活方便，维修费用低，膜利用率高，变流效率高，槽间电压降小，也比

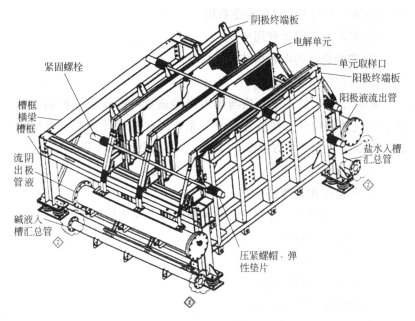

图 2-5-12　旭化成复极式离子膜电解槽

较适合于万吨级装置的小规模的整流配套。他的缺点是：因靠油压进行紧固密封，因此，开停车及运转时对油压装置的稳定性要求很高，稍不稳定就可能出现事故。另外，万吨装置只有一台槽，对于规模小的企业来说，电解槽一旦停车，其他工序将无法正常运行。

2. 单元槽结构

旭化成标准型复极式离子膜电解槽的单元槽结构详见图 2-5-13。这种单元槽的中间隔板是一块 8mm 厚的 Ti-Fe-SuS 三层复合板。外框条是 SuS 316L 与复合板条组焊而成。阳极侧的衬板、筋板、堰板均为 Ti 材，阴极侧均为不锈钢。复合板镶嵌在外框条的槽内进行组焊。单元槽的外形尺寸为 2400mm×1200mm，厚度为 60mm，密封面的宽度 21~23mm，单元槽的有效面积为 2.7m²，阴、阳极液的进口均在单元槽的下面，出口均在上部。为减少气泡效应和防止膜上部出现干区，在单元槽的上部均装有阴极

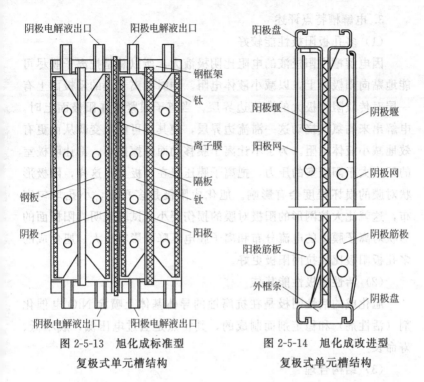

图 2-5-13　旭化成标准型
复极式单元槽结构

图 2-5-14　旭化成改进型
复极式单元槽结构

堰板和阳极堰板。为防止电化腐蚀，阳极侧密封面和阳极液进出口管法兰均有防电化腐蚀的涂层。这种单元槽的特点是整体刚性结构比较好，密封面及筋板的尺寸高度靠整体机械加工来保证，尺寸的精度较高。缺点是使用的材料价格比较贵。

旭化成改进型复极槽的单元槽结构详见图 2-5-14。该结构的单元槽，在外形尺寸和内部结构方面与标准型复极式单元槽基本上是一样的，主要改进的就是中间的三层复合板改为 $\xi=1.2\text{mm}$ 钛板和 $\xi=1.2\text{mm}$ 镍板压制的盘，外框条的材质由不锈钢改为碳钢，在阴极盘和阳极盘之间放有 $\xi=4\text{mm}$ 的 Ti-Fe 复合板条和作填充料用的不锈钢拉网板，复合板条与阴极盘、阳极盘之间采用焊接连接，碳钢的外框条上加工有沟槽，阴、阳极盘的折边插入外框条的沟槽内相互连接。改进单元槽结构的目的主要是为了降低原材料的成本。

3. 电解槽特点评述

(1) 多孔板阳极性能较好

因电解槽中阳极液的电阻比阴极液大，所以总是把离子膜尽可能地贴向阳极面上，以减小液体电阻。同时在离子膜的阳极面上有一层对传质阻力极大的滞流边界层，当离子膜紧贴在阳极面上时，电解出来的氯气挠动这一滞流边界层，使其尽可能地变薄从而更有效地减小液体电阻。为了不让离子膜移动而摩擦损坏，都让阴极室的压力大于阳极室的压力，把离子膜压紧在阳极上，这样，阳极形状对膜的损坏程度会有影响。旭化成阳极是多孔板，小孔均匀密布，这就比大拉网形的阳极对膜的损伤要小。试验表明，阳极面的形状对离子膜上的电流分布和离子膜电压降的影响极大。旭化成的多孔板阳极比大拉网阳极更好。

(2) 活性阴极性能甚佳

旭化成的活性阴极是在抗腐蚀的导体基体上喷涂 NiO 电催化剂（活性剂）和稳定剂而制成的，其特点是氢过电压低，成本低、寿命长。

(3) 结构合理

旭化成强制循环复极电解槽设计结构合理、材质好，强制循环，可以完全避免阳极液的极化。旭化成复极式离子膜电解槽除有性能优良的阳极和阴极之外，还有钛制的阳极液盘、镍制的阴极液盘，在盘上焊有多条与盘材质相同的筋板，筋板上开有圆孔以利于电解液循环。这些材质极耐腐蚀，可以使用 10 年以上。这样的结构，再加之强制循环，能使液体在离子膜表面产生上移的湍动，以便使滞流边界层的厚度降到最小，使整张离子膜的电流密度和液体浓度均匀一致。

(4) 安全装置可靠

为了保证离子膜法工艺过程安全（主要是保护膜），设置了 10 项电流自动切断装置，即自动停车联锁装置。

① 电解槽不正常的电压分布。EDIA-230，电槽的正和负之间

的电压差，达到±2.0V整流自动跳闸。

② 电解槽不正常的压差。电解槽压差 PDZA-230，正常控制（15±3）kPa，达到正压差 35kPa，负压差－5kPa，电解槽自动停车。正压差过大损坏膜和阳极，压差不足使电解槽压差不稳定，负压差过大损坏膜和阴极。

③ 阳、阴极液泵是相互联锁的，只要有一台泵停，另一台泵也停，同时电解槽也停。

④ 阳极和阴极液主管压力低。阳极液主管压力（PICA-213）控制 0.22MPa，低于 0.18MPa 停车。阴极液主管压力（PICA-223）控制 0.35MPa，低于 0.31MPa 停车。

⑤ 电解槽氯气和氢气压力过大。电解槽氯气压力 PRCA-216 正常控制 0.04MPa，跳闸 0.07MPa。PZA-217，0.08MPa 跳闸。电解槽氢气压力 PRCA-226 正常控制 0.055MPa，0.085MPa 跳闸。PZA-227，0.095MPa 跳闸。

⑥ 仪表空气、仪表电源停。仪表空气停或压力降至 0.45MPa，电解槽停车。仪表电源停，电槽停车。

⑦ 过电流。电解槽供给最大直流为 10800A，达到 11340A，整流器自动跳闸。

⑧ 电解槽接地故障。电解槽对地或接地有问题，整流器自动切断。

⑨ 紧急停车开关动作，整流器自动切断。

⑩ 整流纯水冷却器冷却水流量不足或纯水温度超标，纯水温度＞50℃，冷却水量＜150L/min，整流停车，电解槽停车。

（5）防止电化腐蚀的有效措施

① 防止缝隙腐蚀的措施。

在电解槽阳极侧密封面和阳极液进出口管法兰均有防止缝隙腐蚀贵金属（如 Ru）氧化物（金红石型）和 TiO_2（金红石型）的涂层，只要其部位不受到机械损伤，一般可使用 10 年以上。

② 防止泄漏电流电化腐蚀的措施。

复极式电解槽中，漏电从高压单元槽经由软管、总管流入低压单元槽，虽然漏电是很小的，但若没有防范措施，金属元件由于电流的作用将产生电腐蚀。因此，旭化成采用辅助电极（牺牲阳极）和插入连接口（电极插入管）与阳极液侧连接口相焊以保护电极。此辅助电极由钛制成，外面包以特殊的涂层。漏电的作用只在电解槽正极侧使辅助电极阳极化，而在电解槽负极侧使辅助电极阴极化，因此要避免更换电解槽单元槽正负极而不更换辅助电极、聚四氟乙烯管和插入连接管。

辅助电极作阴极使用时，保护膜受到还原，若再次作阳极用时，保护膜的溶解析出速度变快，由于这一原因，在复极式离子膜电解装置中，单元槽在进行位置变换时，只限于在阳极侧范围内、阴极侧范围内或从阳极侧向阴极侧范围内移动，绝对不要将阴极侧内使用的单元槽移动到阳极侧使用。

（6）稳定电解槽内压和防止阴极液侧电解槽出口连接口内铁阻塞的措施

具体内容见表 2-5-3。

表 2-5-3　旭化成复极离子膜电解槽连接口附件表

连接口位置	电解槽正负位置	阳极液侧	阴极液侧
进口总管连接口	正	辅助电极、焊接	聚四氟乙烯插入管，插入
进口总管连接口	负	辅助电极、焊接	
出口总管连接口	正	辅助电极、焊接	镍丝，焊接
出口总管连接口	负	辅助电极、焊接	
电解槽进口连接口	正	辅助电极、焊接	
电解槽进口连接口	负	辅助电极、焊接	聚四氟乙烯插入管，插入
电解槽出口连接口	正	插入连接口、焊接	不锈钢插入连接口，焊接
电解槽出口连接口	负	插入连接口、焊接	不锈钢插入连接口和镍丝焊接

① 在阴极液侧电解槽出口连接口焊上不锈钢（或镍）插入管以稳定阴极室的压力。

② 在阳极液侧电解槽出口连接口焊上电极插入管以稳定阳极

室的压力。

③ 在阴极液侧，为防止连接口内铁阻塞，负极侧电解槽进口和正极侧进口总管设有聚四氟乙烯插入管，负极侧电解槽出口和正极侧出口总管连接口设有镍丝。

（7）电解槽加压操作

加压操作优点如下。

① 电解槽内气体体积减小，不仅能使电流密度在膜的上、中、下各部分布更均匀，而且使电解槽内电解液的充气度影响减小，从而降低了槽电压。

② 压力下能减少离子膜的摆动，这样能减少离子膜的摩擦受损，从而延长了离子膜和电极的寿命。

③ 减少出槽氯气和氢气的含水量，使氯气和氢气冷却用水量减少，氯气和氢气干燥用干燥剂减少，也能减少热损失。

④ 降低气体输送的投资费用，也降低能源消耗。

⑤ 为采用较高的温度操作提供了可能性。

（8）单槽循环新工艺

加压操作虽具有上述诸多优点，但加压操作需要外加动力，对单元槽密封垫片要求更高，加之集中循环存在阳极液酸度不好控制，各槽相互影响，特别开停车操作复杂等弊端，为此，旭化成推出了单槽循环新工艺，该工艺将电解槽电解液循环量由 $95m^3/h$ 降至 $80m^3/h$，电解槽操作压力由 0.15MPa 降至 0.1MPa 以下。这种新工艺更加节省投资，节省动力电，也更加安全，其优点如下。

① 流程简单，容易操作，不易出现误操作。

② 动力消耗低，阳极液泵由原来的 15kW 改为 7.5kW，阴极液泵由原来的 22kW 改为 7.5kW。

③ 操作压力降低后，对延长电解槽垫片寿命有益。

④ 泄漏点减少。

⑤ 阳极液和阴极液循环管线减少，同时还减少 10 多个阀门。

⑥ 电解槽加酸各槽之间相互无影响，可提高阳极效率。

⑦ 开停车容易。

(二) 旭化成自然循环复极离子膜电解槽

旭化成强制循环复极电解槽虽具有上述诸多优点和特点，但也存在单元槽靠油压紧固密封，开停车及正常运转时对油压装置的稳定性要求较高，万吨级装置就一台槽，对于小厂来说一停车将影响全厂前后工序的生产等缺点，特别是电解槽压力高、压差大、大流量的强制循环，联锁停车点多，正常运转、故障或紧急停车，稍有不慎造成误操作，将会使膜受到损害，出现鼓泡、针孔、开裂，影响膜的电化性能及寿命。为解决这一问题，旭化成除采取降低强制循环电解槽压力、压差及循环量，开发单槽循环复极电解槽工艺，开发高性能、长寿命离子膜等措施外，又开发了复极电解槽自然循环工艺。

旭化成自然循环复极离子膜电解槽结构特点如下。

1. 电解液循环量

阳极液　饱和盐水 $0.12m^3/h$、单元槽；淡盐水 $0.02m^3/h$、单元槽。

阴极液　$0.2m^3/h$，单元槽。

2. 阳极室增设导流管

电解时阳极产生的小气泡很难聚集变成大气泡，而是按照原来的尺寸在阳极室内上升。相反在阴极产生的小气泡很快聚集变成大气泡在阴极室上升。因此，在 85℃，0.1MPa 条件下，阳极室的平均气泡率高达 30％～40％，而阴极室的平均气泡率只有 3％。直接向电解槽供给饱和盐水的自然循环，因供给量变少，电解液的上升速度无法将气泡驱除，气泡率变大，单元槽内的电解液浓度分布不均匀（气泡率太大，电解液的流动性就会恶化，搅拌就会受到阻碍），就不能使离子膜的性能长期稳定。为防止阳极液氯酸根的生成，减少氯中含氧，在向电解槽供给盐水加酸的时候，因电解液流动不好，使阳极液局部 pH 值很低，离子膜的电压升高。为了尽可能使单元槽阳极室内电解液的浓度均匀，旭化成采用在单元槽内阳极室设置导流管，利用管内的气泡率与单元槽内的气泡率之不同而形成的密度差，引导单元槽上部的电解液流入单元槽的下部，形成单元槽内部的循环。在阴极室因气泡的影响很小，不特殊设置导流管也能保持电解液浓度分布均匀。

3. 设置气液分离室

阳极室上部通电部分气泡率往往高达 90％以上，这种气泡不能及时引出，在该处形成滞留气层。为了确保电解槽长期稳定地运行，电解槽产生的氯气应随时导出槽外，旭化成强制循环复极电解槽采用大流量强制循环，除了保证阳极液 NaCl 浓度分布均匀外，还能使阳极产生的氯气及时导出槽外，加之在阳极上部设置溢流堰，可使液体润湿离子膜，防止干区出现。

旭化成自然循环复极电解槽采用在单元槽上部非通电部位设置气液分离室，就是为了达到及时将氯气引出槽外，避免离子膜出现干区之目的。气液分离室之所以能进行十分有效的气液分离，主要原因有以下三点。

① 从通电部位的上部把气泡和电解液没有压力损失地引入气液分离室；

② 气液分离室内的液面均一，液面不低于通电部位；

③ 不因气体的流动使液面发生波动，引起振动。

旭化成强制循环复极电解槽出口软管向上与总管相连，电解槽出口电解液是向上流入总管的，阻力降大。旭化成自然循环复极电解槽阴、阳极液都以溢流方式向下排出，几乎无阻力降。

4. 筋板间距

旭化成自然循环复极电解槽因槽外循环量小，为减少槽内自然循环阻力，筋板间距由强制循环的 95mm 变为 125mm。

5. 软管直径

旭化成自然循环复极电解槽因槽外循环量小，进口软管的直径由强制循环的 $\Phi 10$ 改为 $\Phi 6$，旭化成自然循环因阴、阳极液压力小，以溢流方式流入出口总管，出口软管的直径由 $\Phi 17$ 改为 $\Phi 25$。

（三）旭硝子 AZEC-M$_3$ 单极式离子膜电解槽

1. 外形结构、组装、紧固方式

旭硝子 AZEC-M$_3$ 单极式离子膜电解槽外形见图 2-5-15，该电解槽由阴、阳极组件，紧固具（固定框板、活动框板、底架拉杆螺栓等）；阴、阳极气液分离器及循环管，导电连接铜板等几大部分组成。阴、阳极液分离器固定在固定板框上；阴、阳极组件组装在固定框板和活动框板之间依靠两侧 8 根拉杆螺栓紧固密封，阴、阳极液的进出靠自然循环。固定框板和活动框板的内侧，以及阴极气液分离器、循环管等的表面，均有低 Ca、Mg 乙丙橡胶防腐，阳、阴极组件内槽框，均为低 Ca、Mg 橡胶框。该电解槽由旭硝子开发的离子膜配套工艺，性能指标较好，事故处理及维修不需要全部停车，可用除槽开关除槽。该电解槽最大的缺点是膜的利用率低，每万吨烧碱装置的耗铜量也较高（约 20t），而且单极离子膜电解槽也不适合于万吨装置小规模的整流配套。

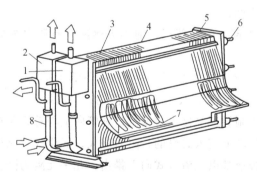

图 2-5-15　旭硝子 AZEC-M$_3$ 型单极式离子膜电解槽

1—阳极气液分离器；2—阴极气液分离器；3—固定框；4—单元槽；

5—活动框；6—拉杆螺栓；7—铜导板；8—循环管

2. 单元槽结构

AZEC-M$_3$ 单极式离子膜电解槽单元槽结构详见图 2-5-15。该结构的单元槽的框架是低钙镁的橡胶件，橡胶框的外形尺寸为 $264mm \times 1490mm \times (10.4 \sim 12.4)$ mm，橡胶框的两头带有阴、阳极液的循环通道。电极网板镶嵌在橡胶框上（阴、阳极组装形式一样），供电铜板与电极板用螺栓连接，二块电极板之间用 $\xi=0.4mm$ 的 U 形铜板的螺栓连接，在电极板的上面有 $\xi=1mm$ 的橡胶垫片。电极板的外形尺寸为 $1\times1060\times290\sim310mm$，电极的有效面积为 $0.2m^2$。在阳极单元槽组件内还有支架，防止运转时膜贴向阳极一侧的情况下阳极网变形。

3. 电解槽特点

① 零极距 旭硝子 AZEC-M_3 电解槽是将 Flemion-OX 膜和阳极及活性阴极涂层组配起来，达到膜与电极紧密连接的系统，即离子膜与电极之间的距离接近于零。AZEC 系统为使膜表面电流密度分布均匀，电压损失最小，将特殊设计的网眼并具有柔软性的电极作为阴、阳极，把膜夹在两极之间，由于筋板活动，把阳极推近膜，使与电极紧密接触，极间距离几乎为零，电流分布也几乎不存在不均匀状态，具有对电流密度上升的极间电压上升最小的特点。采用膜与电极紧密接触的构造，使电极部分的电流流向尽可能短，降低了欧姆损失。

② 膜的表面涂有无机物，电解产生的气体在零极距情况下能很快逸出，不致因充气而影响电压。

③ 阴极用软钢制造，采用旭硝子公司独有的涂层技术，使氢过电压降低。涂层是电沉积镍、雷尼镍合金粉末复合层。在电流密度 $30A/dm^2$ 的氢过电压降低为 $0.25V$。

④ AZEC-M_3 电解槽是单极型，构造简单，具有体积小，可靠性高的优点，每台槽的生产能力可根据生产要求任意改变。另外，采用内部通道构造，不需要往一个电解槽各单元槽通液的供液配管。

（四）旭硝子 AZEC-F1 单极式离子膜电解槽

1. 外形结构、组装、紧固方式

旭硝子 AZEC-F1 单极式离子膜电解槽组装、紧固方式见图 2-5-16。该电解槽由阴阳极单元、阴阳极气液分离器和循环管、紧

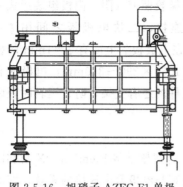

图 2-5-16　旭硝子 AZEC-F1 单极
式离子膜电解槽

固支架以及下部导电铜板等四大部分组成。阴、阳极单元依靠两侧的小托架架在紧固支架的导轨上，所有阴、阳极单元由穿在固定框板和活动框板的 14 根拉杆螺栓紧固密封。全部导电铜板支承在紧固支架的下框架上，并由挠性铜条与阴、阳极单元的复合导电棒连接。该电解槽改变了旭硝子原来的 AZEC-M$_3$ 型结构，单元面积由 (0.2×2)m^2 扩大到（2.8×2）m^2，这样膜的利用率就由原来的 72％提高到 86.5％，橡胶槽框改为金属槽框；只是阴、阳液循环和每台电解槽带的阴、阳极气液分离器进行气液分离这一工艺特点与 AZEC-M$_3$ 型槽相似。该电解槽每万吨烧碱装置的用铜量约 15t。由于 AZEC-F1 型电解槽电流负荷很高（120kA），这样一次投产 50kt 烧碱规模以下的厂家，选择这样槽型就很难进行整流配套。另外，该电解槽进行事故处理及维修需将上部两种气液分离器拆下来，也是不太方便。每个电解槽由两个独立的小电解槽组成，分成 X 区域、Y 区域，由绝缘中间板隔开，每个小电槽由 6 个单元槽组成，单元槽之间并联，两个小电解槽之间串联形成电解槽整体。

2. 单元槽结构

AZEC-F1 单极式离子膜电解槽的单元槽结构详见图 2-5-17。该结构的单元槽外框尺寸为 2330mm×1280mm×50mm，单元槽的有效电解面积为 5.4m^2（单面为 2.7m^2）。该单元槽的外框采用 50mm×40mm 的方管（阴极框材质为 SUS 316L，阳极框为 Ti），方管是整个单元槽的金属支撑框架，又是单元槽两侧密封面框架，也是阴、阳极液的循环通道，因此，对于方管的尺寸精度、平面度、粗糙度、材质等要求都是很严的，因为该单元槽为单极式结

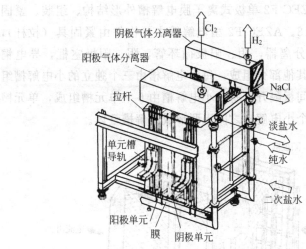

阴极气体分离器
阳极气体分离器
拉杆
单元槽导轨
阳极单元
膜
阴极单元
Cl₂
H₂
NaCl
淡盐水
纯水
二次盐水

图 2-5-17　旭硝子 AZEC-F1 单元槽结构

构，面积又很大，所以在单元槽内放入 9 根断面面积为 49mm×19mm 的复合导电棒（阳极单元槽内复合棒材质为 Ti、Cu，阴极 SUS 316L-Cu），这样就很好地解决了导电问题，大大降低了结构电压降的损失。支撑电极的筋板是带孔的扁钢条，便于液体的流动。该单元槽整体结构比较简单。

3. 电解槽特点

① 自然循环，氯气压力低，操作安全简便（氯气压力是−0.1kPa）。

② 使用碱性盐水，电解槽中不添加高纯盐酸，氯中含氧可达 1.0%～1.2%，能满足氧氯化法氯乙烯装置的需要。

③ 对每台电解槽的槽电压有显示、记录和高、低压联锁装置。

④ 为保护膜，对氯气、氢气压力以及氢氯之间的压力差装有自动调节和联锁。

⑤ 在碱液总管装有 NaOH 浓度在线分析仪，对入槽盐水、纯水总管的流量和压力可进行遥控。

（五）旭硝子 AZEC-F2 单极式离子膜电解槽

1. 外形结构、组装、紧固方式

旭硝子 AZEC-F2 单极式离子膜电解槽外形结构、组装、紧固方式见图 2-5-18。AZEC-F2 型电解槽主要构件由紧固具（拉杆），阴、阳极气体分离器，阴、阳极循环管，阴、阳极室框，导电铜排，离子膜及其他部分组成，每个电解槽由三个独立的小电解槽组成，由绝缘中间板隔开，每个小电解槽由 6 个单元槽组成，单元槽之间并联，三个小电解槽之间串联形成电解槽整体。

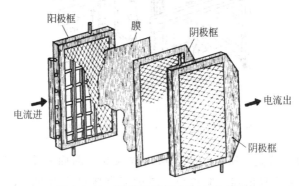

图 2-5-18　旭硝子 AZEC-F2 型电解槽

2. 单元槽结构

旭硝子 AZEC-F2 电解槽单元槽阳极由阳极框及焊在其二侧的一对阳极网构成。在其上装配有导杆，该导杆为了使电流从杆上均恒流向阳极网，所以焊在阳极框上，阳极为 2mm 厚钛扩张网，活性涂层为钙钛铱等四元涂层。阴极框为 SUS 310S 不锈钢材质，阴极网也是扩张网，材质为 1mm 镀镍铜板活性层（Ra-Ni）。阴、阳极的活性涂层寿命均为 6 年。

3. 电解槽特点

① 阴、阳极液采用自然循环；

② 电解槽顶部设置气液分离器，防止膜顶部积存气体；

③ 阴极片采用螺钉与阴极框相连；

④ 阴极板做自身导电体直接与槽间铜排相连，活性阴极寿命较长，每年电压上升 10～15mV；

⑤ 采用 Flemion-DX 经水化处理的离子膜，可使生成的气泡易脱离，从而降低槽电压；

⑥ 阴极框筋板上设有弹簧，使阴极片安装后有弹性并趋向于阳极侧；

⑦ 导电铜排配置复杂，相对耗铜量较大。

（六）氯工程公司大单极离子膜电解槽（CME）

1. 外形结构、组装、紧固方式

氯工程公司的大单极离子膜电解槽外形结构、组装、紧固方式见图 2-5-19。该电解槽是将 4～16 个单元槽置于铜导板上面，靠拉杆螺栓紧固密封。阴、阳极液进出口管是清晰可见流体的聚四氟乙烯塑料管。电解槽上面没有像一般单极槽那样设置气液分离器，气体和液体以层状的溢流方式排出电解槽。这种溢流方式结合导电管中自循环效应，能将电解槽单元槽中的压力波动减到最小，因而可以使离子膜达到较长的寿命。由于液面维持在上部框架，所以离子膜总是能浸在电解质溶液中，这一点也有助于提高离子膜的使用寿命。

图 2-5-19　CME 电解槽

2. 单元槽结构

氯工程公司大单极离子膜电解槽单元槽结构详见图 2-5-20。氯工程公司大单极离子膜电解槽电流在单元槽中通过导杆（棒）和间隙为 310mm 的导电管（箱）均匀地流进阳极单元。由于精密制造的框架、导电管和导电网形成了电极间等间距的间隙，使电流分布进一步均匀。CME 电流导电管还起到下导作用，有助于电解液在电解槽内的循环，以保持均匀分布浓度和良好的排气功能。由于这种循环效用，因此可以免除外部强制循环系统，降低了能量消耗。

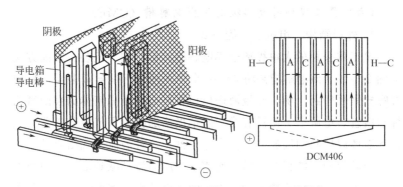

图 2-5-20　氯工程大单极槽（CME）单元槽结构

3. 电解槽特点

（1）构造结实

CME 全面利用了最耐久的电化学材料。阳极框架是钛制的，阴极框架材质为特制不锈钢。阳极导杆为铜包钛，阴极导杆为铜包不锈钢。阳极导电管是钛制的，阴极导电管是用特制不锈钢制造的。

（2）溢流方式

气体和液体以层状的溢流方式排出电解槽，这种溢流方式结合导电管中自然循环效应，能将单元槽中的压力波动减到最小，因而可以使离子膜达到较长的寿命。由于液面维持在框架上部，所以离子膜总是浸在电解质溶液中。这一特点也有助于提高离子膜的使用寿命。

（3）流体可目视

可以透过聚四氟乙烯管监测流体流动的情况，盐水、烧碱供给故障及膜损坏皆可用目视检查，从而保证安全操作。

（4）停电时的液面跌落量小

CME 单元槽比常规单元槽要厚，这一特性可以使停车时液面的跌量减小到最低程度，并且能防止离子膜因曝露在气体中并由于干燥和收缩应力而造成的损坏。

（5）有安全检测系统

① 槽电压检测；

② 槽温检测。

（6）CME 除了如上所述寿命长且运转稳定外，还能最大限度地节约能源

原因如下。

① 均匀电流分布；

② 自然循环；

③ 膜的可选择范围大；

④ 耐久性的活性阴极。

（七）电极材料

阳极的基材一般都是 Ti，阳极活性层的主要成分基本上都是以 Ru、Ir、Ti 为主体，并加有 Zr、Co、Nb 等成分，特别是 Ir，对在离子膜的高电流密度条件下长期稳定的运转起着决定性的作用，各种活性阳极的使用寿命一般为 6～8 年。阴极的基材有铁、不锈钢、镍等几种，铁阴极的电耗大，镍阴极的一次性投资大，目前世界上的活性阴极基本都是 Ni 基材或铁基体镀镍作为活性层基体，活性组分一般是 Ra-Ni 为主体，并加有少量的 Ru 或其他贵金属，各种活性阴极的使用寿命一般为 4 年。

四、离子膜电解槽的发展趋势

随着膜电解技术的进步，电解电耗逐步降低，已达到或接近达到离子膜法电耗的极限值。离子膜电解技术的发展趋势如下。

（一）零距离及 SPE 技术

所谓零距离电解槽，就是阴、阳极两电极直接与选择性离子膜

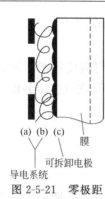

(a) (b) (c)
膜
可拆卸电极
导电系统
图 2-5-21 零极距
离子膜电解槽

接触，极间距离只有膜的厚度。两个电极不固定，可以拆卸，亦即电极位于膜和导流接线之间，用适当的方法使之得到充分的电接触，必要时，例如为了检修或涂层的修复时可以很容易地将电极拆卸。

零极距电解槽示意图见图 2-5-21，电解槽主要由选择透过性离子膜、可拆卸电极和固定集电装置等三部分组成。SPE 技术是在膜的表面涂上一层导电物质，以膜、电极复合结构为特征的一种电解方法。这种电解槽可降低槽电压，使电解槽在高电流密度下运转，但膜和电极的寿命及性能的稳定性等需要解决。

SPE（M&E）系统主要由以下几部分构成。

① 选择透过性离子膜及在其上结合起来的两层电催化剂，一层是存在于阳极面上的析氯电催化剂，另一层是存在于阴极面上的析氢电催化剂；

② 镍阴极导电系统；

③ 钛阳极导电系统。

（二）PSI 系统

PSI 系统是一个基于烧碱浓缩单一原理的膜电槽/燃料电池相结合的系统。如图 2-5-22，来自膜电槽的 NaOH 加入碱性燃料电池的阳极室和阴极室，在阳极室增浓，阴极室稀释的部分返回膜式电解槽。膜式电解槽的副产氢气也送入燃料电池，于此产生离子膜电解槽运转的辅助电能。此技术的关键是提高燃料电池的寿命，进一步技术开发是必要的。

（三）氧还原阴极

氧阴极采用氧去极化的情况下来获得节能。

阳极　$2Cl^- \longrightarrow Cl_2 + 2e \quad E_0^{298} = 1.36V$

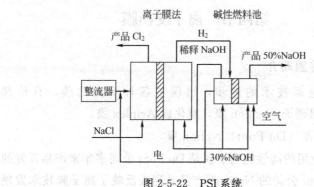

图 2-5-22　PSI 系统

阴极　$1/2O_2 + H_2O + 2e \longrightarrow 2OH^-$　$E_0^{298} = 0.40V$

总反应式　$H_2O + 1/2O_2 + NaCl \longrightarrow 2NaOH + Cl_2$　$E_0^{298} = 0.96V$

在用 15% 的 NaCl 溶液生产 30% NaOH，电解温度 85℃时槽电压为 1.08V，比一般 NaCl 电解分解电压约降低 1.23V，理论上每吨碱可降低电耗 850kW·h/t，实际使用能耗节约超过 500kW·h/t。

氧阴极的阳极和膜与一般离子膜法电解槽类同，阴极结构复杂。氯碱工业应用这一技术必须估算氢的需求，并要建立绝对安全的操作系统。此技术迄今未推广，大概由于电解副产氢有广阔的用途和经济效益，同时氧阴极电解法结构复杂，且需要贵金属催化剂而投资较高。所以各国都在研究来源容易的廉价催化剂以降低成本。

（四）高浓度 NaOH 用膜

目前生产 30%～35% 浓度 NaOH 使用的膜，若生产 50% 浓度 NaOH，电流效率则要下降。为了突破这一技术难关，旭硝子公司将一种旨在防止电流效率下降的特殊层粘在普通膜阴极侧的表面，即像阴极侧电流效率特殊层那样（不直接接触高浓度 NaOH），在电流效率特殊层的外侧设一个浓度调节层。

第四节　离子交换膜

一、各种膜简介

随着膜电解技术的进步，出现了各种不同的膜，有杜邦 Nafion 膜，旭硝子 Flemion 膜，旭化成 Aciplex 膜。

（一）杜邦（Du Pont）Nafion 膜

氯碱工业用的高性能离子膜是 Du Pont 公司多年来产品开发的结果。Du Pont 公司的 Nafion® 产品系列表反映了离子膜技术发展的历史和 Du Pont 公司所做的贡献。

第一次技术突破是出现化学性质稳定的离子膜，并于 1969 年由 Du Pont 公司进行工业化生产。接着出现物理耐久性较好的增强离子膜——Nafion400 系列。

300 系列是第一种增强复合的离子膜——"牢固"膜。为获得高电流效率，其阴极侧采用低吸水层；为了获得低电压，其阳极侧采用高吸水层。这种膜在生产稀碱时电耗较低。后来，在阴极侧采用了弱酸交换基团离子膜层，达到了高浓度碱低电耗的目的。900 系列是目前第一个完全工业化的系列，在保持性能稳定而长期生产高浓碱方面，确实兼有高电流效率和低电压的特点。

各种不同牌号的杜邦 Nafion 膜特性见表 2-5-4。

表 2-5-4　杜邦 Nafion 膜特性一览表

牌号 ＼ 特性	离子交换容量 (干膜)/(mmol/g)	含水率(干膜) /(gH₂O/g)	膜电阻 /Ω·cm²	膜厚 /μm
NX-961	-	-	2.4	270～300
N-961	-	-	2.4	270～300
NX-90209	-	-	2.6	270～300
N-966	-	-	2.5	270～300
NX-966	-	-	5.5	270～300
NX-961	-	-	2.8	270～300

（二）旭硝子 Flemion 膜

自 1982 年以来，旭硝子公司相继研制成 Flemion 700 系列和 Flemion 800 系列的几种型号阳离子交换膜，700 系列为高低交换容量全氟羧酸复合膜，800 系列为全氟羧酸全氟磺酸复合膜。各种不同牌号的旭硝子 Flemion 膜特性见表 2-5-5。

700 系列的主要有 DX753、DX723、F-755、F-795；

800 系列的主要有 F-811、F-851、F-855、F-856。

Flemion DX753 的特点如下。

① 具有羧酸基团的层压的离子膜，其化学特性比较均匀。

② 这种膜有亲水性的表面，因为涂敷了不腐蚀和非导电性的无机化合物（氧化锡、氧化钛等），使气泡容易从离子表面逸出，因此适用于窄极距的 AZEC 电解槽。

③ 同 Flemion DX723 相比，膜电阻低，在电流密度 $4kA/m^2$ 时，电压可降低 0.2V。

④ 在很宽的电流密度范围内，电流效率为 94%～95%。

⑤ 在本体聚合物中加入特殊的纤维使离子膜强度增加。

表 2-5-5 旭硝子 Flemion 膜特性一览表

膜牌号	F-735	F-795®	F-795	F-892	F-893
膜种类,聚合物构成	羧酸基 (C1/C2)	羧酸基 (C1/C2)	羧酸基 (C1/C2)	磺酸基 (S1/C3)	磺酸基 (S1/C3)
离子交换容量	-	-	-	-	-
膜厚/μm	320	320	320	320	310
增强布种类	强度弱	高强度	高强度	高强度	高强度
上下边厚膜增强	无	有	无	无	无
平均含水率/%	21～22	21～22	21～22	16～17	16～17
膜压降(3kA/m^2)/V	0.27	0.27	0.27	0.28	0.26

注：C1 为阳极侧为离子交换容量大的羧酸基聚合物；C2 为阴极侧为离子交换容量小的羧酸基聚合物；C3 为阴极侧为离子交换容量小的羧酸基聚合物；S1 为阳极侧为磺酸基聚合物。

（三）旭化成 Aciplex 膜

自 1967 年开始进行食盐电解用离子交换膜的研究，已成功地开发了制盐用碳化氢系统的离子交换膜，利用这种碳化氢系的离子交换膜作为食盐电解用的研究也开始了。1975 年制造了全氟羧酸膜，并成功开发了现在使用的食盐电解用离子交换膜原形的全氟羧酸和全氟磺酸两层膜。1987 年成功开发了现在使用的新系列品种

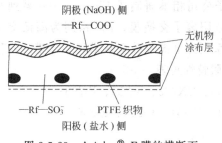

图 2-5-23　Aciplex®-F 膜的横断面

膜——新型全氟羧酸全氟磺酸复合离子膜。Aciplex®-F 膜横断面见图 2-5-23。—COONa 层使膜具有高阳离子永久选择性和高质量 NaOH。—SO₃Na 层使膜具有高导电性和高质量氯气。聚四氟乙烯网使膜具有高的机械强度。Aciplex-F 用于氯碱各种牌号膜特点见表 2-5-6。

表 2-5-6　旭化成 Aciplex-F 膜特性一览表

特性 牌号	离子交换容量 （干膜）/(mmol/g)	含水率（干膜） /(gH₂O/g)	膜电阻 /Ω·cm²	膜厚 /μm
F-4101	0.97～0.91	—	2.6	250～300
F-4100	0.97～0.91	—	2.6	250～300
F-4112	1.05～0.91	—	2.2	250～300
F-4113	1.05～0.91	—	2.0	250～300
F-4201	0.97～0.91	—	2.6	250～300
F-4202	1.05～0.84	—	2.0	250～300
F-5201	0.97～0.91	—	2.4	250～300

二、全氟离子膜结构、特性及其要求

（一）全氟离子膜的结构

以 Nafion 膜为例说明全氟离子膜的结构。

全氟离子膜是由含磺酸或羧酸基的全氟单体，以及四氟乙烯二者共聚而构成的。全氟离子膜的结构以碳-氟为主链，以含磺酸或

羧酸基的全氟链为侧链。其化学结构如下。

$$-\overset{\overset{\displaystyle F}{|}}{C}-\overset{\overset{\displaystyle F}{|}}{C}-\overset{\overset{\displaystyle F}{|}}{C}-\overset{\overset{\displaystyle F}{|}}{C}-\overset{\overset{\displaystyle F}{|}}{C}-\overset{\overset{\displaystyle F}{|}}{C}-$$

$$Rf—SO_3H(\text{或 } COOH)$$

全氟羧酸、磺酸复合离子膜主要由磺酸层、羧酸层和增强网布组成，零极距膜表面再涂一层无机物。膜厚 $250\sim350\mu m$，羧酸层厚 $35\sim90\mu m$。靠近阴极侧的羧酸层为阻挡层，具有高正离子选择渗透性，电流效率高低关键取决于该层。靠近阳极侧的磺酸层具有高离子传导性，电压高低关键取决于该层。聚四氟乙烯织物为膜中骨架，主要是为了提高膜的强度。膜两面的无机物涂层主要是为了使电解槽产生的气体能快速逸出。

（二）全氟离子膜的特性

1. 离子交换容量

离子交换容量（IEC）是指每克干膜（氢型）或湿型（氢型）与外界溶液中的相应离子进行等量交换的毫摩尔数（mmol/g 干膜或湿型氢型）。

离子交换容量是决定离子膜性能的重要参数。交换容量大的膜导电性能好，但由于膜的亲水性较好，含水率相应也较大，使电解质溶液进入膜内，膜的选择性有所降低。反之，离子交换容量较低的膜，虽然电阻较高，但其选择性也较好。一般来说，全氟磺酸膜的含水率要大于全氟羧酸膜，因而在导电方面，全氟磺酸膜也要高于全氟羧酸膜。

2. 含水率

含水率（W）是指每克干膜中含有的水量（H_2O/干树脂，g/g），或以百分率表示。

含水率高的膜比较软，但机械强度差。影响膜中含水率的因素有以下几点。

① 当 IEC 上升时，膜的含水率也将增加。

② 随组成膜的聚合物分子量的增加，膜的含水率将降低。但当聚合物的分子量达到 20 万以上时，膜的含水率差不多不再变化。

③ 当离子膜浸泡于碱液中时，其含水率受碱液的浓度影响很大。随碱浓度的增加，膜的含水率下降很明显。含水率的降低不仅影响膜本身的电阻，而且对电流效率、产品质量等也带来影响。另外，对复合膜来说，还会因各层含水率的差异造成复合层结合力下降，从而影响膜的使用寿命。

④ 离子交换基团对含水率的影响很明显。磺酸膜的含水率要远高于羧酸膜，因此磺酸膜的电导度要高于羧酸膜。相反，OH^- 在磺酸膜中的反渗透速度要高于羧酸层。目前使用的膜考虑到这两种离子交换基团的特点，把羧酸和磺酸膜进行复合，既利用磺酸膜高的导电性能，又可利用羧酸膜对 OH^- 的优异排斥性能。

⑤ 高聚物的化学结构对膜的含水率影响很大。全氟聚合物制成的全氟膜的含水率要远远小于碳氢膜的含水率，因此在一些电化学特性上也产生很大差异。

3. 膜电导（或膜电阻）

膜电导是指膜外电解质溶液中的离子可以凭借离子交换中的解离离子而传导电流的一种行为。影响膜电导（膜电阻）的因素有以下几方面。

① 膜的 IEC 值增加，膜的电导上升，膜的高分子侧链越长，表现出电导也高。

② 离子交换基团对膜电阻有明显影响。磺酸膜的比电阻要明显地低于羧酸膜。这是因为前者的含水率要高于后者的缘故。

③ NaOH 浓度对电导度也有影响，随着 NaOH 浓度的增加，两种膜的比电阻均相应增加，这也是由于受到膜含水率降低的影响。

④ 通过复合或改性的方法，可以在膜的阴极侧引入羧酸基团，从而提高制碱时的电流效率，而且电流效率随羧酸层厚度增加而提高。但当羧酸层厚度达到 $10\mu m$ 以上时，电流效率不再上升。羧酸

层厚度的增加，会使膜电阻上升。

⑤ 为了改善膜的物理机械性能，在复合膜制造中要插入增强材料。这些增强材料的插入，将遮蔽一部分膜的导电面积，从而引起膜电阻的上升。

⑥ 离子膜浸泡在溶液中时，溶液中存在的对离子（对阳离子膜来说就是阳离子）对膜电导度的影响示于表 2-5-7 中，非对离子（对阳离子膜来说就是阴离子）对膜电阻的影响示于表 2-5-8 中。

表 2-5-7 对离子的种类对阳离子膜电导度的影响（25℃）

对离子	Li^+	Na^+	Pb^+	K^+	Cs^+	Mg^{2+}	Ca^{2+}	La^{3+}
膜比电导度/$(\Omega \cdot cm)^{-1}$	1.20	1.45	1.93	1.77	1.95	0.43	0.48	0.09
水溶液中离子电导/(Ω^-)	3.86	50.1	77.8	73.5	77.2	53.0	59.5	69.7

表 2-5-8 非对离子的种类对阳离子膜电导度的影响（25℃）

非对离子	Cl^-	Br^-	OH^-	SO_3^{2-}
膜电阻/$\Omega \cdot cm^2$	17.8	18.4	17.8	1.78

由表 2-5-7 可见，1 价对离子对膜电导的影响与 1 价离子在水溶液中的电导顺序是一致的。但随着对离子电价的增加，对膜电导的影响变得复杂起来。由表 2-5-8 可见，非对离子存在于外液中，对离子膜的电阻没有大的影响。

⑦ 温度上升时，膜的电导也将上升。

4. 水在膜中的电渗透

在膜的电渗析或膜电解等电场存在下，水分子伴随着离子通过离子膜而发生移动，这称为水的电渗透过程。水的电渗透过程与因渗透压的作用水分子从稀室向浓室移动的含义不同（隔膜槽）。

5. 膜的离子迁移数

离子交换膜作为电解隔膜时，膜的离子选择性将支配电流效率，成为离子膜的最重要的特性参数之一。一般可采用通过膜的离子迁移数来定量地表示离子选择性。

在通过直流电时，电解质溶液中的离子迁移数表示了离子搬运电荷的比率。对于阳离子膜来说，理想状态是所有的电流都通过 Na^+ 来搬迁，此时 Cl^- 的通电数为零，钠的迁移数为1、氯的迁移数为零，此时的选择性（电流效率）为最高。但是，在实际的电解中，随外液浓度的上升，氯的迁移数也将上升，钠离子的迁移数将小于1。通过测定离子在不同离子膜中的迁移数，以及不同条件对离子迁移数的影响，可以选择较为合适的离子膜和确定较为合适的电解条件。

（三）各种全氟离子膜特性比较

各种全氟离子膜特性详见表 2-5-9，现分析如下。

表 2-5-9　离子交换膜不同交换基团的特性比较

性　能	离子交换基团		
	$Rf-SO_3H$	$Rf-COOH$	$Rf-COOH/Rf-SO_3H$
交换基的,酸度(pK_a)	<1	<2~3	<2~3
亲水性	大	小	小/大
含水率	高	低	低/高
电流效率(3mol/L,NaOH)	75~80	96	96
电　阻	小	大	小
化学稳定性	很好	好	好
操作条件,pH 值	>1	>3	>2
阳极液,pH 值	>1	>3	>2
用 HCl 中和 OH^-	可用	不能用	可用
O_2/Cl_2	<0.5%	1.5%~2.0%	<0.5%
阳极寿命	长	较长	长
电流密度	大	较大	大

1. 全氟磺酸膜（$Rf-SO_3H$）

全氟磺酸膜因为酸性强，亲水性好，从而导致膜含水率高，电阻低，因此膜的欧姆电压降小。由于磺酸膜内固定离子浓度亦低，对 OH^- 的排斥能力小，致使 OH^- 返迁移的数量大，因此电流效率<80%，且产品的 NaOH 浓度低于20%，化学稳定性优良。由于 pK_a 值小（酸度大），故能置于 pH=1 的酸性溶液中，即电解槽

阳极液内可添加盐酸中和 OH⁻，因此，产品氯气质量好，氯中含氧小于 0.5%。

2. 全氟羧酸膜（Rf-COOH）

全氟羧酸膜是一种弱酸性和亲水性小的膜，其含水率低，且膜内的固定离子浓度较高，因此，产品的 NaOH 可达 35% 左右，电流效率可在 96% 以上。其 pK_a 值约为 2，能置于 pH>3 的酸性溶液中，此膜在电解条件下化学稳定性良好，然而其缺点是膜的电阻较大。采用制成高/低交换容量（IEC）羧酸层组成的复合膜可以改善。为了提高电流效率，安装膜时面向阴极是低交换容量的羧酸层，而高交换容量的羧酸层面向阳极，则电阻较低，且具有较好的机械强度。

3. 全氟羧酸/磺酸复合膜（Rf-COOH/Rf-SO₃H）

全氟羧酸/磺酸复合膜是一种性能比较优良的离子膜，使用时较薄的羧酸层面向阴极，较厚的磺酸层面向阳极，因此兼有羧酸膜和磺酸膜的优点。由于 Rf-COOH 层的存在，可阻挡 OH⁻ 返迁移到阳极室，确保了高的电流效率，可达 96%。又因 Rf-SO₃H 层的电阻低，能在高电流密度下运行，且阳极液可用盐酸中和，产品氯气含氧低，NaOH 可达 33%~35%。

总之，全氟羧酸/磺酸复合膜具有低电压和高电流效率的优点，可以归纳为以下几点。

① 面向阴极室的全氟羧酸层虽薄，但电流效率高。

② 面向阳极室的全氟磺酸膜虽厚，但电压低。

③ 阳极液中可加盐酸，能在较低的 pH 值下生产，因此氯中含氧可以<0.5%。

④ 膜的机械强度高。

4. 综合分析

当 NaOH 浓度提高时，含水率下降。全氟羧酸膜具有低的含水率，因此能有效地阻止 OH⁻ 的返迁移。对比之下，全氟磺酸膜含水率高，OH⁻ 返迁移的数量要大得多，故全氟羧酸膜电流效率要高于全氟磺酸膜。膜电阻取决于离子交换基团的类型，磺酸基团的电阻小于羧酸基团。当 NaOH 浓度增加时，虽然开始膜电阻略有降低，但膜电阻总和变化趋势是随 NaOH 浓度的增加而增大的，这是由于膜的含水率降低和 NaOH 浓度增加时离子膜发生收缩，使离子扩散系数明显地降低而引起的。

全氟羧酸膜的 OH^- 浓度和电流效率的关系。离子交换容量越大的膜，电流效率的极大值越移向高的 NaOH 浓度。阴极液中 NaOH 浓度>30％时，电流效率>95％。随着 NaOH 浓度的增加，离子膜内的固定离子浓度也就增加，因此电流效率高。但是到了极限值后电流效率反而下降，因为 NaOH 浓度高，OH^- 浓度增加，使 OH^- 的返迁移也增加，因此降低电流效率。

全氟羧酸膜和全氟磺酸膜的含水率同离子交换容量的关系。含水率随离子交换容量增加而增大，但羧酸膜的含水率低，而且随离子交换容量的增大变化较为缓慢。

离子膜的固定离子浓度与 NaOH 浓度的关系。当 NaOH 浓度高时，全氟羧酸膜水分中的固定离子浓度可高达 30mmol/g 以上。因为固定离子浓度比较高，与其相同电荷的 OH^- 就从强酸膜内被排斥，而不同电荷 Na^+ 则被选择透过。

（四）对离子膜的要求

在离子膜法氯碱生产的工艺中对离子膜的要求如下。

1. 高度的化学和物理稳定性

氯碱的电解条件恶劣，阳极侧是强氧化剂——初生态氯、次氯酸根及酸性溶液。阴极侧是高浓度 NaOH，电解温度 85～90℃。离子膜必须在这样的条件下保持其化学结构不变，不被腐蚀、氧化，始终保持良好的电化学性能，而且物理性能好，薄而不易破裂，耐压，有均一的强度和柔韧性，耐皱折，有足够的机械强度。

2. 具有较低的膜电阻

离子交换膜不但要有很高的离子选择透过性能，而且要具有较低的膜电阻，这两项性能往往是互相抵触的，因此必须通过各种方法来求得电解能耗达到最低的限度。

3. 具有低的电解质扩散及水的渗透

在离子膜的两侧有浓度差并存在不同的电解质时，还会发生电解质的扩散和水的渗透。而在这电解过程中 Na^+ 的迁移，总是伴随着水的迁移，因为电解质阳离子总是以水化离子形式迁移的，因此无论是电解质的扩散量，还是水的渗透量必须控制在规定的范围来满足电解条件。

4. 要有很高的离子选择透过性

离子膜的离子选择透过性能将影响电解槽的电流效率、直流电消耗和产品纯度，电解槽所用的离子膜为阳离子交换膜，只能允许阳离子通过，不允许阴离子（OH^- 及 Cl^-）通过，如 Cl^- 通过膜渗入阴极室就会影响 NaOH 质量，而且对电极有损坏；若 OH^- 离子渗入阳极室则会降低阳极效率，使阳极产物氯气纯度降低。在当前要求电解液浓度很高的情况下，对离子膜的选择透过性能要求就更高，否则无法获得低能耗、高质量的 NaOH。

5. 具有足够的强度与形状稳定性

离子膜要有足够的强度，以使安装使用过程中不易损坏，在电解过程中温度高且有压力情况下和电极产生的气泡剧烈冲击，离子膜会随之振动，因此它必须具有足够的强度和柔性。此外，还要求离子膜在不同的条件下膨胀收缩率要低，以免由于膨胀而造成折皱或收缩而引起离子膜破裂。

6. 具有较低的价格

离子膜要有低的生产成本，低的销售价格，才能有高的效益。

三、离子膜的国内使用情况

（一）离子膜在国内使用情况

各大公司离子膜在国内使用情况统计见表 2-5-10。

（二）旭化成膜在国内使用情况

旭化成膜在国内使用情况统计见表 2-5-11。

表 2-5-10 各公司离子膜在国内使用情况统计表

生产厂商 项目	旭化成	旭硝子	杜邦
膜种类	Aciplex	Flemion	Nafion
膜牌号	F-422,F-4101, F-4111,F-4112	F-795,F-795R, F-892,F-795, F-893	NX-961,N-961, NX-90209,N-966, NX-966
膜寿命/月	23～36	24～37	25～39
平均阴极电流效率/%	93.08	94.98	93.88
平均槽电压/V	3.12	3.15	3.21
折平均槽电压（4.0kA/m², NaOH 32%）/V	3.29	3.40	3.44
平均直流电耗（NaOH）/(kW·h/t)	2244	2218	2289
折平均直流电耗（4.0kA/m², NaOH）/(kW·h/t)	2343	2392	2450
二次盐水平均 Ca^{2+}，Mg^{2+}/(μg/L)	9.5	<22	<22
过滤盐水平均 SS/(mg/L)	1.93	0.88	<1.1
平均电流密度/(kA/m²)	3.29	2.76	2.85

表 2-5-11 旭化成膜在国内使用情况统计表

牌号 项目	F-422		F-4101		F-4111				F-4112	
膜寿命/月	23	28	29	30	27	>31	>20	>25	>5	>4
平均电流效率/%'	91.00	91.74	92.90	95.23	93.00	94.60	95.00	96.67	96.66	96.50
除膜时电流效率/%	88.00	88.50	90.00	94.57	90.5	90.9	—	96.30	—	—
平均直流电耗（NaOH）/(kW·h/t)	2313	2213	2265	2174	2263	2238	2258	2142	2140	2160
平均槽电压/V	3.14	3.03	3.14	3.09	3.14	3.16	3.20	3.09	3.09	3.11
除膜时槽电压/V	3.20	3.06	3.16	3.10	3.19	3.20	—	3.19	—	—
除膜时直流电耗（NaOH）/(kW·h/t)	2437	2317	2353	2197	2363	2359	—	2184	—	—
平均电流密度/(kA/m²)	3.30	3.35	3.10	3.35	3.30	3.35	3.36	2.94	3.16	3.30
二次盐水平均 Ca^{2+}，Mg^{2+}/(μg/L)	12.1	4.4	16.5	4.4	11	7.7	<22	<22	4.4	11
过滤盐水平均 SS/(mg/L)	3.3	1.1	2.75	1.1	2.2	1.1	<1.1	<1.1	1.1	<1.1

（三）旭硝子膜在国内使用情况

旭硝子膜在国内使用情况统计见表 2-5-12。

表 2-5-12 旭硝子膜在国内使用情况统计表

项 目 \ 牌 号	F-775	F-795R		F-775		F-892	F-893
膜寿命/月	24	24	30	＞30	37	30	＞7
平均阴极电流效率/%	94.79	95.1	95	95.4	94.6	95	96.49
平均槽电压/V	3.117	3.028	3.187	3.304	3.052	3.187	3.072
平均直流电耗（NaOH）/(kW·h/t)	2189	2134	2249	2322	2162	2249	2134
平均电流密度/(kA/m²)	3.30	2.122	2.647	3.272	2.579	2.647	3.41
二次盐水平均 Ca^{2+}、Mg^{2+}/($\mu g/L$)	＜22	＜22	＜22	＜22	18.7	＜22	＜11
过滤盐水平均 SS/(mg/L)	＜1.1	0.88	0.77	0.88	0.99	0.77	0.33

（四）杜邦膜在国内使用情况

杜邦膜在国内使用情况统计见表 2-5-13。

表 2-5-13 杜邦膜在国内使用情况统计表

项 目 \ 牌 号	NX-961	N-961		NX-90209		N-966	NX-966	
膜寿命/月	39	30	30	25	＞9	30	＞(22～30)	＞9
平均阴极电流效率/%	94	94	95	91.9	96	94.5	93	94.58
平均槽电压/V	3.20	3.23	3.19	3.18	3.54	3.23	3.24	3.149
平均电流密度/(kA/m²)	3.11	3.06	2.65	2.41	3.27	3.02	3.33	3.276
平均直流电耗（NaOH）/(kW·h/t)	2282	2303	2249	2318	2472	2291	2335	2232
二次盐水平均 Ca^{2+},Mg^{2+}/($\mu g/L$)	＜22	＜22	＜22	＜22	16.5～33	＜22	23.1	11
过滤盐水平均 SS/($\mu g/L$)	＜1.1	＜1.1	＜1.1	＜1.1	0.44	＜1.1	2.53	1.232

四、离子膜损伤的原因及预防措施

膜损伤原因是诸多方面的。下面从电解槽质量、膜质量及电解槽操作三个方面加以论述。

(一) 电解槽质量

1. 电解槽设计优化

① 单元槽结构设计关系到膜面脱盐层中阳极液流动情况。在离子膜法制碱工艺中，对单元槽结构设计有特殊的技术要求。通常，在离子膜法电解氯化钠水溶液过程中，随着电流密度的增加，使钠离子在阳极液中与离子膜内迁移速度的不平衡性更加突出。这时在膜面脱盐层中的水分子被迫离解，由离解的 H^+ 透过膜层传导电流，即产生所谓的极化，将会引起槽电压显著升高，电流效率明显降低，使离子膜受到不同程度的损害。因此，为了能将膜面脱盐层内的阳极液充分搅动起来，使阳极液中 Na^+ 不断补充到膜面上，以使电解正常进行，应设计能使膜面上阳极液以湍流形式流动的单元槽结构。强制循环就是此种结构的典型例证。

② 阳极外型结构设计关系到离子膜中电流分布情况。据有关文献报道，在含有同位素 [45]Ca 的盐水电解中，通过测定同位素 [45]Ca 在离子膜中的分布情况表明，其在离子膜中的通道受到阳极外形结构影响极大。当阳极外形结构设计不尽适宜时，在离子膜中离子迁移的通道将集中在膜面上的一部分，直接影响到电流在离子膜中的分布，而使膜电阻及槽电压升高。同时，由于在膜面上局部电流通道的集中，将会产生一个高于极限电流密度的临界电流密度，相应在膜面上的极化反应的显著增加，可使离子膜受到一定损害。

③ 电解槽中快速释放氯气的合理结构设计。滞留在阳极室内的氯气，能与自阴极室浓差扩散来的 NaOH 反应，而在离子膜内生成 NaCl 结晶。它能引起膜内出现水泡、针孔与龟裂现象。使膜的电化性能迅速劣化。

④ 电解槽设计时要尽量使阳极为整体材料，减少焊点。阴极不能过薄，以防压差逆转时变形损伤膜。

⑤ 旭化成复极电解槽单元槽阴极出口短节由不锈钢换成镍材，并由三点焊结构改成螺纹连接结构，这样可以完全避免因短节开焊

或漏液时出现碱液湍流，造成膜损伤。

⑥ 在阳极网格较宽的地方，盐水的流动会受到阻碍，被电极网格遮盖区的盐水浓度会降低，从而发生盐水浓度过低而导致膜上水泡的产生。因此阳极网格宽度要适度。

⑦ 旭化成复极电解槽将强制循环改成自然循环，并将阴、阳极液的流量由原来的 $94m^3/h$ 分别降至 $20m^3/h$ 和 $14m^3/h$，电解槽氯、氢气压力由原来的 0.04MPa、0.055MPa 分别降至 0.02MPa、0.023MPa，压差由原来的 0.015MPa 降至 0.003MPa（气体压差），年产 NaOH 10kt 的工业化试验槽运转 5 年，出现针孔的膜极少，电流效率仍保持在 94％～95％。

⑧ 旭化成自然循环复极电解槽单元槽上部设有小的气液分离室，离子膜上部完全浸在阴、阳极液里，这样在阳极室里没有气体层产生，因膜未露出气体层，就可以避免或减少水泡及针孔的产生，还可稳定电流效率。

2. 提高电解槽制造质量

① 电解槽密封面平整度一定要符合要求，不要有坑洼和麻点，特别要杜绝密封面整体不平，以免因压不紧垫片，垫片被打开电解槽击穿而损伤膜。

② 电极表面一定要很平滑（特别是焊点周围），没有尖突物。焊点无毛刺，发现有时，要用电铣刀打磨或槌敲之，直至手感光滑，以防刺破膜。

3. 电解槽运行中的质量

① 电解槽运行一段时间后，有时出现加强筋板处异常（筋板与极盘，筋板与电极开焊），阴、阳极面突起、凹陷、焊点开焊，因此，在电解槽初始运行一段时间后，在停车时应有针对性地对单元槽的阳极板和阴极板进行仔细认真的检查，特别是筋板位置，发现异常及时修补（膜发生泄漏时，其对应的单元槽更应检查）。如果检查修复后，膜针孔依然出现在加强筋板位置上的话，则表明这对阳极板和阴极板有异常，用预备的单元槽进行更换。如果没有误

操作而发现多张或数十张膜泄漏，就要停车对所有单元槽阴、阳极进行检查，重点放在电极平整度和有无开焊、腐蚀穿孔、有无毛刺上。

② 在电解槽换膜时，若发现电极板腐蚀穿孔（穿孔面积大于3孔），就要及时修补，以免损坏膜。

③ 更换复极电解槽单元槽阴、阳极时，要同时更换辅助电极、聚四氟乙烯、不锈钢（或镍）和钛插入连接管。特别是发现电解槽单元槽出口阴极液插入管坏，要及时更换，以负损伤膜。

（二）离子膜质量

① 由于全氟磺酸与全氟羧酸树脂具有一定的不相容性，当所用两种全氟碳树脂的 IEC 等电化性能不相匹配时，在电解过程中由于两种基膜的离子迁移数差异过大，以及在两种基膜间水渗透量不平衡而产生较大的应力，都能引起膜层起泡与剥离。选用两种相容性匹配的全氟碳树脂薄膜用于复合，以提高膜层间的粘接强度。

由于全氟磺酸与全氟羧酸树脂具有一定的不相容性，因此，可采用强化的机械混合方法，将两种粉料树脂按一定配料比共混合制成粒料。然后，在配有共混螺杆的挤压机内，共混树脂粒料经熔融挤压而制成兼有磺酸与羧酸两种官能团的共混膜。选用这种共混膜作为复合膜的中间层，由于共混膜中的两种官能团，对两种膜都具有相容性，可提高复合膜的粘接强度与抗剥离能力。

② 在全氟磺酸与全氟羧酸树脂的聚合体系内，可分别与少量的三单体进行共聚反应，而制成三元共聚物。它兼有磺酸和羧酸两种官能团，对全氟磺酸与全氟羧酸膜都有良好的相容性。以三元共聚物薄膜作复合膜的基膜，可使复合膜的粘接强度有明显提高。

③ 以强力粘接型的两种全氟碳树脂（全氟磺酸和全氟羧酸）共挤出预复合膜用作复合膜的基膜，以增进其抗剥离能力。

④ 在全氟磺酸/羧酸增强复合膜中所出现的水泡，一般多在磺酸/羧酸膜层间的界面上形成。这种趋向与在磺酸/羧酸膜界面上的羧酸层梯度较陡有关。为此，国外曾用化学转换法在磺酸/羧酸膜

层间获得适宜的羧酸层梯度（该复合膜中的全氟羧酸膜，系由其中的全氟磺酸膜表面经化学法转换而成），它对提高离子膜阻止起泡的能力取得一定效果。

（三）电解槽操作

① 阳极液 NaCl 浓度应严格控制在 170～230g/L（190～210g/L 最佳），如浓度低（<170g/L），会增加水的渗透，不仅出现电解水的现象，降低电流效率，而且增加后的水量会超过膜输送液体的能力，结果使膜起泡。

② 强制循环复极电解槽，由于阳极室和阴极室的压差变动，使膜左右位移，反复地与电极揉搓、摩擦，膜的局部会受到机械损伤，特别是当膜产生折皱或起泡的地方最容易被划破，因此应尽可能将电极表面加工得平滑一些，而且还要在阴极室施加适当压力，使膜紧贴阳极，以防止因膜颤动而造成损伤。在操作中最忌是出现负压差，因为负压差会使平时贴向阳极一边的膜反向贴向阴极，不仅污染膜，而且易使膜因移动而受到损坏。

③ 阳极液中有 Ca^{2+}、Mg^{2+}、Fe^{2+}、Fe^{3+}、Ba^{2+} 等金属离子，会与从阴极室反渗至阳极室的 OH^- 生成氢氧化物沉淀在交换膜里面，不仅导致槽压上升，电流效率下降，而且形成微孔导致高分子物形态的物理损坏、折裂，引起膜结构不可修复性的损伤。二次盐水的 SO_4^{2-} 含量过高，可以在膜内与 Na^+、Ba^{2+} 生成硫酸盐沉淀在膜内，造成膜的物理损伤，其中 Na_2SO_4 结晶在停车洗槽时溶解，使膜形成孔洞。SiO_2 本身对膜并无影响，但当存在 Ca^{2+}、Al^{3+} 等阳离子时就会形成硅铝酸盐沉淀并伤害离子膜。碘以碘化物形式存在，在阳极液中被氧化成 IO^{3-}，一部分 IO^{3-} 进入膜内，被氧化成 IO^{4-}，最后以 $Na_3H_2IO_6$ 沉淀在膜的阴极层，造成膜的损坏，并降低电流效率。因比要严格控制二次盐水和高纯盐酸各类杂质的含量。

④ 旭化成要求停车超过 1h 的电解槽要迅速排液水洗；不超过 1h 的停车，阴阳极液浓度更应该严格控制，否则阴极液水分反迁

移，将造成膜内部损坏，阳极液浓度过低，膜会受到破坏起泡。

⑤ 电解槽运转中发现液体从垫片处泄漏，就要立即停车换掉泄漏垫片，以防因漏电而使膜产生水泡和穿孔。

⑥ 严格控制电解液的温度不高于 90℃，因高于 90℃时，水的蒸发增加，导致汽/水比例增加，不仅使电压升高，同时因电解液趋向沸腾，因过热和内压升高，使膜起泡，加速膜的恶化，加剧电极的腐蚀和涂层的纯化。

第五节　离子膜电解槽生产操作

一、离子膜电解槽的开车准备

（一）开车前的准备工作

1. 新安电解槽的初次开车

（1）电槽安装

① 装配安装电解槽时要根据电槽安装手册。

② 连接好电槽周围的支管。

③ 用肉眼检查电槽及所有铜排，不能与地面短路。

④ 通过欧姆表（约 $0.5\sim1M\Omega$）检查电槽及铜排是否确与地面绝缘。

（2）根据操作要求在氢气管中充氮

（3）加纯水及 NaOH（质量分数） 2%。

纯水质量要求

　　　　硬度（Ca^+，质量分数） $<0.1\times10^{-6}$

　　　　Fe（质量分数） $<0.03\times10^{-6}$

　　　　SiO_2（质量分数） $<0.3\times10^{-6}$

　　　　温度　$20\sim40℃$

NaOH 质量要求

　　　　NaOH（质量分数） $(2\pm0.1)\%$

Fe（质量分数）　$<0.03 \times 10^{-6}$

ClO^-　检测不出

温度　$20 \sim 40℃$

根据要求在阳极侧加纯水，在阴极侧加 2% 碱液，在两侧均有溢流之后停止供应纯水和 2% 的碱液。

（4）纯水和质量分数为 2% 碱液的浸泡

① 每两天至少一次向阳极侧供纯水，向阴极侧供质量分数为 2% 的碱液至有溢流。

② 检查单元溢流出的烧碱含量（质量分数）应大于 1.5%，否则，保持烧碱含量在（质量分数）2%。

③ 当电解槽中的纯水和 2% 碱液已经充满并不再需要时，往电解槽通极化电流。

（5）根据要求在氢气管线没排水之前往氢气管线充氮加压

（6）排液

排尽纯水和 2% 碱液，将氢气压力控制保持压力在 $500mmH_2O$（$1mmH_2O = 9.80665Pa$）。

（7）加超纯盐水及碱液

① 加以下规格的烧碱至新安装的电解槽里。

NaOH（质量分数）　$28\% \sim 32\%$

Fe（质量分数）　$<0.03 \times 10^{-6}$

ClO^-　检测不出

温度　$20 \sim 40℃$

② 打开纯水给料阀稀释盐水，调整给料盐水浓度为 200g/L，在流量表上有纯水及盐水的具体流量。

③ 根据操作要求向阳极侧加入 200g/L 的稀释盐水，向阴极加入碱液。

④ 在盐水侧有溢流后，停止供应纯水并保持盐水的流速在一定的范围。

（8）连接铜排电缆，给加好液的电槽连接好铜排电缆和极化电

流电缆

(9) 极化

根据极化规程给加料液的电槽通极化电流。

(10) 浸泡

根据操作要求进行浸泡或单回路浸泡。

(11) 升温

根据操作要求,给电槽升温为开车做好准备。

(12) 连杆紧固

在电槽升温期间,当电槽温度达到 70℃以上时,重新检查复合管支撑和复合管之间的定位螺栓是否松动,依此重新紧固连杆。

2. 正常开车前的准备

(1) 预先通知

要把开车时间和计划供给电解槽的电流负荷通知动力供给工段、一次盐水精制工段、氯氢处理工段和高纯盐酸等工段。

(2) 生产条件的准备

① 将氮气送入阴极液循环槽,并且使氢气管线中的氧含量小于 1%。

② 保持阴极液循环槽的液面在指定值,并进行开车用碱预热循环。

③ 保持阳极液循环槽的液面在指定值,并通过阳极液循环槽进行二次盐水循环。

④ 向阳极液循环槽中加入纯水,调整阳极液中含 NaCl 量为 (18.5 ± 1)%。

⑤ 供给阳极液循环槽的盐酸管线及供给阴极液循环槽的纯水管线已准备好。

⑥ 电解槽的膜泄漏试验,槽泄漏试验完毕。

⑦ 电解槽移动端的锁定螺母已调节至指定位置。

(3) 确认下列相关工段

① 氯氢处理工段已准备好,并且通往除害工序的氯气管线,

通往氢气放空的氢气管线皆被打开。

② 动力供给工段已做好准备。

③ 整流工段已做好准备。

④ 二次盐水精制工序，脱氯工序已稳定运行起来。

（4）电解液的供给和电解液的循环

开动阴极液循环泵和阳极液循环泵，并将阴极液充入电解槽的阴极室，阳极液充入电解槽的阳极室，电解槽阴、阳极室分别用电解液充满后，打开电解槽出口管线上的阀门，调整进电解槽阴、阳极室流量分别为 $(94\pm5)m^3/h$，保持电解液循环 10min，以检查各单元槽电解液的流动情况及电解槽的泄漏情况，保持电解槽的压差在 15kPa 范围内，如果槽内电解液流动正常，且无漏点，则可提高电解槽液压机的油压至规定值 12MPa。

二、离子膜电解槽的开停车操作

（一）电解槽的开车

向所有相关工序联系，电解槽马上送电，使电流迅速地从零升至 3.0kA，防止电解槽在较低的电流密度下运行，然后将电解槽电流提至 5kA 运行，再进行以下各项工作。

① 用数字式电压表测量每个单元槽的电压，假如某单元槽电压偏高平均单元槽电压 0.3V 以上，则该单元槽为异常。

② 停止向氢气总管和阴极液循环槽供应氮气。

③ 停止向阳极液循环槽加入纯水，并调整向阳极液循环槽加入的二次盐水流量与电解槽的电流负荷相适应。

④ 确认供给电解槽电流的电流表和电解槽电压表的指针没有异常的波动，然后调整电解槽差压电位计（EDIA）的指针至零点，并将此联锁装置投入。

⑤ 将阴极液 NaOH 浓度设定在指定值，调整加入阴极液循环槽纯水的流量，保证阴极液 NaOH 浓度在规定的范围内。

⑥ 将阴、阳极液循环槽的液位设定在指定值，使液位自动保

持在规定值。

⑦ 检查电解槽两侧出口软管中流体的流动状态，在软管中不允许有低的流动速率。

⑧ 检查各单元槽阳极液出口软管中的颜色，淡红色、紫色或无色都表明处在该单元槽位置的离子膜泄漏。

⑨ 检查单元槽的泄漏情况，主要是单元槽的软管螺母处和单元槽密封面处。

⑩ 设定接地继电器的指针在规定范围内。

⑪ 逐步地向阳极液循环槽中加入盐酸，控制从阳极液循环槽排出的淡盐水 pH 值为 2.0～2.5。

⑫ 逐步地提高氯气和氢气分离器出口总管的氯气和氢气压力至规定值，并利用仪表的比值调节功能，保持两气体压力差为 15kPa，在氯气和氢气压力升高期间，一名操作人员应站在电解槽前，通过调节阳极液和阴极液流量的方法，保持电解槽的压差在 $(1.5\pm0.3)\times10^4$ Pa 范围内。

⑬ 检查氯气纯度，如氯气纯度大于 98.5%，则切换氯气管线至氯气处理工序。

⑭ 检查氢气纯度，如果氢气纯度大于 99.9%，则切换氢气管线至氢气处理工序。

⑮ 氯气、氢气纯度合格后，根据生产平衡，可逐步提高电流负荷至规定值。

⑯ 当电解槽的温度（阴极液出口温度）达 85℃，并稳定在 85℃2h 后，用锁定螺母锁定电解槽的移动端，然后将挤压机的油压降至规定值。

⑰ 用阴极液冷却器调整阴极液进入电解槽的温度，保证电解槽阴极液出口温度（85±1）℃。

（二）电解槽的停车

为了保证离子膜电解槽的安全运行，离子膜电解装置设置了许多自动联锁停车系统。如果工艺条件满足不了联锁控制条件，那么电解槽将自动断电，此时对电解槽应按紧急停车处理。因此，离子膜电解装置的停车分为紧急停车和计划停车两种情况，这两类停车的条件不同，因而停车后的处理程序也有区别，下面分别论述。

1. 计划停车

（1）停车前的准备

① 向氯氢处理、盐酸合成等工段通知电解槽停电时间；

② 确认电解槽已被锁定，并且液压机的油压被降至规定值 7.0MPa；

③ 解除电解槽的差压（EDIA）联锁电路。

（2）电解槽停电

① 停止向阳极液循环槽供应盐酸；

② 逐渐降低电解槽的电流；

③ 调节电解槽的阴、阳极液流量，保持电解槽的压差在规定的范围内；

④ 电流降至零后，关闭整流器的切断开关；

⑤ 停止向阴极液循环槽供应纯水；

⑥ 停止向阳极液循环槽供应二次精制盐水（如果二次盐水工序不停车，可保持一定的二次盐水流量）。

（3）停止向电解槽送入电解液

① 在电流降至零后，保持电解槽内的电解液循环 5min；

② 缓慢地关闭电解槽阴、阳极液的进口循环阀，在关闭阀门时，注意保持电解槽的压差为 0~15kPa，电解槽的进口阀门关闭后，再关闭出口阀；

③ 解除阴、阳极液循环泵的联锁电路，然后停掉两台泵。

（4）对氯、氢气管路系统中残留气体的处理

① 将氯气管线从产品管线切换至除害吸收系统；

② 将氢气管线从产品管线切换至放空管；

③ 通过改变氯气压力调节仪表设定点的方法，逐渐地自动将氯气压力降至零，利用氯、氢气两压力表的比值调节功能，氢气压

力也同步降低。

（5）电解槽停车后的处理

① 在电解槽停车后，氯气和氢气还在电解槽内残存一定的压力，必须将这些气体排出，在释放槽内气体时，首先打开氯气排放阀，然后再打开氢气排放阀，以保持电解槽的压差为正值。

② 电解液的排出。如果电解槽预计停车时间在 1h 以上，8h 以内，则在电解槽内残留气体排放后，应将槽内的电解液排出，并进行水洗一次（所谓水洗，即向各单元槽注满纯水，然后再排掉），如有必要也应进行膜泄漏试验。

③ 当电解槽需要检修时（如膜的更换，单元槽的更换及垫片的更换等），则在电解槽排出电解液后要进行水洗两次。

④ 当电解槽持续停车超过 72h，对电解槽的清洗需每隔 72h 进行一次，以防止膜干燥。

2. 紧急停车

（1）紧急停车的原因

① 下游工序即氯、氢处理、氯化氢等工序的故障；

② 电解槽压差大于 35kPa，或小于 -5kPa；

③ 电解槽的差压电位值大于 2 或小于 -2；

④ 阴极液循环泵或阳极液循环泵停止运转；

⑤ 仪表电源突然断电；

⑥ 仪表气源压力小于 0.45MPa；

⑦ 氯气或氢气压力突然升高至联锁点；

⑧ 电流过载，供给电解槽直流电超过电槽额定电流；

⑨ 电解槽内电解液泄漏，导致电解槽接地；

⑩ 整流器故障（含冷却水断及温度高）、高压电路故障和其他意外事故，用紧急停车旋钮进行紧急停车。

（2）紧急停车后的程序

电解槽紧急停车后，应迅速和中心调度室联系，以便及时通知相关工序，采取应急措施，避免重大事故发生，同时对电解槽进行处理。电解槽突然断电后，分为阴、阳极液泵停和不停两种情况，其处理程序如图 2-5-24 所示。

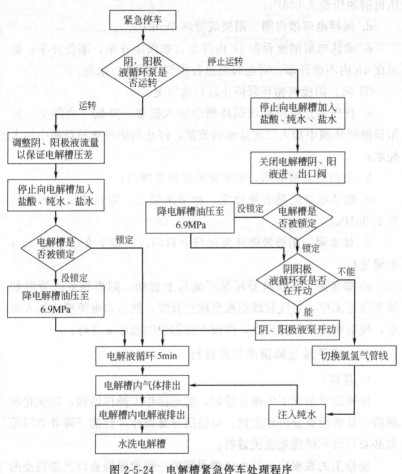

图 2-5-24　电解槽紧急停车处理程序

① 阴、阳极液循环泵继续运转的情况

a. 调节电解槽的阴、阳极液进口流量，以保持电解槽的压差在 0～15kPa；

b. 停止向阳极液循环槽中供给盐酸，降低（或停止）二次盐水向阳极液循环槽中的加入量，停止向阴极液循环槽中供应纯水；

c. 确认电解槽是否被锁定，如果电解槽还未被锁定，降低液压机的油压至 7.0MPa；

d. 保持电解槽内阴、阳极液循环 5min；

e. 确认电解槽能否在 1h 内开车，如果能开车，准备开车；如果在 1h 内不能开车，对电解槽进行排气、排液、水洗。

② 阴、阳极液循环泵停止运行的情况

a. 首先停止向阳极液循环槽中加入盐酸，降低（或停止）向阳极液循环槽中加入二次盐水的流量，停止向阴极液循环槽中加入纯水；

b. 关闭电解槽的阴、阳极液的进出口阀门；

c. 确认电解槽是否被锁定，如果未锁定，降低液压机的油压至 7.0MPa；

d. 如果阴、阳极液循环泵能马上启动，则按上文①中的 d、e 步骤进行；

e. 如果阴、阳极液循环泵不能马上启动，则需将氯气管线切换至除害工序，氢气管线切换至放空管线，然后向电解槽内加入纯水，使电解槽内气体排出，再按上述①中的程序 e 进行。

三、离子膜电解槽的正常运行

1. 观察

保持正常情况下的操作稳定，防止操作工操作错误，以优化电解槽。日常检查分析和监控，对检测异常操作和性能下降并立即采取必要行动和措施是很关键的。

操作工的观察应包括电解槽周围的一般肉眼检查以及要检查的具体项目。操作工的任务是联络和报告诸如以下情况。

① 向管理人员报告异常情况；

② 记录操作数据并保存；

③ 将可能出现的故障转告下一班的操作工；

④ 日常分析及监控。

2. 电解槽

要经常注意以下情况，以便长期保持电解槽高性能运行。

（1）阳极液情况

为了避免膜永久性损害及槽电压增加，要保持阳极液的情况如下。

NaCl 浓度范围必须为 $190\sim210g/L$，pH 值为 2 ± 0.5。

（2）超纯盐水杂质

将超纯盐水杂质保持在工艺控制指标范围内，避免杂质累计，引起膜性能下降及寿命缩短。特别要注意的是要保持超纯盐水中钙镁含量（质量分数）小于 20×10^{-9}。

（3）阴极液情况

保持碱液（质量分数）在 $(32\pm0.5)\%$ 范围内，以避免电流效率下降。

（4）阴极液中的铁

保持 Fe^{2+}（质量分数）小于 0.1×10^{-6}，以获得较好的阴极性能。阴极液含铁越少，阴极涂层寿命越长。

（5）溢流情况

电槽厂房日常巡查时，肉眼检查各单元阳极液和阴极液的溢流情况。日常巡查对尽早发现操作事故是很有帮助的。

（6）恒定压差

为了防止颤振造成膜损坏，必须使阴极侧压力恒大于阳极侧。但是，过大压差可能损坏膜，使之进入阳极网区，增加压力或使阳极与膜之间的淡盐水补充不够。因而，必须将氯气和氢气的压差保持在 $(350\pm20)mmH_2O$ 范围内。

（7）电压监控

因盐水给料管堵塞或超纯盐水给料问题引起的槽电压突然增加，会导致发生弧光以及氯气、氢气混合。这一事故可能会立即引起电解槽内爆炸，对电槽元件造成损坏。为避免电槽元件受到损坏，在出现意外情况时应采取合理和快速的处理措施。

（8）单元槽电压

每月一次在现场用手提式电压计测量单元槽电压，监控槽电压也能发现膜的异常情况。

（9）超纯盐水中的有机物

超纯盐水中的有机物如有过量的沉积物或落下的螯合细粒，会促进使膜损坏的氯气气泡区的形成。

3. 超纯盐水和淡盐水

① 检查盐水杂质和操作条件是否在工艺控制指标范围内。

② 通过监控各阳极室的溢流情况，用肉眼检查给料盐水是否均等地加到各阳极室。

③ 在每年停车检修期间，清洗盐水循环槽及超纯盐水贮槽内部，清除可能引起管道堵塞的氯化 EPDM 垫片及 PVC 积聚物。

4. 烧碱、氯气和氢气

① 检查烧碱操作数据是否在工艺控制指标范围内。

② 通过监控溢流情况，用肉眼检查循环碱是否均等地加到各单元。

③ 保持氯气总管压力为 $(50 \pm 20) mmH_2O$。

④ 检查氯内氢含量，避免氢气混入氯气中引起爆炸。

⑤ 检查每个密封罐中密封水流量是否恒定，密封深度是否保持在规定液位。

⑥ 检查溢流情况，如氯气颜色，所有单元的气泡。

⑦ 通过自动检测仪或闻现场气味，检查氯气泄漏情况。

⑧ 在电流密度为 $5kA/m^2$ 时，保持氢气总管压力在 $(400 \pm 20) mmH_2O$，维持比氯气压力高 $350 mmH_2O$，保证氢气总管中压力无波动。

5. 其他

① 定期检查地板与地面的杂散电流不超过 1A。

② 年停产检修期间，肉眼检查防腐电极是否有异常情况。

③ 保证冷却水温度低于 40℃，较高温度将引起换热器内壁

生锈。

四、常见事故分析与处理

离子膜电解槽的常见不正常现象原因及处理方法见表 2-5-14。

表 2-5-14　不正常现象原因及处理方法

不正常现象	序号	可能产生的原因	解决方法
A-1. 高电压	1	低于电槽允许温度	通过加热阳极液槽和阴极液槽的元件设备来恢复电槽温度
	2	阳极液 pH 值小于 2	回路停车
	3	阳极液 NaCl 浓度低于 180g/L	回路停车 检查超纯盐水供应 检查进料盐水管道是否堵塞 增加超纯盐水供应
	4	进料管阻塞或进料盐水供应跟不上	检查盐水局部溢流情况 立即回路停车 如果必要，更换膜 如果必要，更换盐水进料管
	5	NaOH 浓度比目标值高	检查循环烧碱流速 增加纯水供应用来稀释其浓度
	6	循环烧碱不给料	回路停车 恢复烧碱循环系统
	7	超过允许压差	回路停车 修理气体控制系统 检查管道上的气体冷凝液器
	8	超过盐水允许纯度	回路停车 恢复盐水纯度
	9	电槽不正确的装配和贮存 膜起皱 膜内部穿孔 母线连接处紧的不够 膜太干	如果严重，重新更换膜 更换膜 用足够的转矩紧固母线连接处 如果严重，重新更换膜
	10	高的电极超过电压	恢复或更换电极 注意电极高和低的特性
	11	监测槽电压的电缆线接触不良	重新紧固电缆线 磨光接触面
	12	电槽监测系统指示错误	重新修理监控系统

不正常现象	序号	可能产生的原因	解决方法
A-2. 低电压	1	膜出现针孔或破损	回路停车 如果严重,重新更换膜
B. 低的电流效率	1	烧碱质量分数超标:24%～25%	调节好纯水流速
	2	电流密度超标:1.5～6.0kA/m²	调节好电流负荷
	3	盐水纯度超标	回路停车 恢复盐水纯度
	4	膜受机械损伤如针孔、破损请参考 F	如果严重,重新更换膜
	5	膜使用寿命到期	重新更换膜
	6	DCS 指示错误	修理 DCS
C. 氯中含氧高(体积分数)	1	阳极镀层性能下降	更换阳极镀层
	2	电流效率低	如果严重,重新更换膜
	3	在氯气液封点的液封高度不够	增加密封水
	4	空气进入氯气管线	处理泄露部位防止空气进入
	5	膜使用寿命到期	更换新膜
	6	＜3% 3%～5% ＞5%	正常 反常,保持分析 O_2/Cl_2 回路停车,更换新膜
D. 烧碱中氯含量高	1	电流密度低	如果必要,增加电流密度
	2	电槽温度高	通过冷却阴极电解液冷却电槽
	3	阳极液中 NaCl 浓度低	如果含量小于 180g/L 回路停车 增加给料盐水供应
	4	阴极液中 NaOH 浓度低	减小纯水稀释流量
	5	在阴极液给料纯水中氯含量高	提高纯水指标
	6	膜受机械损伤如出现针孔	如果严重,更换新膜
E. 烧碱中氯酸盐含量高	1	阳极液中氯酸盐含量高	检查氯酸盐分解系统

续表

不正常现象	序号	可能产生的原因	解决方法
F. 膜受机械损伤	1	膜沿着密封面积处有破损、针孔等现象 连接棒过紧 电槽装配不合理	更换受损伤的膜
	2	在装配和预处理期间由于膜褶皱和折叠造成膜膨胀	更换受损伤的膜
	3	膜由于出现针孔、破损导致压力波动	更换受损伤的膜
G. 电解槽泄漏	1	连接杆转矩紧的不够	重新紧连接杆转矩到正常位置
	2	密封变坏	回路停车重新密封
	3	膜沿着密封面破损	回路停车 更换膜和密封垫圈
	4	硅树脂油脂应用不合理	如果严重,回路停车重新涂硅油脂
H. Cl_2 中 H_2 含量高(体积分数)	1	<0.1%	正常
		0.1%~0.2%	反常保持分析 Cl_2/H_2 准备新膜
		>0.2%	回路立即停车。更换新膜
	2	H_2 压力非常高	回路停车 检查压力控制阀和 H_2 液体密封点的高度
I. 阳极液中 NaCl 浓度低	1	进料盐水流速低	增加进料盐水流速
	2	进料泵出故障	回路停车 维修泵
	3	流量控制器或流量指示仪出故障	回路停车并解决故障
	4	阀门、流量计、进料管、线混合器和滤网等处管线阻塞	回路停车,清除管线上的阻塞物 清除循环盐水滤网和阳极液槽
	5	缩短进料盐水到循环盐水的距离	关闭电解液排料线阀门
	6	减小阳极液中 NaCl 浓度	检查盐水环路操作

不正常现象	序号	可能产生的原因	解决方法
J. 阴极液中 NaOH 浓度高	1	纯水流量小	增加纯水流速
	2	烧碱循环泵出故障	回路停车 修理故障泵
	3	流量控制器或流量指示仪出故障	回路停车并解决故障
	4	阀门、流量计、进料管、线混合器和滤网等处管线阻塞	回路停车,清除管线上的阻塞物 清除循环盐水滤网和阳极液槽
K. 接地线杂散电流高	1	母线接地线导体材料如工具或金属材料出现故障	回路停车 检查接地部分的导体材料并修复
L. 阴极电压高	1	阴极涂层使用寿命到期	如果必要,更换阴极涂层
	2	阴极涂层表面被掩盖	检测 NaOH 中的 Fe 和纯水中 Fe 含量 减小纯水中 Fe 含量 检查橡皮管线是否合理
	3	烧碱中次氯酸盐含量高	检查膜的针孔、纯水
M. 阳极电压高	1	阴极涂层使用寿命到期	如果必要,更换阴极涂层
	2	阴极涂层表面被掩盖	检查进料盐水中的 Fe、Ba、TOC 含量 恢复进料盐水的纯度
	3	由于阴极 pH 值高造成膜变坏	检查盐水 pH 控制系统 更换损坏的膜
N. 进料盐水管道堵塞	1	管道或设备材料由于腐蚀而堵塞 例如:橡皮管、氯塑料等材料	回路停车 移去外部材料 年修时清除在阳极槽中的外部材料
	2	氯塑料如:垫圈,管胶、管材等	回路停车 移去外部材料 年修时清除在阳极槽中的外部材料
	3	由于凝聚物(聚丙烯酸钠)过多产生沉淀导致盐水 pH 小于 5	回路停车 检查盐水 pH 控制系统 增加盐水 pH 值大于 6 控制凝聚剂在 1~3mg/L

不正常现象	序号	可能产生的原因	解决方法
O. 极化电压低	1	膜有针孔 如果电压比临近低于 30mV	检查当电流在 3kA 时溢流颜色变成黄色 定期分析氯中含氧和含氢量
	2	在阳极和阴极间外部短路	检查在侧边的平头螺栓 冲洗外部的结晶 检查外部材料是否短路
	3	阳极和阴极内部短路	研究更换新膜
	4	极化电流不足	增加极化电流
P. 电压偏差报警	1	盐水不足或缺乏	检查局部溢流情况 立即回路停车 如果必须,更换新膜
Q. 在元件低侧残液放出排液	1	在镍或钛面板上有裂缝或孔	立即回路停车 更换元件
R. 槽外面出现火花	1	由于介质击穿导致垫圈脱落	立即回路停车 如果必须更换元件和膜
S. 爆炸声	1	盐水故障	立即回路停车 如果必须更换元件和膜

五、安全与环保

1. 严格遵守公司、厂制定的本岗位安全制度。

2. 采取正确的保护方法和处理措施,防止有毒气体氯对人造成的损伤和对设备的腐蚀。

3. 当对有负荷的电解槽进行操作时,必须穿戴好绝缘的保护外套,如橡胶工作服、长袖橡胶手套、绝缘鞋、防护眼镜和安全帽。禁止用手直接接触有负荷的电解槽。如果用手直接接触,很可能在操作者与电解槽、母液、临近的导体和地面之间形成回路,从而给操作者带来严重地损伤。

4. 为了减小损伤,要求操作者平时穿戴抗碱性的手套、防护眼镜、绝缘鞋和长袖工作服,在操作、维护、拆卸电解槽时更是必不可少。

思 考 题

1. 简述离子膜法生产烧碱的基本原理及所发生的电极反应。

2. 试叙述离子膜法制烧碱比隔膜法、水银法制烧碱有哪些优越性。

3. 离子膜法氯碱生产工艺对离子膜性能方面有哪些要求？

4. 简述离子膜电解槽的分类及性能，常用的离子膜有哪几种？试比较它们的特点。

5. 简述螯合树脂塔再生的基本原理。

6. 全氟离子膜有哪些特性。

7. 以 Nafion 膜为例说明全氟离子膜的结构。

8. 简述离子膜用于电解所必须具备的基本条件。

9. 简述离子膜电解槽的发展趋势。

10. 简述离子膜损伤的原因及预防措施。

11. 简述离子膜正常开停车的操作要点。

12. 简述离子膜电解槽正常运行的操作要点。

13. 简述离子膜电解常见的异常现象及处理办法。

14. 简述常用的离子膜电极材料。

第三篇 电解产品加工

第六章 盐酸生产

第一节 液氯生产

通常所说的氯，是指分子氯（Cl_2）而言的，气态氯称为氯气，液态氯称为液氯。氯是最重要的基本化工原料之一，用途极广。氯的工业生产方法是电解食盐水，当前流行的工艺是隔膜法电解和离子膜法电解。原盐经溶解、沉降分离出杂质并制成饱和精盐水，通入隔膜电解槽（或离子膜电解槽），在直流电作用下发生电解，在槽的阳极室生成氯气，阴极室内生成碱液和氢气，生产是连续进行的。从各种电解槽阳极室逸出的氯气，经水喷淋直接冷却，或在钛冷却器内间接冷却，再在串联的干燥塔内用浓硫酸干燥，得到原料氯气；然后进一步压缩，在液化器内冷却成为液氯。

一、产品与原辅材料说明

1. 产品名称与主要物理、化学性质

产品名称　液氯，分子式　Cl_2，分子量　70.906

氯气是有毒气体，氯与氢的混合物是易爆混合性气体。干燥的氯气在常温下对铁并无腐蚀作用，但在潮湿的情况下则腐蚀作用加强，湿氯气对金属有强烈的腐蚀作用。氯气能和许多金属直接化合成金属氯化物，和氢气合成氯化氢，和饱和碳氢化合物作用，置换出碳氢化合物中的氢生成氯化氢。氯气外观呈黄绿色，并有强烈的刺激性，相对密度为 2.49（空气为 1），密度为 $3.214kg/m^3$（0℃，0.1013MPa），液化温度 $-33.6℃$（0.1013MPa），氯气易溶于水、酒精和四氯化碳等溶液中。氯气易与某些气体（氢、氨、乙炔等）混合形成具有爆炸性的气体混合物。氯气对植物有很大的破坏作用。

氯气对人体的作用随浓度不同有很大差异，详见表 3-6-1。

表 3-6-1　氯气对人体的作用

空气中氯气含量/(mg/m³)	对人体的作用
0	可以长时间工作
1～2	从事清洁工作 6h
4	不能坚持工作
28	10～20min 即中毒
35～50	0.5～1h 死亡
900	12min 内死亡

氯为卤族元素，化学性质非常活泼，能与大多数元素化合，也能与许多化合物反应。

（1）氯气与金属的反应

$$2Ag + Cl_2 === 2AgCl \qquad (3-6-1)$$

（2）氯气与无机化合物的反应

$$2NaOH + Cl_2 === NaClO + NaCl + H_2O \qquad (3-6-2)$$

（3）氯气与有机化合物的反应

$$C_6H_6 + 3Cl_2 === C_6H_6Cl_6 \qquad (3-6-3)$$

（4）氯气与水作用

$$Cl_2 + H_2O === HCl + HClO \qquad (3-6-4)$$

（5）氯气与氢气反应

$$Cl_2 + H_2 === 2HCl \qquad (3-6-5)$$

（6）氯气与氨反应

$$8NH_3 + 3Cl_2 \Longrightarrow 6NH_4Cl + N_2 \qquad (3\text{-}6\text{-}6)$$

$$4NH_3 + 3Cl_2 \Longrightarrow 3NH_4Cl + NCl_3 \qquad (3\text{-}6\text{-}7)$$

生成的三氯化氮（NCl_3）易分解爆炸。

2. 主要的原辅材料

氯气 来自烧碱厂电解工序

氟利昂（化学名称二氟一氯甲烷） 外购

二、液氯生产原理

1. 生产原理

液氯生产的目的是提高氯气纯度及便于运输，液氯主要根据氯平衡情况生产、包装液氯出售。液氯生产过程是物理过程，由于原料氯气易液化，用氯压机加压至表压 0.10～0.18MPa，再用螺杆压缩机制冷以移去氯冷凝放出的热，从而使氯气液化。液化过程要控制液化率，使废氯含氢量不达到爆炸极限，从而保证安全生产。

由于氯气输送贮存困难，而氯气易于液化，液氯贮存和长程运输又比氯气方便得多，所以液氯常以大规模生产，有低压、中压、高压三种液化工艺，如图 3-6-1 所示。

2. 生产工艺

如图 3-6-2 所示，原料氯由氯氢处理工序以氯气压缩机压缩至表压 0.12～0.18MPa，经氯捕集器除去其中酸雾沫，再经原氯分配台，分配一定数量氯（根据氯平衡情况决定）直接进入氯气液化器，一部分经过氯气热交换器与液化未冷凝尾气换热后，进入液化器管程，在液化器内氯气与螺杆机压缩后经节流冷却的氟利昂（壳程）间接交换热量，被冷凝成液氯，液化器冷凝之液氯及未冷凝气体一并进入相分离器进行气液分离，气体部分（废气）汇同液化器尾气口排出的废氯送盐酸工序生产盐酸，液体部分则流入液氯计量包装槽计量，再根据需要用液氯液下泵压送包装工序进行包装。

三、液化岗位生产操作

（1）操作要点

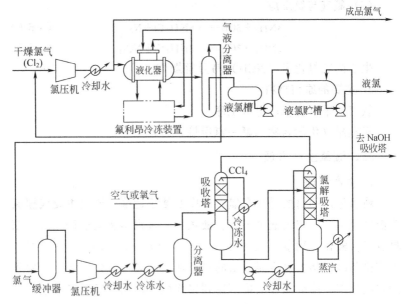

图 3-6-1　液氯生产工艺流程

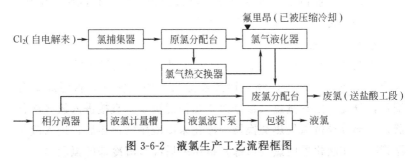

图 3-6-2　液氯生产工艺流程框图

　　① 根据液化器下料情况，液化器温度及原氯压力，密切与冷冻工配合调节好制冷量。

　　② 根据电解槽运行电流以及各氯气用户情况，平衡好氯气。

　　③ 根据原氯含氢、废氯含氢情况调节好液化率，主要控制相分离器气相阀（微开）与液化器尾气阀（微开），使废氯含氢保持在 3.5％以下。

④ 计量包装槽计量过程要勤观察，及时倒槽。防止满槽或下料堵塞跑料。

⑤ 计量槽满槽后要及时包装，减少气化损失。

⑥ 严格按巡回检查要求，定期检查，按工艺控制要求严格进行调节控制。

（2）正常开车

① 打开原氯总管至液化器之间的阀门，把氯气通入液化器液化，然后通知冷冻岗位开启螺杆机进行加氟降温，降温至 $-8 \sim -10 ℃$ 时开启相分离器下料阀。

② 检查下料情况，根据液化器温度和原氯压力调节通氯量。

③ 根据废氯含氢情况调节相分离器气相阀，控制液化率，使废氯含氢严格控制在 3.5% 以下。

④ 计量包装槽达到规定容量后进行倒槽，更换另一台计量包装槽进行计量。

⑤ 倒计量包装槽步骤：先关闭另一台待计量的计量包装槽的加压阀和出料阀，打开液氯进料阀，排气阀，然后再关闭已计量满的计量包装槽的下料阀。

⑥ 采用氮气加压包装法时，按以下步骤进行压料包装，关闭待包装的计量槽的排气阀，打开出料阀，再慢慢打开计量槽的氮气加压阀，注意压力不超过 $1.1MPa$。包装完后，关闭计量槽加压阀和出料阀，通知盐酸岗位和处理岗位，再慢慢打开计量槽排压阀，把槽内余压排尽。排压时注意控制废氯压力，保证不要串压到其他槽内。

⑦ 采用液氯液下泵输送液氯包装。

（3）正常停车

通知冷冻岗位停螺杆机后，关闭原氯总管至液化器的阀门，停止通氯。

（4）常见异常现象原因及处理方法

液氯生产常见异常现象原因及处理方法见表 3-6-2。

表 3-6-2　液氯工序常见异常现象及处理

序号	故障现象	故障原因	处理办法
1	废氯含氢高	1. 原氯含氢高 2. 液化率高	1. 通知调度室,促请电解解决 2. 适当降低液化率,将相分离器气相阀开大些
2	液化量小	1. 液化器温度太高 2. 原氯纯度低或压力小 3. 氯气管堵,传热面积小 4. 氟利昂循环量小或氟利昂总量不足	1. 与冷冻工联系,加大氟利昂循环量,降低液化器温度 2. 通知电解提高纯度和压力 3. 停车检修与清洗 4. 加大循环量或加氟利昂
3	计量包装槽压料不出	1. 出口管道及阀门冷结堵塞 2. 排气阀门关不严不起压 3. 加压阀堵塞	1. 检查检修出口管道、阀门 2. 更换阀门 3. 清洗或更换阀门
4	原氯压力大	1. 液化器温度高,液化量小 2. 氯气无法平衡	1. 与冷冻工联系增大氟利昂循环量降温 2. 通知调度室,促请电解处理
5	废氯压力大	1. 液化器温度高,液化量小 2. 盐酸减产 3. 开原氯至盐酸的量过大 4. 排槽压时太快	1. 通知冷冻增大氟利昂循环量降温,提高液化率 2. 通知盐酸加产 3. 减少原氯至盐酸流量 4. 放慢排槽压速度
6	废氯分配台结霜严重	1. 计量槽已满 2. 压料包装时跑料	1. 倒换计量槽 2. 检查压料包装情况

四、冷冻岗位生产操作

（1）正常开车

① 检查压缩机吸气阀、补气阀、经济器供液截止阀是否关闭。

② 开启节流阀两组均调至半开启状态,确认经济器进液管间的旁通阀处于开启状态。

③ 开启氟利昂冷凝器进出水阀,并向氯气液化器供应原料氯气。

④ 盘动压缩机轴联节 5～7 圈，其转动应均匀灵活，检查能量指示是否在零位。

⑤ 微开吸气阀，按下压缩机绿色启动按钮，压缩机运行。

⑥ 开启贮液器出料阀，按下液化器供液绿色按钮开启液化器供液主电磁阀。

⑦ 微开吸气阀，注意调节节流阀，观察液化器的液位计，渐调至工作液位，是液位上部保证三排以上传热管，保证吸气不带液。有一定的过热度，判断吸气是否带液，可用手摸压缩机机体上部有温热感，排气温度持续上升或不变，若排气温度持续下降则说明吸气已带液，须关小节流阀。

⑧ 渐渐全开吸气阀，机组减载运行，此时吸气压力高于满负荷运行时的吸气压力，注意观察液化器氟侧压力和吸气压力表，观察吸气中是否带液。

⑨ 当油温达到 40℃时，开启油冷却器进出水阀，正常运行时，油温控制在 40～60℃之间，45℃左右为宜。

⑩ 将四通手柄旋向增载，逐级增载，同时调节节流阀和贮氟器出液阀至额定工作蒸发压力，保证排气压力不超过 1.48MPa，吸气不带液。

当能力增至 100％运行，液化器液氯出口温度达到氯气液化温度时，关闭旁通阀，缓缓开启补气阀，将热力膨胀阀调节杆旋进关小，开启经济器供液截止阀，按下经济器供液绿色按钮，开启经济供液电磁阀，注意观察补气是否带液通过调节经济器供液截止阀，保证补气不带液。

当机组进入额定工况运行时，观察液化器液位，保证液位上部有三排传热管，观察排温不得有下降现象，手摸机体上部，若有吸气带液现象，须关小节流阀。

机组运行中，应观察排气压力、吸气压力、油压、排气温度、油温、吸气温度、冷凝器液位（最高液位应低于最低一排传热管）、液化器液位、电流、氯气进出口温度、尾气氢含量指标，并加以调整和定时记录。

(2) 正常停车

① 关闭贮液器供液阀，回收部分氟至贮氟器。

② 将四通阀旋向"减载"位置，待液化器液位下降至底部，吸气压力不断下降，降至"0"时，同时待能量调节减至"0"位，机组运行 5～10min，按下压缩机红色按钮，停止压缩机运行，关闭吸气阀。

③ 停止通氯气，关闭氟冷凝器、油冷凝器的冷却水阀门。

④ 切断电源。

注意：无论是正常停产还是自动突然停车一旦压缩机停止运行，须迅速关闭吸气阀，以免通过吸气倒入液化器中。

(3) 常见异常现象原因及处理方法

冷冻岗位常见异常现象原因及处理方法见表 3-6-3。

表 3-6-3 冷冻岗位常见异常现象及处理

序号	异常现象	发生原因	处理方法
1	启动负荷大不能启动或启动后立即停车	1. 能量调节未至零位	1. 减载至零位
		2. 压缩机与电机同轴度偏差过大	2. 重新找正
		3. 压缩机内磨损烧伤	3. 拆卸检修
		4. 电源断电或电压过低(低于额定值 10% 以上)	4. 排除电路故障,按产品要求供电
		5. 压力控制器或温度传感器调节不当,使触头常开	5. 按要求调整触头位置
		6. 压差控制器或继电器断开没复位	6. 接下复位键
		7. 电机绕组烧毁或断路	7. 检修
		8. 接触器、中间继电器线圈烧毁或触头接触不良	8. 拆检、修复
		9. 温度控制器调整不当或有故障	9. 调整温度控制器的调定值或更换温控器
		10. 控制电路故障	10. 检查、改正
		11. 吸气压力过低	11. 减载或开大供液节流阀
		12. 温度过高	12. 照第 9 条

续表

序号	异常现象	发生原因	处理方法
2	机组振动过大	1. 机组地脚未紧固 2. 压缩机与电机同轴度偏差过大 3. 机组与管道固有振动频率相近而共振 4. 吸入过量的液体制冷剂	1. 塞紧调整垫片、拧紧地脚螺钉 2. 重新找正 3. 改变管道支撑点位置 4. 调整供液量
3	压缩机运行中有异常声音	1. 联轴节的键松动 2. 压缩机与电机不对中 3. 吸入过量的液体制冷剂 4. 压缩机内有异物 5. 轴承过度磨损或损坏	1. 紧固螺栓或更换键 2. 重新找正 3. 调整供液量 4. 检修压缩机及吸气过滤网 5. 更换
4	排气温度过高	1. 压缩机喷油量或喷液量不足 2. 油温过高 3. 吸气过热度过大	1. 调整喷油量或喷液量 2. 见油温过高的故障分析 3. 适当开大供液阀，增加供液量
5	压缩机机体温度过高	1. 吸气过热度过高 2. 部件磨损造成摩擦部位发热 3. 排气压力过高 4. 油温过高 5. 喷油量或喷液量不足 6. 由于杂质等原因造成压缩机烧伤	1. 适当调大节流阀 2. 停车检查 3. 检查高压系统及冷却水系统 4. 见该故障分析 5. 增加喷油量或喷液量 6. 停车检查
6	蒸发压力过低	1. 制冷剂不足 2. 节流阀开启过小 3. 节流阀出现脏堵或冰堵 4. 干燥过滤器堵塞 5. 电磁阀未打开或失灵 6. 蒸发器结霜太厚	1. 添加制冷剂到规定量 2. 适当调节 3. 清洗、修理 4. 清洗、更换 5. 开启、更换 6. 融霜处理
7	预润滑油泵不能产生足够的油压	1. 油路管道或油过滤器堵塞 2. 油量不足(未达到规定油位) 3. 油泵故障 4. 油泵转子磨损 5. 压力传感器失准	1. 更换滤芯，清洗滤网 2. 添加冷冻机油到规定值 3. 检查、修理 4. 检查、更换 5. 调校、更换

序号	异常现象	发生原因	处理方法
8	预润滑油泵有噪声	1. 联轴器损坏 2. 螺栓松动 3. 油泵损坏	1. 更换 2. 重新紧固 3. 检修油泵
9	油温过高	1. 对于水冷油冷却器 ①冷却水温过高 ②水量不足 ③换热管结垢 2. 对喷液油冷却系统 ①喷液量不足 ②对应一定高压的蒸发压力太高 ③吸气过热度过大 ④喷液管路中过滤器阻塞 ⑤伺服电磁阀未动作	1. 对于水冷抽冷却器 ①降低冷却水温 ②增大水量 ③清洗换热管 2. 对喷液油冷却系统 ①检查贮油器或冷凝器的液位和喷嘴前压力 ②降低蒸发压力 ③调整系统 ④清洗 ⑤调整、维修
10	油温过低	1. 油冷却器冷却水温过低 2. 吸气带液 3. 伺服阀控制器设置过低	1. 调节水量 2. 减小供液 3. 重新调整设定值
11	油温波动	系统运行工况波动过大	稳定工况
12	冷凝压力过高	1. 冷凝器冷却水量不足 2. 冷凝器传热面结垢 3. 系统中空气含量过多 4. 冷却水温过高 5. 制冷剂充灌量过多	1. 加大冷却水量 2. 清洗换热管 3. 排放空气 4. 检修冷却系统 5. 适量放出制冷剂
13	油分离器中油位逐渐下降	1. 吸气过热度太小，压缩机带液，排温过低 2. 油分离器中滤芯没固定好或损坏	1. 关小节流阀 2. 检查
14	油分离器中油位急剧下降	1. 吸气止回截止阀止回动作不到位 2. 压缩机补气口和经济器之间的单向阀损坏	1. 检修 2. 检修
15	油位上升	制冷剂溶于油内	关小节流阀，提高油温
16	吸气压力过高	1. 节流阀开启过大 2. 感温包未扎紧	1. 关小节流阀 2. 正确捆扎

序号	异常现象	发生原因	处理方法
17	吸气压力过低	1. 节流阀开启过小 2. 机组增载过高	1. 开大节流阀 2. 机组减载
18	制冷量不足	1. 吸气过滤器阻塞 2. 压缩机轴承磨损后间隙过大 3. 冷却水量不足或水温过高 4. 蒸发器配用过小 5. 蒸发器结霜过厚 6. 膨胀阀开得过小 7. 干燥过滤器阻塞 8. 节流阀脏堵或冰堵 9. 系统内有较多空气 10. 制冷剂充灌量不足 11. 蒸发器内有大量润滑油 12. 电磁阀损坏 13. 膨胀阀感温包内充灌剂泄漏 14. 冷凝器或贮液器的出液阀开启过小 15. 制冷剂泄漏过多 16. 能量调节指示不正确	1. 清洗 2. 检修更换轴承 3. 调整水量,增开凉水塔 4. 更换蒸发器 5. 定期融霜 6. 按工况要求调整阀门开启度 7. 清洗 8. 清洗 9. 排放空气 10. 添加至规定值 11. 回收冷冻机油 12. 修复或更换 13. 修复或更换 14. 调节出液阀 15. 查出漏处,检修后添加制冷剂 16. 检修
19	压缩机结霜严重或机体温度过低	1. 热力膨胀阀开启过大 2. 热负荷过小 3. 热力膨胀阀感温包未扎紧或捆扎位置不正确	1. 适当关小阀门 2. 减小供液或压缩机减载 3. 按要求重新捆扎
20	压缩机能量调节及内容积比调节机构不动作	1. 电磁换向阀在不通电的情况下,可以推动电磁换向阀上的故障检查按钮,检查滑阀是否工作,如果工作,则原因在电磁换向阀。 ①电磁线圈烧毁 ②推杆卡住或复位弹簧断裂 ③检查出口和保险丝 ④阀内部太脏 2. 油活塞上密封环过度磨损或破损 3. 滑阀或油活塞卡住 4. 电位器与传动机构脱离	1. 电磁换向阀 ①更换 ②修理、更换 ③更换 ④清洗 2. 更换 3. 拆卸、检修 4. 检查、调整

序号	异常现象	发生原因	处理方法
21	压缩机轴封漏油（允许值为6滴/分）	1. 轴封磨损过量 2. 动环、静环平面度误差过大或擦伤 3. 密封圈、O形环过松，过紧或变形 4. 弹簧座、推环销钉装配不当 5. 弹簧弹力不足 6. 压缩机和电机同轴度偏差过大因引起较大振动	1. 更换 2. 研磨、更换 3. 更换 4. 重新装配 5. 更换 6. 重新找正
22	停机时压缩机反转时间太长	吸气止回截止阀故障	检修或更换
23	机组奔油	1. 在正常情况下奔油主要是操作不当引起 2. 油温过低 3. 供液量过大 4. 增载过快 5. 加油过多 6. 热负荷减小	1. 注意操作 2. 提高油温 3. 关小节流阀 4. 分几次增载 5. 放油到适量 6. 增大热负荷或减小冷量

五、液氯输送岗位生产操作

（1）操作要点

① 根据液氯产量及需灌装量，调节液氯泵出口阀，控制液氯流量，使液氯泵出口表压力不小于 1.00MPa，本液氯泵的最大输送量是在表压 1.36MPa 时，此时的输送量为 $12m^3/h$。

② 调节好密封氮气压力，使之略大于液氯容器气相压力，保证液氯泵轴封不泄露氯气。

③ 液氯泵不允许反转，因此在正常停产时，一定要先关出口操作阀，再停电机。

④ 液氯泵不允许空转，在正灌装计量槽无料时，需要立即倒槽，顺序一般为先开满料计量槽，再关空料计量槽。

⑤ 定期进行排污处理，少量污物可排向受污碱槽，污物较多

则排向处理装置。

⑥ 如果液氯泵处于备机状况，每天进行一次人工盘机 2min，以减轻污垢粘接。

⑦ 液氯泵轴工作承温度允许 60～100℃，必须用钠基 2 号润滑脂润滑，一般加到内部空间的 1/3～1/2 即可。轴承盖里全部空间用钠基 2 号润滑脂垫满。

⑧ 用手盘机时，如发现阻力增大，说明泵内污垢增多，要进行排污处理，阻力明显增大，其至盘不动，且工作时输出压力下降到表压 1.0MPa 左右，说明要拆开清洗修理了。

(2) 正常开车

① 检查液氯泵出口操作阀是否关闭，未关闭进行关闭操作（出口辅助阀一般为常开）。

② 检查液氯容器通往计量槽排气阀是否打开，未打开进行开启操作（有两个球阀），保证两者压力平衡一致。

③ 打开要充装计量槽底部出口阀（液氯容器入口阀处于常开状态），向液氯容器中送液氯，是液氯容器和计量槽液面一致。

④ 打开两个氮气密封的阀门，然后关闭氮气紧急密封阀，同时开启紧急密封口排空阀（或者开启抽负压系统阀），把密封腔内的气压排尽。

⑤ 用双手抱住弹簧联轴器按俯视顺时针方向转动主轴，进行盘车，盘车两圈以上。

⑥ 开启电机几分钟，此时应是没有液氯流量但液氯输出口有压力，表压约 1.60MPa 左右。

⑦ 再慢慢从小到大开大出口截止阀阀门，开始灌装，并通过调节出口操作阀保持灌装压力在 1.00～1.50MPa 之间，并注意观察系统有无异常情况。

(3) 正常停车

当天的灌装任务完成后，根据包装工段要求及时停车。

(4) 常见异常现象原因及处理方法

液氯输送岗位常见异常现象原因及处理方法见表 3-6-4。

表 3-6-4 液氯输送岗位常见异常现象及处理

序号	异常现象	原因分析	处理方法
1	不排液，排液不足或压力不足	1. 泵转向不正确或转速太低 2. 叶轮或吸入口部分堵塞或漏气 3. 液氯容器液面不够，无足够的净吸入压差 4. 叶轮或密封环磨损或锈蚀，间隙过大 5. 液氯含杂黏度过高或半流体凝聚物过多	1. 调整泵的转向或转速 2. 拆泵清洗修理 3. 调节好液面在最低液面和最高液面之间 4. 拆机检修修理或更换零部件 5. 进行排污处理
2	气蚀现象	1. 容器液面不够 2. 液体温度过高，气化或形成旋涡 3. 吸入部分漏气、堵塞或阻力太大 4. 长时间接近关机状态运行	1. 增加液面 2. 降低液体温度，防止气化 3. 停机拆修 4. 停机
3	泵壳、叶轮等过早损坏	1. 液氯纯度不够造成严重腐蚀 2. 液氯含有其他具有磨损性的物质 3. 气蚀 4. 振动、应力等原因造成的损坏 5. 转子与泵壳接触磨损	1. 提高液氯纯度，与电解联系降低水分 2. 及时排污，并与电解联系提高液氯纯度 3. 消除气蚀 4. 分析原因，消除振动和应力 5. 停机拆修

六、液氯生产安全与环保

(一) 液氯安全生产要点

① 液氯生产、储存、使用的厂房、库房建筑必须符合《建筑设计防火规范》(GB 16－87，2001 修订版) 的规定。并应充分利用自然通风条件换气，在环境、气候条件允许下，可采用半敞开式结构；不能采用自然通风的场所，应采用机械通风，但不宜使用循环风。

② 生产、使用氯气的车间 (作业场所)，空气中氯气含量最高

允许浓度为 $1mg/m^3$。

③ 液氯产品应符合 GB 5138—5139 中规定的产品标准，其中纯度≥99.5%，含水≤0.06%。

④ 干燥氯气总管中含氢≤0.4%，氯气液化后尾气含氢应≤0.4%。

⑤ 液氯的充装压力不得超过 1.1MPa。采用压缩空气充装液氯时，空气含水应≤0.01%。采用液氯气化器充装液氯时，只许用45℃以下热水加热气化器，不准使用蒸汽直接加热。采用液下泵充装时，必须保证有足够的干燥空气或氮气安全密封保护。

⑥ 液氯贮罐、计量槽、气化器中液氯充装量不得超过全容积的80%。严禁将液氯气化器中的液氯充入液氯钢瓶。

⑦ 液氯气化器、预冷器及热交换器等设备，必须装有排污装置和污物处理设施，并定期检查。

⑧ 为防止氯压机或纳氏泵的动力电源断电，造成电解槽氯气外溢，必须采用下列措施之一：配备电解槽直流电源与氯压机、纳氏泵动力电源的联锁装置；配备氯压机、纳氏泵动力电源断电报警装置；在电解槽与氯压机、纳氏泵之间，装设防止氯气外溢的吸收装置。

⑨ 设备、管道和阀门必须执行《特种设备安全监察条例》，安装前要经清洗、干燥处理。阀门要逐只做耐压试验。应将管内残留的流质、切割渣屑等物清除干净，禁止用烃类和酒精清洗管道。

⑩ 检查氯气液化必须根据原氯中的氢含量，调整液化效率，控制不凝气中氢含量在4%以下。液氯蒸发过程中，严格控制残液中三氯化氮的排放量小于 15g/L，防止三氯化氮气分解爆炸；监督定期进行氯气泄漏监测报警仪的调校。液氯不得与有机物共存、共运。液氯贮存场所不得用易燃材料构筑。临时装卸液氯槽车的连接管线必须用金属软管，绝对禁止使用橡胶软管。

（二）职业危害及预防

液氯的沸点为 $-33.97℃$，氯气的相对密度是 2.485。因此，液氯一旦大量泄漏，会迅速蒸发形成低温氯气云团并低空漂移、扩散，对人和环境产生灾难性的后果。

1. 中毒

中毒是氯气生产最主要的职业危害。氯气是强烈刺激性气体，属高毒类。我国卫生标准规定的最高容许浓度为 $1mg/m^3$。氯气对人有急性毒性和慢性影响，但未见致畸、致突变和致癌的报道。人对氯耐受的个体差异主要反映在低浓度阶段，高浓度长时间接触无一例外地会造成严重伤亡。

（1）氯气的急性毒性

眼及上呼吸道刺激反应一般于 24h 内消退；轻度中毒主要表现为支气管炎或支气管周围炎；中度中毒可有支气管肺炎、间质性肺水肿或局限的肺泡性肺水肿；重度中毒则引起广泛、弥漫性肺炎或肺泡性肺水肿、咯大量白色或粉红色泡沫痰、呼吸困难、明显紫绀、窒息、昏迷可出现气胸、纵隔气肿等并发症，甚至猝死。

（2）氯气的慢性影响

在含氯不高于 $7.5mg/m^3$ 的大气环境中长期工作，一部分人中可有早期气道阻塞性病变倾向，慢性支气管炎发病增加；个别人中可有哮喘发作、肺气肿、神经衰弱综合征或伴有胃炎症状，但无生命危险，也不会因而升高死亡率；皮肤暴露部位可有灼热发痒感，往往发生氯痤疮；有的还可发生牙齿酸蚀症。

2. 爆炸

在空气中氯不会自行燃烧、爆炸，但它是强氧化剂，像氧一样可以助燃。还原性气体和许多有机物都可以与氯发生剧烈反应，失控时就会爆炸。以往事故表明，液氯生产中的物理爆炸应予以重视，它多因设备缺陷和超量充装造成设备崩裂而引起。另外，由于原盐、水和其他生产原料含氮（尤其是氨和铵盐），生产过程中可转化成三氯化氮，在其浓度和其他条件适合情况下也会发生强烈分解爆炸。各种爆炸往往引发氯的大量泄漏。

（三）安全措施

氯气生产企业必须严格执行《氯气安全规程》以及压力容器、气瓶、铁路槽车等有关氯生产贮运方面的法规和标准。此外，还应采取以下安全措施。

1. 重点预防大规模突发性液氯泄漏

企业氯存在量 20t 以上时，应作为重大危险源对待，要按国际公约和国家有关规定采取特殊的安全措施，如安全检查、安全运行、安全评价、应急计划和安全报告制度等。

2. 预防化学爆炸

① 为防止三氯化氮大量形成和积蓄，必须严格控制精盐水总铵量低于 4mg/L，氯气干燥工序所用冷却水不含铵，液氯中三氯化氮含量低于 50×10^{-6}，与液氯有关的设备应定时排污且排污液内三氯化氮含量必须低于 15g/L，否则应采取紧急处理措施。有条件的企业最好增设三氯化氮破坏装置。

② 关于电解后的氯、氢输送防爆，应控制电解单槽氯中含氢不超过 1%，氯总管氯中含氢不得超过 0.5%，氢气总管氢纯度必须保持在 98% 以上且保持正压运行以严防空气窜（渗）入。为此，应在氯和氢的输送管线装设具有报警功能的防爆型压力和组成监控仪表；氢、氯输送系统均应使用防倒窜的单向阀；输送设备和管线保持良好的接地，接地电阻应小于 100Ω，防止静电积蓄引爆。

③ 在向液氯钢瓶中灌装液氯之前，钢瓶内一般存有残液（氯），在灌装前必须分析残液成分，有疑问时严禁灌装，必须抽空清洗之后方可灌装。

3. 预防物理爆炸

① 氯气干燥工序中，降低温度可提高干燥效率，但冷却温度不得低于 12℃，以防止形成 $Cl_2 \cdot 8H_2O$ 结晶堵塞管道，造成憋压。

② 液氯工序中，液氯充装压力均不得超过表压 1.1MPa；采用液氯气化压送法充装时，不准用蒸汽加热液氯气化器，只准用热

水；严禁超装，规定任何容器（贮罐、钢瓶、槽车计量槽、气化器）充装量不得超过 1.25kg/L，留出可压缩（膨胀）空间。若容器被液氯充满且无法卸压时，温升每上升 1℃，压力约上升 1MPa，必然引起物理爆炸。

③ 液氯贮罐、计量槽要有良好的保温措施，必须装设有超限报警功能的压力表、液位计、温度计和灵敏可靠的安全阀。

4. 防毒

注意力应集中在现场氯跑、冒、滴、漏以及事故（含未遂事故）氯处理系统。

① 学会氯中毒的自我保护及互救知识。

② 不符合设计规范要求和有质量缺陷的设备（含管件阀门）严禁用于生产。

③ 应在电解、氯气干燥、液化、充装岗位合理布点安装氯气监测报警仪，现场要通风良好，备有氯吸收池（10％液碱池）、眼和皮肤水喷淋设施、送风式或自给式呼吸器以及急救箱，有条件的企业应设气防站。

④ 大型氯碱企业最好增设事故氯处理系统，将氯总管、液氯贮罐及其安全阀通过缓冲罐与可以吸收氯的液碱喷淋塔相连，紧急状况下可自动启动，平时可以起到平衡氯总管压力等安全生产控制作用。该系统可以实现远程计算机管理和控制。

第二节 氯化氢生产

一、氯化氢合成原理

无论是生产氯化氢气体还是生产盐酸，其重要过程都是氯气和氢气化合生成氯化氢。

生产过程中主要的化学反应方程式：

$$H_2 + Cl_2 = 2HCl + 18421.2J \qquad (3-6-8)$$

氯气和氢气在低温、常压和没有光照的条件下，反应速度是非常缓慢的，但在高温和光照的条件下，反应会迅速进行，甚至会以爆炸的形式急剧进行。氢气在氯气中均恒燃烧合成氯化氢的过程，本质上是一个连锁反应过程。

二、氯化氢生产工艺流程

来自电解工序的氢气，经水分离器、氢气缓冲罐、氢气过滤器、阻火器，和电解送来的原氯经氯气捕集器、氯气缓冲罐、阻火器以（1.05～1.1）：1.0 的摩尔比，通入装有灯头的氯化氢合成炉燃烧化合而成氯化氢气体，温度很高的氯化氢气体经冷却至常温，然后经缓冲罐稳压并分离冷凝酸后送聚氯乙烯合成工段。其生产工艺流程如图 3-6-3 所示。

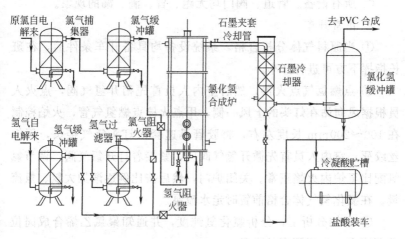

图 3-6-3　氯化氢生产工艺流程

三、氯化氢生产操作

1. 操作要点

① 调节好氢气总管压力（调节排空阀），应尽量使其压力稳定，如波动大，应及时排冷凝水，并与有关单位联系。

② 认真观察氯化氢合成炉的火焰颜色，青白色火焰为正常，注意炉内燃烧情况。

③ 严格控制氯气和氢气的流量比例，氢过量值一般为≤5%（体积分数），切忌氯气过量。

④ 保持氯化氢纯度≥93%，含氯≤0.002%。

⑤ 铁合成炉氯化氢出口温度控制在350～550℃之间，二合一炉氯化氢出口温度控制≤350℃，炉出口表压保持≤0.06MPa，忌超压操作，石墨冷却器出口温度控制在120～150℃之间（铁炉子、二合一为100～150℃），不宜过高或过低，氯化氢总管气体温度40℃，冷却水进出温度差5～10℃。

⑥ 石墨冷却器水温则根据气温与生产情况，保持在30～60℃之间。

⑦ 所有设备、管道、阀门均无跑、冒、滴、漏的现象。

2. 正常开车

① 当原料气体分析合格，系统设备均具备开车条件后，在班长指挥下方可进行开车。

② 点燃氢气点火棒，然后室内人员首先稍开氢气阀，点火人员根据风向站在灯头的上风一侧，用点火棒点燃氢气管，火焰控制在100～200mm长度左右，将胶管迅速套入灯头氢气接头，用铁丝绞死。室内人员首先微开氢气阀门，紧接着打开氯气阀，调节氯氢配比至炉内火焰正常。关闭炉门，然后按比例逐渐加大氯、氢流量。在氯化氢气体合格前暂时走水流泵。

③ 通知分析工，分析氯化氢纯度，并通知聚氯乙烯合成岗位及调度室，作好开车的准备。

④ 当氯化氢纯度合格，聚氯乙烯合成或度室通知送气时、先开去氯化氢总管隔膜阀，接着关闭去水流泵的隔膜阀，关闭水流泵水阀，然后打开石墨冷却器放酸阀。

⑤ 根据聚氯乙烯合成的需要，应随时增大或减少氯、氢流量，随时调节去合成岗位的总管蝶阀，并确保氯化氢质量合格，输送压力基本稳定。

⑥ 根据冷却水进出口温度调节各个设备的冷却水进出口阀门，

使其进出口温差保持在规定范围内。

⑦ 开车后，报告生产调度室，并按工艺流程先后检查一遍，并如实做好记录。

3. 正常停车

① 接到停车通知后，通知液氯工序和聚氯乙烯厂合成岗位（属于正常倒炉需告诉聚氯乙烯厂合成）。

② 逐渐减少氯、氢流量至维持火焰，然后打开水流泵水阀，再开去水流泵隔膜阀，紧接着关闭去氯化氢总管的隔膜阀和冷却器放酸阀，同时运行二台以上而需停其中一台炉时，应先关闭石墨冷却器放酸阀，再开水流泵隔膜阀。倒炉时，去水流泵隔膜阀和去氯化氢总管隔膜阀要同时进行开、关。待氯化氢走水流泵后即停车。停炉时，先关闭氢气阀，后关闭氯气阀。停车后氢气压力太大时，应适量排空（盐酸仍在生产的情况下）。并适当关小水流泵水阀，避免水流泵倒水。

③ 待炉温下降到常温（一般停炉 15min），断开氢气胶管接头，打开炉门。关闭合成炉冷却水进口阀、石墨冷却器进水阀（如果该台炉需要检修时还需要关闭冷却水出口阀，打开炉顶部排水盲板，排干夹层冷却水）。水流泵再抽 10～15min 后关闭水流泵水阀，最后放净炉内冷凝酸（二合一炉）。

待炉温降至 100℃ 以下，卸开炉门，断开氢气胶管，待水流泵再抽 10～15min 停水流泵，关闭石墨冷却器进水阀（铁合成炉）。

④ 如果在冬天寒冷季节，正常停炉而又无须长时间检修的情况下，二合一合成炉和石墨冷却器冷却水出口阀不得关闭，需稍许打开冷却水进、出口阀，防止结冰造成设备损坏。

⑤ 停车后向有关部门报告，并认真检查一遍，做好记录。

四、常见异常现象及处理

氯化氢生产常见异常现象原因及处理方法见表 3-6-5。

表 3-6-5 氯化氢生产常见异常现象及处理

序号	异常现象	发生原因	处理方法
1	合成炉火焰发黄发红	1. 氯气过量 2. 氢气纯度不合格	1. 根据产量的大小可减少氯气量或加大氢气量 2. 及时与有关单位联系并取氢气分析,如氢气纯度严重不合格,应立即停车
2	氯化氢纯度低	1. 氢气过量太多 2. 氯气纯度低 3. 灯头烧坏混合不好 4. 产量过低	1. 按比例将氯、氢比例调节好 2. 与有关单位联系提高氯纯度 3. 停车更换灯头 4. 调节产量
3	氯化氢含游离氯	1. 氯气过量 2. 氢气纯度低 3. 灯头烧坏混合不好 4. 原料气体压力波动太大	1. 减少氯气流量,按比例调节正常 2. 与电解联系提高氢气纯度 3. 停车更换灯头 4. 排除管道存水,与有关单位联系使其原料气体压力稳定
4	合成炉内有轻微爆炸声	1. 氯气纯度低、含氧高 2. 氢气纯度低、含氧高	1. 通知有关单位提高氯气纯度并减少氯气入炉流量 2. 及时联系、减少氢气流量,必要时紧急停车
5	氢气管道回火	1. 炉出口压力大于氢气总管压力,导致回火 2. 氢气纯度低,含氧高造成回火	1. 严格控制炉出口压力不得大于氢气总管压力 2. 提高氢纯度、紧急停车
6	合成炉体烧红一部分	1. 灯头有堵或烧坏一部分 2. 灯头装偏或合成炉体不正 3. 氯化氢产量过大	1. 停炉清洗或更换灯头 2. 调整灯头或调正合成炉体 3. 适当降低生产负荷
7	合成炉出口压力增大	1. 产量过大 2. 冷却盘管有堵 3. 石墨冷却器或氯化氢总管有堵 4. 氯化氢隔膜阀垫坏了 5. PVC 合成管道堵塞,积酸严重	1. 调整氯气,氢气流量降低生产负荷 2. 停车清洗盘管 3. 停车清洗石墨冷却器或氯化氢总管 4. 停车更换隔膜阀垫 5. PVC 联系停车处理,或排放积酸

序号	异常现象	发生原因	处理方法
8	系统不显负压,(指开车前,打开水流泵后)	1. 水流泵孔板或下水管堵 2. 石墨冷却器有堵或有积酸未排除 3. 冷却盘管有堵 4. 水压太小 5. 水阀坏了,水量太小	1. 卸开水流泵,清除堵塞物 2. 清洗、排出积酸及堵塞物 3. 清洗、排除渣体及堵塞物 4. 通知调度室加大水压 5. 更换水阀,加大水量
9	合成炉火焰不稳	炉内冷凝酸积存过多	勤排放合成炉冷凝酸

五、氯化氢生产的主要设备

合成氯化氢的最主要设备是合成炉。合成炉从目前国内外使用的炉型来看,主要分两大类,即铁制炉和石墨炉。

（一）铁制炉

铁制炉又分为夹套炉、翅片炉和光面炉。因为合成氯化氢是放热反应,所以及时导走反应热可提高合成炉的生产能力。同等容积的铁制炉其生产能力夹套炉大于翅片炉,翅片炉大于光面炉。夹套炉除生产能力大外,它还有能量综合利用的功效。利用反应热可以产生 80～100℃的热水或 0.05MPa 的蒸汽。这些热水或蒸汽可以用来采暖、洗澡等。夹套炉也有它的缺点,就是炉壁湿度低,沿炉壁表面有冷凝酸形成,增加了合成炉的腐蚀,尤其当进水管配置不当,冷却水进口处很容易被腐蚀坏,使用寿命一般 2～3 年。另外夹套炉要耗费大量的水,对于水资源紧张,而且热量有余、冷量不足的生产厂家来说要仔细权衡利弊。翅片炉和光面炉是利用周围空气进行风冷的。合成反应产生的热白白浪费了。合成炉产生的辐射热使周围环境及操作条件恶化。但它的使用寿命较长,一般一台炉可使用 5～6 年。

（二）石墨炉

石墨炉又叫二合一石墨炉,所谓二合一石墨炉是将合成和冷却集为一体的炉子。

一般石墨合成炉是立式圆筒形石墨设备，它由炉体、冷却装置、燃烧反应装置、安全防爆装置以及物料进出口、视镜等附件组成。石墨合成炉与铁制合成炉比较，它的优点是耐腐蚀性好，使用寿命长（一般可达 20 年），生产效率高，制成的氯化氢含铁低等。由于石墨具有优异的导热性，炉内的燃烧反应热可迅速地传到炉壁外由冷却水带走，因而氯化氢出口的温度较低，没有高温炉体的辐射热，改善了操作环境。除此之外，其最突出的优点是耐腐蚀，因而对进入合成炉的原料氯气和氢气的含水量无特殊要求，从电解槽来的氯气和氢气不必经过冷却和干燥处理，可直接送给石墨炉去合成氯化氢。

石墨炉的缺点是制造较铁制炉复杂，检修不如铁制炉方便，工艺操作要求严格，一次投资费用大，运输和安装要仔细，否则容易损坏等。

二合一石墨合成炉根据其冷却方式的不同可分为浸没式和喷淋式两种。

1. 浸没式合成炉

浸没式合成炉的整个石墨炉体完全被一个钢制的冷却水套套住，故又称为水套式，见图 3-6-4。冷却水自水套下部进入，从上部出口排出。操作时水套中充满冷却水，整个石墨炉体浸没在水中。炉体由圆筒形半透性石墨制成，冷却水可以微渗进炉内，润湿炉内表面，所以炉壁温度低，一般不会超过 100℃。

其优点是：a. 操作环境好，设备周围没有汽化的水雾、不潮湿；b. 操作安全可靠，如遇突然停水，由于炉体浸没在水中，炉壁温度在较长时间内维持在允许温度之下，而不至于急骤升高损坏设备；c. 当生产能力变化时，其适应性较强；d. 其热能可综合利用，如可利用水套中的热水作液氯包装的加热用。

2. 喷淋式合成炉

喷淋式合成炉炉顶盖上装设冷却水分布器，布水器周边有锯齿

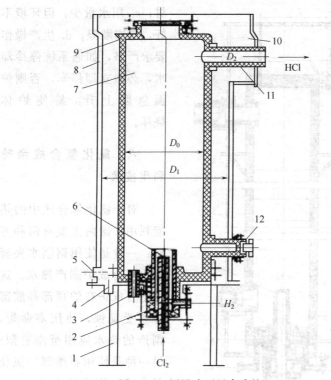

图 3-6-4　浸没式石墨合成炉

1—支架；2—灯头座；3—排酸孔；4—排污口；5—冷却水出口；
6—石英灯头；7—石墨炉体；8—钢壳体；9—防爆膜；
10—U形槽；11—氯化氢出口；12—视镜孔

形溢流堰，见图 3-6-5。冷却水由炉顶均匀分布到炉子外表面成水膜流下，炉子的中部设有硬聚氯乙烯制的再分布器，向外飞溅的冷却水重新汇集到炉外壁上，底部有钢衬橡胶的集水槽。为了防止喷淋下来的冷却水溅出，炉子外围还装有用硬聚氯乙烯制成的敞口式的圆筒形防护罩，它与集水槽内径相同并联为一体。这种炉型的特点是：a. 传热效率高，炉外壁的冷却水膜，由上而下以较高的速度流动，液膜不断更新，强化传热，而且有一部分水被汽化，是相变化的传热，给热系数大，因而用水量可较浸没式少；b. 节省钢

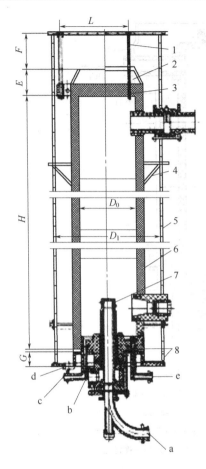

图 3-6-5 喷淋式石墨合成炉

1—防爆盖滑杆；2—冷却水喷淋装置；3—安

全防爆盖；4—硬聚氯乙烯集流板；5—硬聚

氯乙烯防护壳体；6—炉体；7—石英燃烧器；

8—冷却水收集槽（钢衬橡胶）；

a—氯气入口；b—氢气入口；c—保护水入口；

d—冷却水出口；e—稀盐酸

材；c. 用水量少，但环境不好，周围潮湿；d. 生产操作要求严格，如遇系统停冷却水，必须立即停车，否则炉温急剧上升，易使炉体烧坏。

六、氯化氢合成余热利用技术

对于氯化氢合成中的热能利用，国内主要有两种方法：一种是使用钢制水夹套氯化氢合成炉副产热水。这种钢合成炉在炉顶部和底部容易受腐蚀，使用寿命短，副产的热水应用范围有限；另一种是使用石墨制的氯化氢合成炉副产热水或 $0.2 \sim 0.3 MPa$ 压力的蒸汽。由于石墨是非金属脆性材料，受强度和使用温度的限制，在副产蒸汽时石墨炉筒作为产汽的受压部件，安全上存在一定隐患，采用该方法副产的热水或低压蒸汽热能利用只能达到 40%，应用范围同样有限。

氯气与氢气反应生成氯化氢时伴随释放出大量反应热，完全可以用来副产蒸汽。副产中压蒸汽合成炉在高温区段，使用钢制水冷壁炉筒；在合成段顶部和底部钢材容易受腐蚀的区段，采用石墨材料制作。采用这种方法既克服了石墨炉筒强度低和使用温度受限制的缺点，又克服了合成段的顶部和底部容易腐蚀的缺点，从而使氯化氢合成的热能利用率提高到 70%，副产蒸汽压力可在 0.2～1.4MPa 间任意调节，可并入中、低压蒸汽网使用，使热能得到充分利用。

　　氯化氢合成余热利用具体工艺流程见图 3-6-6 和图 3-6-7。该技术已在部分化工行业推广应用，节能效果显著。该项技术具有很好的经济效益和社会效益，目前，全行业氯化氢合成炉生产氯化氢的产能约 6000kt，1t 氯化氢可产生 700kg 的中压蒸汽，若全行业全部应用该项技术，可有 2940kt 中压蒸汽被合理利用，节能能力可达 350ktce/a。

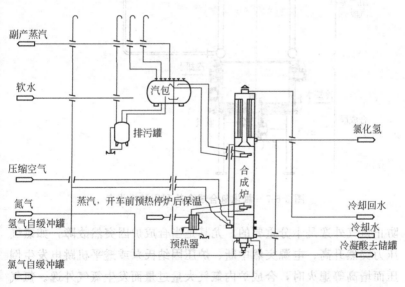

图 3-6-6　氯化氢合成余热利用工艺流程

七、氯化氢生产安全与环保

　　氯气是有窒息性的毒性很大的气体，确保管道设备的气密性，

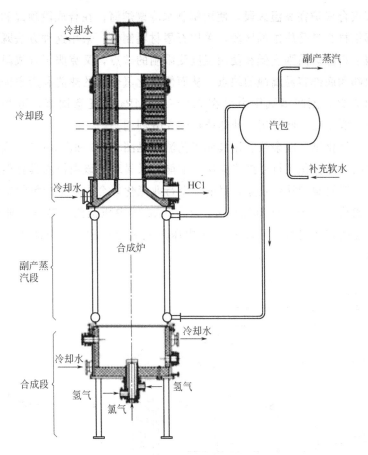

图 3-6-7　氯化氢合成余热利用技术设备

防止氯气外逸是十分重要的。尤其是当合成炉因突然故障，如氯气压力突然升高、电源突然中断、炉压因纳氏泵或透平机跳电发生倒压而增高等熄火时，合成炉内氯气大量过量而发生氯气外逸。氯气对人体的危害主要是通过呼吸道和皮肤黏膜产生中毒作用。其中毒症状为流泪怕光、流鼻涕、咽喉肿痛、气急、胸闷、直至肺气肿、死亡。氯气的排放标准为小于 1mg/m³，居民区为小于 0.1mg/m³。因此维持合成炉有准确的氯氢配比，维持氯系统有良好的气密性，维持氯气压力稳定，维持电源的双重供电是十分必要的。

氢气是易燃、易爆气体，极易自燃，在 800℃ 以上或点火时则放出青白色火焰，发生猛烈爆炸而生成水。氢气和空气的混合气中，含氢量在 4.1%～74.2%（体积分数）是爆炸范围，氢气和氧气的混合气体中，含氢量在 4.5%～95%（体积分数）是爆炸范围，氢气和氯气的混合气体中含氢量在 3.5%～97%（体积分数）是爆炸范围。

氯化氢气体是有毒、有害、有强烈刺激性的气体。对呼吸道、皮肤黏膜有很强的刺激、腐蚀作用，可使之充血、糜烂，其排放的最高允许浓度为 15mg/m^3。

安全操作要点如下。

1. 正确控制合成反应的氯氢配比

合成反应时，氯与氢的配比应为 1：(1.05～1.10)。一旦发生比例失调，均会发生事故。氢气过量太多，会使尾气含氢量增加，若尾部产生摩擦易发生爆炸；另外含氢增加会影响氯化氢的纯度，还会影响氯乙烯合成得率。氯气过量危害就更大，首先尾气带氯排放，污染环境，造成人体伤害，其次严重影响钢制合成炉使用寿命，因过量氯会与铁反应生成二氯化铁、三氯化铁，易堵塞后部管道及设备；另外氯化氢气体中含有游离氯，在氯乙烯合成过程中氯气与乙炔反应生成氯乙炔而发生爆炸。由此可见，严格控制氯氢配比是安全生产所必需的有效手段。正常氯氢配比的混合气火焰是青白色的，一旦发生氯配比增大，火焰颜色渐渐变成浅黄、黄色、深黄、浅红、红色、深红，直至发紫。因此时刻注意火焰颜色，及时调整氯氢配比，始终保持正常控制范围是相当重要的。

2. 确保事故处理装置的完好

事故氯化氢处理装置是处理紧急情况下正压氯化氢和氯气的应急装置。它具备二种功能，即处理盐酸、氯化氢设备、管道中的剩余气体，不使其外溢；另外，可处理因纳氏泵或透平机故障时，造成出口管网中的带压氯化氢气体的释放和泄压，并可抽吸氯化氢总管中剩余气体，有效防止有害气体的外泄。

要确保事故处理装置的完好，才能防止有害气体的外泄。对整个处理装置来说，要随时准备处理事故发生后产生的有外泄可能的气体。其中在处理各台炉子的剩气时，要保证水封有效，让其进入水吸收塔，吸收掉气相中所含的氯化氢，再进入碱吸收塔，将气相中所含的氯气吸收掉再去排空，如图 3-6-8 所示。在处理正压氯化氢气体时就开启水封阀，让其冲破水封，依次进入水吸收塔和碱吸收塔，将氯化氢气体充分吸收掉再排空。要确保处理装置完好，就必须确保碱吸收液浓度配制合适，水吸收液随时更新，日常要勤维修保养。

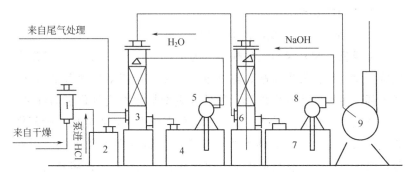

图 3-6-8　事故氯化氢处理装置

1—水封阀；2—水封；3—水吸收塔；4—循环槽；5—循环水泵；
6—碱处理塔；7—循环碱槽；8—循环碱泵；9—尾气风机

第三节　盐　酸　生　产

盐酸是氯化氢（HCl）气体的水溶液，为无色液体，在空气中冒烟，有刺鼻臭味。粗盐酸因含杂质三氯化铁而带黄色。盐酸是一种强酸，具有酸的通性，能与碱中和生成盐和水，能溶解碱性氧化物，能溶解碳酸盐释放出二氧化碳气体，能溶解比较活泼的金属，如锌、镁、铁等，产生氢气。盐酸的生产方法主要是隔膜法电解氯化钠溶液，阳极析出的氯气和阴极析出的氢气按照一定的比例混合，使氢气在氯气中燃烧，产生的氯化氢溶于水所得盐酸。盐酸是重要的化工原料和化学试剂，用于医药、食品、电镀、焊接、搪瓷等工业。我国市售商品浓盐酸含氯化氢 31％左右，试剂级浓盐酸含氯化氢达 35％，相对密度约 1.19。浓盐酸有强挥发性，强腐蚀性，通常用玻璃、陶瓷或搪瓷容器盛装。盐酸是重要的基本化工原料，主要用于生产各种氯化物，在湿法冶金中提取各种稀有金属，在有机合成、纺织漂染、石油加工、制革造纸、电镀熔焊、金属酸洗中应用广泛，在有机药物生产中制普鲁卡因、盐酸硫胺、葡萄糖等，在食品工业中用于制味精和化学酱油，医生还直接让胃酸不足的病人服用极稀的盐酸治疗消化不良，在科学研究和化学实验中是最常用的化学试剂之一。目前世界上盐酸的主要生产国有美国、德国、法国、日本，按含氯化氢 100％计算，产量均都超过 500 万吨，而且大部分是以副产品盐酸居多。

　　"三酸"之中盐酸的发现和制备较硫酸和硝酸为晚，虽然早在炼金时代就已发现了氯化氢气体，但这种无色有强烈刺激性的气体并未引起人们的重视，直到 15 世纪才开始出现有"盐酸"这一名词。1648 年德国药剂师 J·R 格劳伯将食盐和矾油（硫酸）放入蒸馏釜中加热制取硫酸钠，并将逸出的刺激性气体用水吸收得到一种酸性溶液（盐酸）。因为食盐来自海水，格劳伯就将盐酸称之为"海盐精"，这是实验室制备盐酸最古老的方法。因原料价廉易得，装置亦较简单，直到今天在化学教学中讲解氯化氢和盐酸时，仍在来用这种制备方法。此外采用盐卤（主要成分是氯化镁）水解制取盐酸的方法也较古老。1807 年英国著名化学家戴维在研究电解食盐水时，除得到氢氧化钠溶液外，还得到了纯净的氢气和氯气，从而为氯碱工业的诞生打下了理论和实验基础。自 19 世纪始，格劳伯盐（硫酸钠）曾经风行一时，大量用于制硫化碱（硫化钠）和纯碱，在造纸、玻璃和医药方面应用广泛，需求量很大。但制备硫酸钠同时放出的氯化氢气体并未利用，直接排入大气后，造成严重的空气污染。19世纪中叶英国政府只得通过法令，禁止向大气排放高浓度的氯化氢气体，于是生产工厂采用水吸收的方法来处理，得到了大量的酸性溶液即盐酸。19世纪末，由于大功率直流发电机研制成功，才为工业化发展氯碱工业提供了物质条件。1890年在德国建成第一个制氯工厂，1893年在美国纽约建成第一个采用隔膜法电解食盐水制取烧碱和氯气的工厂。第一次世界大战前后，氯碱工业发展迅速，满足了纺织、印染、造纸、人造纤维和生产各类有机、无机化学品和军事化学品对烧碱和氯气的需要，期后随着石油化工的蓬勃兴起，对氯的需求量激增，再次推动了氯碱工业发展并形成规模，为了利用大量的副产品氢气，用合成法生产盐酸也就顺理成章地相应发展起来。合成法生产盐酸原理简单，氢气在纯净的氯气中燃烧即可得到高浓度的氯化氢气体，经水吸收生成盐酸，合成法逐渐成为世界各国生产盐酸的主要方法。20世纪20年代，中国著名化学实业家吴蕴初先生在1921年试制味精成功，1922年他和张崇新合资创办上海天厨味精厂，产品畅销国内及东南亚各国，并远销美国。为解决生产味精的必需原料盐酸，吴蕴初在上海建立了我国第一家氯碱厂，这就是1929年他集资创办的天原电化厂。第二年该厂即投产，主要产品为盐酸、烧碱和漂白粉三种，盐酸用合成法生产。

如图3-6-9所示，合成法制盐酸可分为氯化氢气体的合成、冷却和吸收三个阶段。干燥的氢气和氯气在合成塔中燃烧生成氯化氢气体，纯度可达到95%以上。合成塔外壳用钢质材料制成，内有耐热、耐酸衬里材料和特殊的燃烧器。从合成塔导出的高温氯化氢气体腐蚀性很强，管道常用耐热耐腐蚀的工程塑料制成。近300℃的高温氯化氢气体先经空气冷却器冷却，再经不透性石墨冷却器（由石墨和合成树脂制成，耐酸性强，传热性好）进一步冷却到20～30℃，再送入吸收塔进行吸收，塔顶自上而下喷淋净水，氯化氢气体逆流而上，塔底可获得浓度约为31%的浓盐酸。吸收过程放热，生成的浓盐酸要经石墨冷却器冷却后送至贮槽贮存，再用泵打

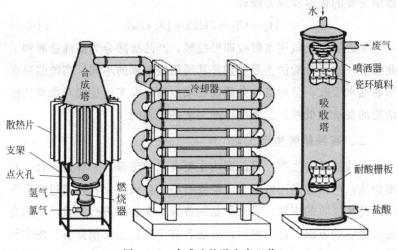

图 3-6-9 合成法盐酸生产工艺

至高位槽进行成品包装。

我国生产的合成盐酸浓度大致为 31%，其中含铁量 0.01%，含砷 0.0002%。一般每生产 1t 31% 的盐酸，消耗氯气为 0.310t，氢气 9.8kg。国内的"三合一"盐酸合成法特点是设备占地少，操作方便，产品酸浓度高，但设备结构、制造较复杂，维修较困难。

随着有机合成工业的飞速发展，综合利用有机化合物在氯化过程中大量产生的氯化氢气体，用来生产副产品盐酸成为大势所趋，其产量增长十分迅速。从 20 世纪 50 年代开始，在工业发达国家中，副产品盐酸的产量已经超过用合成法生产的盐酸。在制造氯苯、氯乙烯等有机化工产品过程中就可生产副产盐酸，既能大大减轻氯化氢气体对设备的腐蚀和环境污染，又使之得到综合利用生产了大量成本低廉的副产品盐酸。在有机合成工业发达的国家，仅副产品盐酸的产量就已超过了工业的需求量，在美国、德国、法国等国还将盐酸分解为氢气和氯气来解决盐酸过剩的矛盾。

一、盐酸生产原理

氯气和氢气在高温和光照的条件下，化合生成氯化氢，生产过程中主要的化学反应方程式：

$$H_2 + Cl_2 = 2HCl + 18.42kJ \qquad (3\text{-}6\text{-}9)$$

生成的氯化氢用水吸收即得盐酸，产品盐酸分为高纯盐酸和工业盐酸，这两种酸的主要差别是其所用吸收水的不同，高纯酸要求用高纯水吸收，且对其他杂质的要求也高，而工业盐酸对水及其他杂质的要求就低些，二者的生产工艺基本相同。

二、高纯盐酸生产工艺

高纯盐酸的生产，目前国内主要有三种流程。一种是三合一石墨炉法；另一种是用铁制合成炉或石墨炉合成氯化氢，通过洗涤再用高纯水吸收的方法；第三种是用普通工业盐酸进行脱吸，再用高纯水吸收的方法。这三种生产方法各有千秋，主要根据各厂的实际情况而定。下面以三合一石墨炉法为例讲述盐酸的生产。

（一）流程简述

三合一石墨炉法流程见图 3-6-10，由氯氢处理来的氯气和氢气分别经过氯气缓冲罐、氢气缓冲罐、氯气阻火器、氢气阻火器和各自的流量调节阀，以一定的比例〔氯气与氢气之比为 1：（1.05～1.10）〕进入石墨合成炉顶部的石英灯头。氯气走石英灯头的内层，氢气走石英灯头的外层，二者在石英灯头前混合燃烧，化合成氯化氢。生成的氯化氢向下进入冷却吸收段，从尾气塔来的稀酸也从合成炉顶部进入，经分布环成膜状沿合成段炉壁下流至吸收段，经再分配流入块孔式石墨吸收段的轴向孔，与氯化氢一起顺流而下。与此同时，氯化氢不断地被稀酸吸收，浓度变得越来越低，而酸浓度越来越高，最后未被吸收的氯化氢经三合一石墨炉底部的封头，进行气液分离，浓盐酸流入盐酸贮槽，未被吸收的氯化氢进入尾气塔底部。水经转子流量计从尾气塔顶部喷淋而下，吸收逆流而上的氯化氢而成稀盐酸，并经过液封进入三合一石墨炉。从尾气塔顶出来的尾气用水力喷射器抽走，经液封罐分离后，不凝废气排入大气。下水经水泵再打往水力喷射器，往复循环一段时间后可作为

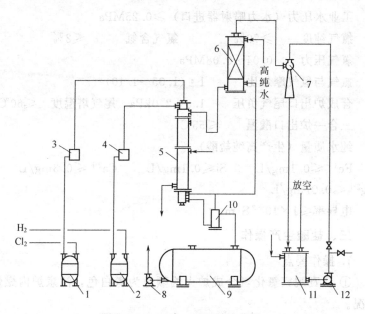

图 3-6-10　三合一石墨炉法流程

1—氯气缓冲罐；2—氢气缓冲罐；3—氯气阻火器；4—氢气阻火器；

5—二合一石墨炉；6—尾气塔；7—水喷射器；8—酸泵；9—酸贮罐；

10—液封罐；11—循环酸罐；12—循环泵

稀盐酸出售，或经碱性物质中和后排入下水道，或作为工业盐酸的吸收液。三合一石墨炉内生成氯化氢的燃烧热和氯化氢溶于水的溶解热被冷却水带走。

（二）生产控制要点

1. 合成炉点火控制指标

氢气纯度　　　$\geqslant 98\%$

含氧　　　　　$\leqslant 0.4\%$

压力　　　　　$0.03 \sim 0.08 \mathrm{MPa}$

2. 正常生产控制指标

氢气纯度　　$\geqslant 98\%$　　　　炉中含氢　　　$\leqslant 0.067\%$

氢气含氧　　$\leqslant 0.4\%$　　　　氢气压力　　　$0.03 \sim 0.08 \mathrm{MPa}$

工业水压力（水力喷射器进口）≥0.25MPa

氯气纯度　　　≥70%　　　　氯气含氢　　　≤2%

氯气压力　　　0.04～0.08MPa

氯气与氢气摩尔比　　　1：（1.05～1.10）

合成炉出口尾气负压　　1.3～2.0kPa　尾气塔温度　≤60℃

三合一炉出口酸温　　≤55℃

纯水质量（生产高纯盐酸）

Fe^{3+}≤0.1mg/L　　　Si≤0.1mg/L　　　Ca^{2+}≤0.3mg/L

Mg^{2+}≤0.07mg/L

电导率≤$1×10^{-3}$S/m

三、盐酸生产操作

1. 操作要点

① 认真观察氯化氢合成炉火焰颜色为青白色，注意炉内燃烧情况。

② 经常调节好氯、氢流量比例，加氢过量值一般为10%～15%（体积分数）切忌氯气过量。注意保持废氯压力为0.02～0.12MPa，废氯压力过高或过低时，则应适当增加或减少盐酸产量，必要时应进行增开或减开盐酸合成炉。

③ 合成炉出口温度保持在350～550℃之间，不宜过高或过低。

④ 合成炉出口表压保持在≤0.04MPa，并严格控制炉出口压力比氯气压力和氢气压力小0.02MPa以上，切忌超压操作。

⑤ 盐酸含量经常控制在31.05%～31.65%之间，废水含酸控制在0.1%以下，注意适量调节注加水以控制酸含量。

⑥ 石墨冷却器入口温度应控制在120～150℃，不宜过高或过低。

⑦ 稀酸温度控制在80～100℃，冷却水温则根据气温与生产情况，保持在30～60℃之间。

⑧ 各设备、管道、阀门均无跑、冒、滴、漏现象。

2. 正常开车

① 当原料气体分析合格，系统设备具备开车条件后方可进行开车。

② 点燃氢气点火棒，然后稍开氢气阀，点火人员根据风向站在灯头的上风一侧，用点火棒点燃氢气管，火焰长度在 100～200mm 左右，将胶管迅速套入炉头氢气接头，用铁丝绞死。微开氢气阀门，紧接着打开氯气阀，调节氯氢配比至炉内火焰至青白色。关闭炉门，然后按比例逐渐加大氯、氢流量。

③ 在点好炉和逐渐加氯、氢流量的同时，打开注加水阀门，注意应先开转子流量计的入口阀，并根据氯气、氢气流量和废水含酸情况，调节适当的注加水量。

④ 开车后报告生产调度室，并按工艺流程先后检查一遍。

3. 正常停产

① 接到停车通知后，及时与液氯岗位，氢气泵岗位取得联系。

② 逐渐减少氯、氢流量，同时减少注加水量。

③ 在合成炉维持火焰的情况下，先关闭氢气阀，紧接着关闭氯气阀，与此同时关闭注加水阀，为了避免倒水现象，还应关小水流泵水阀。

④ 关闭石墨冷却器、降膜吸收塔之冷却水阀，关闭去盐酸贮槽下酸阀。

⑤ 待炉温降到 100℃以下，打开阀门，断开氢气胶管活接头，待水流泵再抽 10～15min，停水流泵。

⑥ 停车后向有关部门报告，并认真检查一遍，做好记录。

四、主要设备

合成盐酸的主要设备是石墨炉。石墨炉又分为二合一石墨炉和三合一石墨炉。所谓二合一石墨炉是将合成和冷却功能集为一体的炉子，而三合一石墨炉是将合成、冷却、吸收功能集为一体的炉子。

一般石墨合成炉是立式圆筒形石墨设备，由炉体、冷却装置、燃烧反应装置、安全防爆装置、吸收装置以及物料进出口、视镜等附件组成。石墨合成炉与铁制合成炉比较，它的优点是耐腐蚀性好，使用寿命长，一般可达 20 年，生产效率高，制成的氯化氢含铁等杂质低等。由于石墨具有优异的导热性，炉内的燃烧反应热可迅速地传到炉壁外由冷却水带走，因而氯化氢出口的温度较低，在进入吸收器前，无需用大的冷却器冷却，又由于没有高温炉体的辐射热，改善了操作环境。除此之外，其最突出的优点是耐腐蚀，因而对进入合成炉的原料氯气和氢气的含水量无特殊要求，从电解槽来的氯气和氢气不必经过冷却和干燥处理，可直接送给石墨炉去合成盐酸。这对于仅有合成盐酸作为耗氯产品的小厂来说可大大简化工艺，减少占地面积。

石墨炉的缺点是制造时较铁制炉复杂，检修不如铁制炉方便，工艺操作要求严格，一次性投资费用大，运输和安装要仔细，否则容易损坏等。

二合一的石墨合成炉根据其冷却方式的不同可分为浸没式和喷淋式两种。

三合一石墨炉将合成、冷却、吸收三个单元操作集为一体，因而结构较之二合一石墨炉更为紧凑，占地面积小，工艺流程短，加上石墨具有优良的耐盐酸腐蚀性，生产出的盐酸质量高而日益受到广大用户的青睐。根据三合一炉灯头设置位置的不同，其可为 A 型和 B 型二类。

A 型三合一石墨炉结构如图 3-6-11 所示，灯头安装在炉的顶部，喷出的火焰方向朝下。合成段为一圆筒状，由酚醛浸渍的不透性石墨制成，外面有夹套，用冷却水冷却。炉顶有一环形稀酸分配槽，其内径与合成段筒体内径相同。稀酸从分配槽溢流出，沿内壁往下流，一方面起到冷却炉壁的作用，另一方面与氯化氢接触形成稍浓一点的稀酸作为吸收段的吸收剂。与合成段相连的是吸收段，它一般由六块相同的圆块孔式石墨元件组成。轴向孔为吸收通道，径向孔为冷却水通道。为了强化吸收效果，增加流体扰动程度，每个块体的轴向孔首末端均被加工成喇叭口状，而且在每个块体上表面加工有径向和环形沟槽，经过上面一段吸收的物料在此重新分配进入下一块体，直至最下面一块块体。最后，未被吸收的氯化氢经下封头进行气液分离后去尾气塔，成品酸经液封流入成品酸贮槽。防爆膜在炉体下部。

　　B 型三合一石墨炉的特点是灯头在炉体的下部，火焰向上。其合成段也是不透性石墨圆筒体，其吸收段由在合成段外面呈同心圆布置的若干不透性石墨管所组成，冷却水在石墨合成段筒体与外壁之间的石墨管间流动，与氯化氢和盐酸进行热交换。这种炉型要比 A 型炉粗大得多，防爆膜在炉体上部。

　　国外的三合一石墨炉有上点火和下点火之分。法国利加本洛兰（LE CARBONE-LORRAINE）

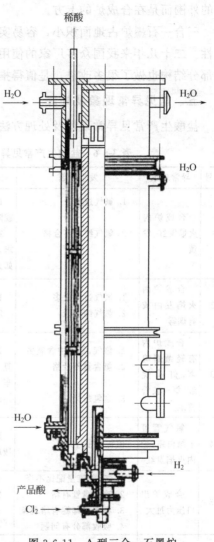

图 3-6-11　A 型三合一石墨炉

碳制品公司生产的石墨炉属于上点火型，即 A 型，其单台炉设计能力日产盐酸从 8t 到 330t 不等。德国西格里（SIGRI）公司生产的石墨炉属于下点火型，即 B 型，只不过它的吸收段不是在合成段的外围而是在合成炉的上方。

三合一石墨炉占地面积小，容易实现自动化控制，有极大的优越性。二十几年来我国众多厂家的使用，累积了不少经验，炉型和各部分结构也做了很多改进，是值得推广的一种合成盐酸设备。

五、常见异常现象及处理

盐酸生产常见异常现象及处理方法见表 3-6-6。

表 3-6-6　盐酸生产常见异常现象及处理

序号	异常现象	发生原因	处理方法
1	合成炉内火焰发红、发黄	1. 氯气过量 2. 氢气纯度不合格	1. 根据炉温和氢气压力情况加大氢气或降低氯流量均可 2. 及时与有关方面联系分析和提出要求，提高氢气纯度；减少入炉氯气流量，如火焰仍不正常立即停车
2	合成炉内火焰发白或有烟雾	1. 氢气过量太多 2. 氯气纯度低	1. 减少氢气流量，加大氯气流量 2. 与液氯工段联系提高氯气纯度
3	合成炉内有轻微爆鸣声，灯头烧红、氯气胶管冒烟	1. 氢气、氯气中含氧多 2. 氯含量不合格 3. 含氢超标	1～2. 及时联系并分析气体纯度，减少氢气，氯气入炉流量，如无好转，立即停车 3. 紧急停车
4	氯气管道上结白霜，炉内火焰发红	液氯携带过来	减少氯气入炉流量，并及时与液氯工段联系处理
5	合成炉出口压力过大	1. 氯、氢流量配比不当 2. 冷却盘管有堵 3. 石墨冷却器有堵现象 4. 吸收部分有问题	1. 按适当比例调节好氯气与氢气流量 2. 停车处理清除堵塞物 3. 停车清洗石墨冷却器 4. 参看处理方法 2
6	安全膜爆破	1. 氢气中含氧高 2. 氯中含氢高 3. 点炉时炉内有残余废气 4. 安全膜使用时间过长 5. 系统有堵塞，压力过大	1. 立即停车，通知电解提高氢气纯度 2. 立即停车，通知调度室 3. 立即停车倒水环泵，重新处理废气 4. 停车更换安全膜，定期检查 5. 停车清洗堵塞物

续表

序号	异常现象	发生原因	处理方法
7	水流泵不减压	1. 水流泵孔板或下水道有堵	1. 停车清除堵塞物
		2. 水阀坏了,水量过小	2. 更换水阀加大水量
		3. 水压太小	3. 通知调度室加大水压
8	水流泵倒水	1. 停车后系统真空度大	1. 水流泵水阀关小,并在炉温下降至100℃左右时,卸开胶管活接头或打开炉门
		2. 水流泵下水管道堵	2. 清洗下水管
9	盐酸浓度下降	1. 氯气纯度低	1. 请液氯工序提高纯度
		2. 注加水量太多	2. 减少注加水量
		3. 注加水喷头坏或有堵	3. 停车清洗或更换喷头
		4. 尾部塔稀酸管堵	4. 停车清洗
		5. 尾部吸收塔有问题	5. 停车检修
		6. 降膜吸收塔或石墨冷却器内漏或水流泵倒水	6. 停车检修
10	废水含酸大	1. 氯气纯度低	1. 与液氯工序联系提高纯度
		2. 注加水量太小	2. 加大注加水量
		3. 注加水喷头坏或堵	3. 停车清洗或更换喷头
		4. 稀酸管堵	4. 停车清洗
		5. 尾部吸收、塔吸收不好	5. 停车检修
		6. 降膜吸收塔吸收不好	6. 停车检修
11	系统压力大	1. 氯、氢流量配比不当	1. 调节好氯气、氢气流量比例
		2. 超负荷生产	2. 降生产负荷,增加炉子
		3. 水流泵有堵	3. 停车洗水流泵
		4. 降膜塔尾气管堵	4. 清洗尾气管
		5. 浓酸下酸胶管或石墨冷却器堵	5. 停车清洗下酸管或石墨冷却器
		6. 浓酸下酸管下酸不畅	6. 清洗下酸管道

第四节　事 故 案 例

盐酸工段氯化氢尾气回收系统爆炸事故剖析

2001 年 6 月 13 日，某化工厂盐酸工段氢化氢尾气系统突然发生爆炸，爆炸声巨响，爆炸造成尾气系统的管道、设备损坏，稀酸罐炸裂，所幸无火灾及人员伤害。

（一）事故经过

2001 年 6 月 13 日零时，某化工厂盐酸工段丁班操作人员，按正常程序交接班后，生产系统正常。当时生产状况是 H_2 总管压力 12kPa，H_2 入合成炉压力 200Pa，火焰燃烧良好，尾气吸收达标，符合工艺操作要求。2 时 50 分全厂突然停电，主操作发现合成炉内火焰突然熄灭，借应急灯光发现 H_2 总管压力急剧下降，便立即采取紧急停车处理，主操作负责关 H_2 调节阀，副操作负责关闭 H_2 总管阀门，即将关闭 H_2 调节阀时，这时照明灯闪了一下，电又送来（为瞬间停电），发现 H_2 总管压力在降至 0 时又升到 8kPa。在关闭 H_2 阀门后，主操作又关闭 Cl_2 阀门，在关闭过程中，听到一声很清脆的响声，接着便是一声沉闷的剧烈爆炸声，主、副操作急往外巡查，发现稀酸罐被炸裂，罐顶被炸开，与其相连的管道被炸碎。

（二）事故现场

盐酸尾气回收系统在四楼操作室北侧，$\Phi300$ 排放管伸至五楼顶部，主要设备有稀酸罐、稀酸泵、降膜吸收器、相连接管道等。稀酸罐为玻璃钢罐，废气排放管为硬质 PVC 管，稀酸泵为耐腐蚀泵，相连接管道为有机玻璃钢管、ABS 管、酚醛塑料管、PVC 管等。爆炸后，所有非金属管道、阀门全部炸碎，稀酸罐炸裂，合成炉、降膜吸收器的石墨防爆膜片被炸成粉状。从粉碎的管道及有关设备看，无着火迹象，据现场操作工反映，爆炸产生剧烈响声。事故发生后，操作人员立即通知有关人员盐酸工段停车，检查其他设备损坏情况，查找事故原因。

（三）事故原因

事故发生后，该厂立即组成事故调查组进入盐酸工段，从生产装置、生产所需原料及各类气体、工艺控制指标、设备情况及结构、操作人员、操作方法等几方面查找事故原因，并进行全面细致调查，逐项排查，查找事故根源。

1. 生产装置调查反馈情况

石墨三合一盐酸合成炉为成熟盐酸生产装置，在国内早已全面推广使用，该装置安全、可靠、节能、耐腐蚀、便于操作，生产的盐酸为无色透明液体（铁合成炉为微黄色液体），质量有很大提高，生产装置没有问题。

2. 生产原料及气体调查

原料为脱盐水，气体为 H_2、Cl_2 两种，H_2 属易燃、易爆气体，Cl_2 为有毒气体且助燃，两种气体燃烧产生氯化氢气体被脱盐水吸收制成盐酸。操作时，调节 H_2、Cl_2 比，不可过氢，也不可过氯，过氢容易发生爆炸，过氯容易造成空气污染，据操作人员反映，当时气体在炉内燃烧正常配比合理，没有异常现象。

3. 工艺控制指标调查

工艺指标是经过科学的论证和生产实践所得，由技术部门下达。经检查，各项工艺控制指标符合安全生产要求，并以技术规程形式现场张贴。

4. 设备情况及结构调查

盐酸为腐蚀品，所需生产设备大部分为耐腐蚀设备，特别是尾气吸收部分，设备、管道为非金属材料，从设备结构、布局、使用情况看，设备结构、布置、使用合理，也便于操作，除几台运转设备外，大部分设备为静止设备。

5. 操作人员调查

该班操作人员都具有盐酸生产 8 年以上的工作经历,受过多次业务培训,成绩优良,实际操作经验丰富,工作责任心也较强。

6. 操作方法及紧急停车处理采取措施调查

以操作工口述实际操作方法和事后自写的紧急停车处理采取措施等方面,调查组认为操作方法正确,处理紧急停车采取措施较得当。调查组经过认真分析、论证,认为要从易燃易爆气体上找原因,特别是操作人员反映 H_2 总管压力从 0 突然升至 8kPa,然后慢慢回落,这一点引起调查组高度重视(原来没有出现过此类情况),一致认为,不但要在盐酸工段找原因,还要在全厂氢气系统找原因,通过艰苦调查,科学论证,反复试验,终于找出事故发生根源。

该厂电解产生的 H_2,除自用外,其余部分送邻近氮肥公司使用(近期才开始输送),管线较长,H_2 输送由氢干燥工序负责,风机输送。当全厂突然停电时,全厂所有机泵全部停止运转,管道内大量 H_2 倒流,干燥工序操作人员又未及时关闭 H_2 输送阀门,造成大量 H_2 经 H_2 管道倒流至盐酸生产系统内(突然停电后盐酸氢气压力降至 0 后又反弹升至表压显示 8kPa),倒流的 H_2 通过盐酸工段氢管道压至合成炉内,与炉内的气体混合,此时合成炉内压力由微正压迅速达到正压状况。当大量过量的 H_2 与炉内氯化氢气体、氯气和废气混合后,经尾气管道聚积到尾气吸收塔和稀酸罐内,又与罐内气体混合,此时罐内、管道、合成炉内混合气体达到爆炸极限。这时稀酸罐内液体量为罐体容量 4/5,罐内气相空间相对狭小。聚积气体在压力作用下首先造成合成炉及尾气吸收塔防爆膜爆裂(第一次响声),同时,爆膜产生的冲击压力又推动管道气体压向稀酸罐,稀酸罐内混合气体在压力作用下,迅速沿着 $\Phi300mm$ 硬质 PVC 管向上排泄,在排泄过程中,混合气体与硬质 PVC 管壁产生摩擦,形成静电火花,引起二次爆炸,造成放空管道及相连接管道炸碎,稀酸罐体炸裂,罐体封头炸开,这是造成爆炸事故的主要原因。

突然停电时，操作工思想准备不足，有犹豫慌乱现象，在紧急停车过程中，关闭 H_2、Cl_2 阀门不及时、不迅速、不彻底，这也是造成事故的原因之一。

（四）防范措施

事故原因查明后，该厂及时召开有关人员会议进行事故通报，本着"四不放过"原则，重点放在防范措施落实和教育上，让职工清楚事故发生的原因，掌握处理事故方法，消除恐惧心理。

① 盐酸尾气系统 $\Phi300mm$ 放空管道由硬质 PVC 管改为酚醛塑料管道（因为聚氯乙烯管道易产生静电），这样就可消除静电确保排空管道无静电产生。

② 在盐酸各类管道处增设消除静电设施，防止其他非金属材料管道产生或积聚静电。

③ 在通往氮肥公司氢气管道处，增设一个止回阀，防止在特殊情况下氢气倒压，要求干燥操作人员只要发生停电、风机跳闸或风机机械故障，都要迅速关闭氢气分配台出口阀。

④ 修复更换损坏设备、管道及防爆膜，达到开车状态，并在防爆膜处设防护网，防止膜片爆炸后伤人。

⑤ 组织盐酸工段全体人员，认真学习《氯碱生产安全操作与事故》一书中介绍的盐酸生产中出现的各类事故，掌握事故处理方法，吸取事故经验教训。

⑥ 开车前组织操作人员进行模拟实际操作，反复实践，在紧急状态下，如何进行紧急停车处理及在复杂情况下，如何确保生产装置、设备安全运行。

⑦ 加强管理，明确大型化生产和小型化生产本质上的区别，要从思想上认识到科学先进的管理理念是提升企业管理水平的有效途径。企业快速发展后，管理人员应站在更高的管理平台，从全局出发，解放思想，消除狭隘思想观念，这样就能适应企业发展需要，确保生产系统、生产装置安全，这是管理之根本。

思 考 题

1. 简述液氯的生产原理。
2. 简述液化岗位的生产操作要点。
3. 简述液化岗位的常见异常现象及原因分析。
4. 简述液氯输送岗位的常见异常现象及原因分析。
5. 简述氯化氢生产原理及工艺流程。
6. 简述氯化氢生产的常见异常现象及处理方法。
7. 简述高纯盐酸的生产原理。
8. 简述盐酸生产的主要设备及各自特点。

第七章 液体烧碱生产

第一节 蒸发目的与流程

　　隔膜法电解槽生产的碱液（阴极液）含 NaOH 10％～12％和 NaCl 16％～18％左右，需要经过蒸发（一般采用三效或四效逆流强制循环蒸发器），用间接蒸汽加热以蒸发水分，于是碱液浓缩并使溶解度较小的氯化钠结晶出来。由盐浆离心机将回收盐分出后，作为盐水重饱和或化盐之用。以地下盐水为原料的氯碱厂，利用回收的固体食盐作为原料。浓缩的碱液经冷却至常温，再滤去析出的细盐晶粒，即为液体烧碱商品。

一、电解液蒸发的目的

　　电解槽出来的电解液中氢氧化钠浓度一般比较低，达不到用户的要求，为了提高电解液中氢氧化钠的浓度，对电解液进行蒸发，一方面可以提高氢氧化钠的浓度，另一方面可降低氢氧化钠中的氯化钠含量。蒸发的生产原理主要是利用蒸汽间接加热电解液，使电解液在有压力或真空的情况下沸腾，将水分汽化，以提高溶液中 NaOH 浓度。由于在溶液浓缩的过程中氢氧化钠浓度不断提高，NaCl 在 NaOH 溶液中的溶解度逐渐降低，大量的 NaCl 结晶出来，经过分离，将 NaCl 和 NaOH 溶液分开，从而降低碱液中 NaCl 的含量。

二、液体烧碱生产流程

1. 并流加料

　　并流加料是工业上最常见的加料模式，图 3-7-1 为并流加料的典型流程。并流加料模式溶液与蒸汽的流动方向相同，均由第一效顺序流至末效。

这种流程的优点是料液可借相邻二效的压强差自动流入后一效，而不需用泵输送，同时由于前一效的沸点比后一效的高，因此当物料进入后一效时，会产生自蒸发，这可多蒸出一部分水汽。这种流程的操作也较简便，工艺条件稳定。

并流法的缺点是随着溶液从前一效逐效流向后面各效，其浓度增高，而温度反而降低，致使溶液的黏度增加，蒸发器的传热系数下降。因此，对于随浓度的增加其黏度变化很大的料液不宜采用并流法。

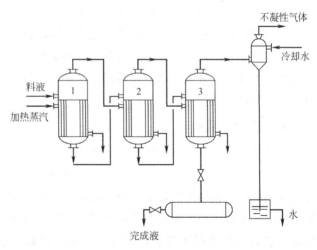

图 3-7-1 并流加料流程

2. 逆流加热

逆流加料法的流程如图 3-7-2 所示，溶液的流向与蒸汽的流向相反，即加热蒸汽由第一效进入，而原料液由末效进入，由第一效排出。

逆流法的优点是随溶液浓度沿着流动方向增高，其温度也随之升高。因此因浓度增高使黏度增大的影响大致与因温度升高使黏度降低的影响相抵，故各效溶液的黏度较为接近，各效的传热系数也

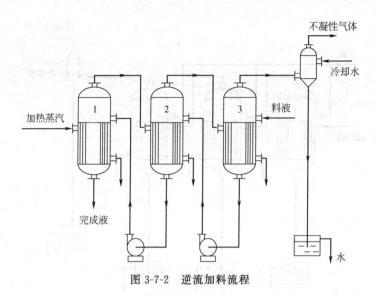

图 3-7-2　逆流加料流程

大致相同。

　　逆流法的缺点是溶液在效间流动是由低压流向高压，由低温流向高温的，必须用泵输送，故能量消耗大。此外，各效（末效除外）均在低于沸点下进料，没有自蒸发，与并流法相比，所产生的二次蒸汽量较少。

　　一般说来，逆流加料法适合于黏度随温度和浓度变化较大的溶液，但不适合于处理热敏性物料。

　　3. 平流加料

　　其特点是蒸汽的走向与并流相同，但原料液和完成液则分别从各效加入和排出。这种流程适用于处理易结晶物料，例如食盐水溶液等的蒸发。

　　平流法系指原料液平行加入各效，完成液亦分别自各效排出，蒸汽的流向仍由第一效流向末效，图 3-7-3 为平流加料的三效蒸发流程。此种流程适合于处理蒸发过程中有结晶析出的溶液。例如某些无机盐溶液的蒸发，由于过程中析出结晶而不便于在效间输送，则宜采用此法。

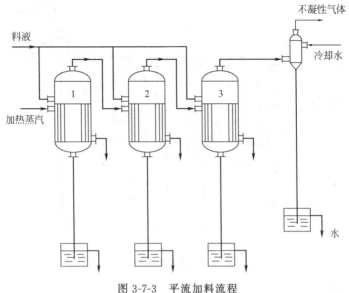

图 3-7-3 平流加料流程

除以上三种基本操作流程而外，工业生产中有时还有一些其他的流程。例如，在一个多效蒸发流程中，加料的方式可既有并流又有逆流，称为错流法。以三效蒸发为例，溶液的流向可以是 3→1→2，亦可以是 2→3→1。此法的目的是利用两者的优点而避免或减轻其缺点。但错流法操作较为复杂。

4. 蒸发过程的分类

（1）常压蒸发、加压蒸发和减压蒸发

按蒸发操作压力的不同，可将蒸发过程分为常压、加压和减压（真空）蒸发。对于大多数无特殊要求的溶液，采用常压、加压或减压操作均可。但对于热敏性料液，例如抗生素溶液、果汁等的蒸发，为了保证产品质量，需要在减压条件下进行。

减压蒸发的优点是：

① 溶液沸点降低，在加热蒸汽温度一定的条件下，蒸发器传热的平均温度差增大，于是传热面积减小；

② 由于溶液沸点降低，可以利用低压蒸汽或废热蒸汽作为加热蒸汽；

③ 溶液沸点低，可防止热敏性物料的变性或分解；

④ 由于温度低，系统的热损失小。但另一方面，由于沸点降低，溶液的黏度大，使蒸发的传热系数减小，同时，减压蒸发时，造成真空需要增加设备和动力。

（2）单效蒸发与多效蒸发

根据二次蒸汽是否用作另一蒸发器的加热蒸汽，可将蒸发过程分为单效蒸发和多效蒸发。若前一效的二次蒸汽直接冷凝而不再利用，称为单效蒸发。若将二次蒸汽引至下一蒸发器作为加热蒸汽，将多个蒸发器串联，使加热蒸汽多次利用的蒸发过程称为多效蒸发。

（3）间歇蒸发与连续蒸发

根据蒸发的过程模式，可将其分为间歇蒸发和连续蒸发。间歇蒸发系指分批进料或出料的蒸发操作。间歇操作的特点是：在整个过程中，蒸发器内溶液的浓度和沸点随时间改变，故间歇蒸发为非稳态操作。通常间歇蒸发适合于小规模多品种的场合，而连续蒸发适合于大规模的生产过程。

5. 蒸发操作的特点

前已述及，蒸发操作是从溶液中分离出部分溶剂，而溶液中所含溶质的数量不变，因此蒸发是一个热量传递过程，其传热速率是蒸发过程的控制因素。蒸发所用的设备属于热交换设备。

但与一般的传热过程比较，蒸发过程又具有其自身的特点，主要表现如下。

（1）溶液沸点升高

被蒸发的料液是含有非挥发性溶质的溶液，由拉乌尔定律可知，在相同的温度下，溶液的蒸气压低于纯溶剂的蒸气压。换言之，在相同压力下，溶液的沸点高于纯溶剂的沸点。因此，当加热蒸汽温度一定，蒸发溶液时的传热温度差要小于蒸发溶剂时的温度差。溶液的浓度越高，这种影响也越显著。在进行蒸发设备的计算时，必须考虑溶液沸点上升的这种影响。

（2）物料的工艺特性

蒸发过程中，溶液的某些性质随着溶液的浓缩而改变。有些物料在浓缩过程中可能结垢、析出结晶或产生泡沫；有些物料是热敏性的，在高温下易变性或分解；有些物料具有较大的腐蚀性或较高的黏度等。因此，在选择蒸发的方法和设备时，必须考虑物料的这些工艺特性。

（3）能量利用与回收

蒸发时需消耗大量的加热蒸汽，而溶液汽化又产生大量的二次蒸汽，如何充分利用二次蒸汽的潜热，提高加热蒸汽的经济程度，也是蒸发器设计中的重要问题。

三、多效蒸发生产流程

单效蒸发时，单位加热蒸汽消耗量大于 1，即每蒸发 1kg 水需消耗不少于 1kg 的加热蒸汽。因之，对于大规模的工业蒸发过程，如果采用单效操作必然消耗大量的加热蒸汽，这在经济上是不合理的。有鉴于此，工业上多采用多效蒸发操作。

在多效蒸发中，各效的操作压力依次降低，相应地各效的加热蒸汽温度及溶液的沸点亦依次降低。因此，只有当提供的新鲜加热蒸汽的压力较高或末效采用真空的条件下，多效蒸发才是可行的。以三效蒸发为例，如果第一效的加热蒸汽为低压蒸汽（如常压），显然末效（第三效）应在真空下操作，才能使各效间都维持一定的压力差及温度差；反之，如果末效在常压下操作，则要求第一效的加热蒸汽有较高的压力。

液体烧碱生产的工艺流程和操作控制指标在很大程度上取决于最终产品的规格。我国目前主要有三种规格的液碱，30%、42%、50%。隔膜法电解出来的液碱浓度为 10%～12%，而离子膜法电解出来的液碱浓度为 30%～35%。

液碱的生产基本采用蒸发的方法，我国氯碱企业主要采用的蒸发流程有双效顺流、三效顺流、三效逆流和三效四体类型。在蒸发过程中隔膜碱与离子膜碱主要不同点是隔膜碱所析出的氯化钠多，得到相同浓度的液碱，隔膜碱所消耗的蒸汽高。下面以隔膜碱为原料，以30%的液碱的生产为例来介绍这几种流程。30%液碱的生产大多采用自然循环蒸发器组成的双效顺流和三效顺流流程。

（一）双效顺流流程

电解碱液贮槽内的电解液由加料泵经预热器输入Ⅰ效蒸发器内进行蒸发，再用过料泵输入Ⅱ效蒸发器内继续蒸发，经蒸发所得到的30%的浓碱，通过浓碱冷却槽，由泵输入冷却器，经循环冷却除盐后，成品碱送入浓碱贮罐，再用泵输送至成品碱贮罐，包装出售。Ⅱ效蒸发器采出的盐浆由采盐泵送入旋液分离器增稠，清碱入Ⅱ效蒸发器或在浓度合格时出料，增稠的盐泥连续排入盐泥高位槽，汇同成品碱沉清冷却，采出的盐泥一起放入滤盐器，经压干洗涤后用热水化成回收盐水送往盐水工序。盐泥中压出的碱液流入母液罐回至Ⅱ效蒸发器，洗水按不同浓度存入洗水贮罐，到达一定浓度后再送回蒸发系统。

在此流程中，锅炉来的蒸汽进入Ⅰ效蒸发器加热室，Ⅰ效的二次蒸汽送至Ⅱ效蒸发器的加热室，Ⅱ效的二次汽经捕沫器除去夹带的碱沫后，在水力喷射器中被水冷却排入下水道，碱沫收集至碱罐返回Ⅱ效。Ⅰ、Ⅱ效的加热蒸汽冷凝水分别送入电解液预热器，预热电解液后，Ⅱ效冷凝水排入热水贮罐用于洗效、化盐，Ⅰ效冷凝水则送回锅炉房。

双效顺流流程工艺和设备简单，对蒸汽压力要求不高，只需表压0.3～0.5MPa。但是热量利用率低，蒸汽消耗高，在生产30%碱时，每吨烧碱的蒸发汽耗约4t。

（二）三效顺流流程

三效顺流流程多用于生产30%液体烧碱，电解液贮槽内的电解液用加料泵送入预热器预热至100℃以上，再加入Ⅰ效蒸发器，Ⅰ效蒸发器出料液用过料泵输入Ⅱ效蒸发器，Ⅱ效蒸发器的出料液经分盐后送入Ⅲ效蒸发器，Ⅲ效蒸发器出来的30％成品碱送入浓碱冷却澄清槽，再由冷却泵送至冷却器循环冷却至40℃以下，澄清后的碱液送浓碱贮槽，由成品碱泵送至包装销售。Ⅱ效蒸发器和Ⅲ效蒸发器采出的盐浆经旋液分离器增稠后集中排入盐泥高位槽，与成品碱澄清冷却采出的盐泥一起输入离心机分离，第一次分离所得的碱液流入母液槽回Ⅱ效蒸发，洗涤液经洗涤液贮槽送入Ⅰ效蒸发，洗涤后碱盐化成回收盐水经盐水池用盐水泵送往盐水工序。

由锅炉来的蒸汽送入Ⅰ效蒸发器加热室，其冷凝水流经二段电解液预热器，预热电解液后送回锅炉。Ⅰ效二次蒸汽通入Ⅱ效加热室，其冷凝水经一段电解液预热器，预热电解液后输入热水槽。Ⅱ效二次汽通入Ⅲ效加热室，其冷凝水直接送至热水槽。热水槽中的热水主要用于洗效或化盐。Ⅲ效的二次汽经捕沫器分离出夹带的碱沫后，由冷凝器用水冷凝后排入下水池，并借此在Ⅲ效内形成真空。

三效顺流工艺不但适用于生产30％碱，也适用于生产其他浓度的碱。但在生产其他浓度的碱时，由于各效的浓度均相应增加、沸点上升，造成有效温差减少、推动力不足，因此，要改善蒸发器的传热状况就必须采用强制循环蒸发。此外从成品碱澄清槽中采出的盐泥含有较多的硫酸钠，必须与其他的盐泥分开处理，应用氯化钡法或冷冻法除去硫酸钠后才能送回化盐工序使用。

三效顺流工艺对蒸汽作了三次利用，仅有Ⅲ效的二次蒸汽被冷凝排放，它仅占总蒸发量的1/3左右，故该工艺的热量浪费少，蒸汽消耗低。在生产30％碱时每吨烧碱的蒸发汽耗仅2.8～3t左右，生产42％碱时的汽耗也只有3.5～3.7t。三效顺流工艺与双效顺流工艺十分相似，操作容易控制，在生产30％碱液时对设备的材质也无特殊要求，只是对蒸汽压力的要求比双效顺流高一些。

（三）三效逆流流程

三效逆流流程可用于生产42％液体烧碱。电解液由进料泵打入Ⅲ效蒸发器，然后料液分别由采盐泵经旋液分离器将料液依次送至Ⅱ、Ⅰ效蒸发器，Ⅰ效出来的浓度为37%左右的碱液再用泵经旋液分离器送入闪蒸罐中，在此经减压闪蒸后，浓度即可达42%，再经澄清槽和螺旋冷却器沉降冷却后，制成符合质量要求的成品碱送包装工序。从Ⅰ效采出的盐浆经旋液分离器增稠后送入闪蒸罐，由闪蒸罐采出的盐浆经旋液分离器增稠后送至盐泥高位槽；从Ⅱ、Ⅲ效采出的盐浆经旋液分离器增稠后送至盐泥高位槽中。这三部分盐泥均用离心机处理后化成盐水，送回盐水工序。在成品碱沉降、冷却中产生的盐泥仍送入盐泥高位槽中，在此槽里，应加入部分电解液，维持盐泥中的氢氧化钠含量在200g/L左右，以便使复盐分解，然后再将化成的高芒盐水送冷冻工序除去芒硝后，再送回盐水工序。

在上述流程中，锅炉来的蒸汽先进入Ⅰ效蒸发器加热室，Ⅰ、Ⅱ效产生的二次气相应进入下一效加热室。Ⅲ效和闪蒸罐所产生的二次汽进入水喷射泵，冷凝成水后排入下水池。各效加热室排出的冷凝水则分别进入各自的冷凝水罐中，Ⅰ、Ⅱ效冷凝水在罐内发生闪蒸，闪蒸产生的蒸汽供下一效使用，闪蒸后的冷凝水再汇入Ⅲ效冷凝水罐，用作洗效、洗盐。

三效逆流流程是一种比较先进的工艺，早在20世纪30年代，西南某厂就引进美国生产装置进行了生产。三效逆流工艺的优点如下。

① 蒸汽与碱液逆流而行，从电解来的电解碱液先进入在真空下操作的第Ⅲ效，电解液的温度与该效的沸点接近，因而无需预热。

② 浓度较高的碱液在温度较高的蒸发器中蒸发，有利于降低碱液的黏度，增加传热系数，提高设备的生产强度。

③ 由于设置了闪蒸罐，只需将物料浓缩到38%左右，经闪蒸即可达到42%的浓碱，从而节省了蒸汽。

三效逆流工艺具有上述优点，蒸发汽耗低，各效传热系数较高。在生产42%碱时，每吨碱的汽耗仅为3.2t左右。

但三效逆流工艺的Ⅰ效蒸发器碱液的浓度和温度都很高，因此对于这一部分设备、管道、阀门要选用耐碱材料，循环泵和采盐泵的密封要求较高，操作和维修不如顺流工艺容易。

第二节　工艺控制与设备

一、液体烧碱生产工艺控制

（一）操作要点

① 严格控制各效蒸发器液面，上液面不高于控制线（一段蒸发器上部视镜见水花，二段蒸发器在中部视镜），下液面不低于下视镜。

② 经常注意各效蒸发器过料情况及管路畅通情况，防止蒸发器过料太空和加料太满，而造成"干罐"或"跑碱"事故发生。

③ 当蒸发器过料不畅或管路堵塞时，应立即利用加料泵电解液的压力打通。

④ 三效蒸发器必须连续旋液分离和严格控制出碱浓度，当浓度过低时，可回罐循环，同时应调节好旋液分离器溢流量的比例，保证分离效果良好。

⑤ 严格控制三效蒸发器出碱浓度，当浓度达到要求时，分别往浓碱槽出料，一般都采取满流。

⑥ 在满流的浓碱液出满时，通知冷却工循环和分析工取样分析碱液浓度，直至浓度符合工艺要求。

⑦ 每小时分析一次三效蒸发器的碱液浓度，使中间碱液浓度达到工艺控制指标要求。

⑧ 随时注意蒸发器加热室压力和二次蒸汽压力，发现异常现象，及时检查原因并处理。

（二）主要工艺控制指标

控制指标	一效蒸发器	二效蒸发器	三效蒸发器
加热蒸汽压力/MPa	＜0.5	＜0.3	＜0.1
二次蒸汽压力/MPa	＜0.3	＜0.1	－0.08～0.086
沸点/℃	约145	约125	约75
NaOH(30％)/(g/L)			240～320
(45％)			340～420
冷凝水带碱/(g/L)	无	无	无

二、不正常现象及处理

液碱生产不正常现象原因及处理方法见表 3-7-1。

表 3-7-1　液碱生产不正常现象原因及处理方法

序号	不正常现象	原　　因	处理方法
1	真空度低	1. 真空系统漏气 2. 蒸发器的加热蒸汽总管断裂或加热室漏 3. 水喷射泵能力低 4. 水喷射泵上水压力低,水量不足 5. 加料跑真空 6. 水喷射泵下水温度过高 7. 返水 8. 蒸发器顶部结盐堵塞 9. 蒸发量突然增大 10. 真空管堵塞,真空表失灵	1. 堵漏洞 2. 洗罐停车补焊 3. 检查或清洗水喷射泵 4. 与调度室联系解决 5. 加强责任心,保持平衡操作 6. 开大水阀 7. 处理好返水 8. 用水冲洗 9. 加强责任心,保持平衡操作 10. 用水冲洗真空管,更换真空表
2	水喷射泵返水	1. 水压太低,水流速度慢 2. 喷射水流聚焦不好 3. 水喷射泵或水腿结垢严重,喷嘴杂物堵塞 4. 喷射水流与喉管不同心 5. 蒸发量突然增大至蒸汽把喷射水流吹歪 6. 三效或二段浓效蒸发器的加热蒸汽总管断裂或加热箱漏 7. 真空系统或管道漏入空气 8. 浓效加料跑真空 9. 水喷射泵震动大,影响水流聚焦	1. 与调度室联系解决 2. 拆开检查 3. 用盐酸清洗水垢清除杂物 4. 拆开检查 5. 稳定蒸发器的蒸发量 6. 停车检修 7. 停车检修 8. 加强操作 9. 停车检修

续表

序号	不正常现象	原　　因	处理方法
3	冷凝水带碱	1. 预热器漏 2. 加热箱或加热蒸汽总管开裂 3. 冷凝水管断裂 4. 一效蒸发器液面过高或捕沫分离系统发生故障 5. 前效蒸发器液面过高或捕沫分离系统发生故障 6. 加热箱漏或加热蒸汽总管裂 7. 冷凝水管断裂	1. 检修或更换预热器 2. 洗罐检修补焊 3. 洗罐检修补焊 4. 加强操作或停车洗罐检查 5. 加强操作或停车洗罐检修 6. 洗罐检修 7. 洗罐检修
4	水喷射泵下水带碱大	1. 三效或浓效蒸发器液面过高 2. 三效或浓效蒸发器分离系统发生故障或回流管堵塞 3. 地面杂水串入 4. 蒸发量突然增大 5. 加热管断裂或加热管漏	1. 加强操作,控制好液面 2. 洗罐停车检修 3. 防止杂水串入取样口 4. 加强操作 5. 洗罐停车检修
5	三效蒸发器排浆不畅	1. 停止排浆的时间过长或蒸发器尖底、管道、阀门被盐块、杂物堵塞 2. 泵出口管道或旋液分离器结垢严重 3. 泵的叶轮损伤 4. 泵漏气	1. 打管和洗罐清洗拆开下人孔和阀门检查 2. 用电解液打管 3. 检修泵 4. 检修泵
6	蒸发效率不高	1. 蒸发器的列管结盐严重 2. 蒸汽压力低 3. 真空度低 4. 蒸发器内碱液含盐太大,影响沸腾蒸发效率低 5. 电解液碱的浓度太低 6. 加热管、冷凝管断裂 7. 操作不当,蒸发器液面过高或过低 8. 阀门不严或错误操作,串入水或电解液 9. 加热室积水 10. 二段强制泵皮带过松,转速太低	1. 洗罐 2. 与调度室联系提高压力 3. 检查真空系统,提高真空度 4. 三效连续排浆和检查旋液分离器分离效果 5. 与电解工序联系,提高电解液浓度 6. 洗罐检修 7. 加强操作,调好蒸发器液面 8. 更换阀门或严格操作 9. 及时排放冷凝水 10. 调节或更换皮带

续表

序号	不正常现象	原　因	处理方法
7	蒸发器冷凝水管断裂	1. 冷凝水带碱 2. 溶液温度偏高 3. 沸腾液面不明显 4. 蒸发效率低，罐内结盐少 5. 真空低且波动大	加热室加水试压，然后补漏
8	蒸发器加热蒸汽总管断裂	1. 冷凝水带碱 2. 溶液沸点高 3. 蒸发效率低 4. 二次蒸汽压力偏高 5. 真空低且波动大 6. 水喷射泵返水	加热室加水试压，然后补漏
9	蒸发器液面沸腾不均匀。	1. 加热室内有冷空气 2. 部分加热管堵塞 3. 蒸汽压力太低或真空度低 4. 加热管漏	1. 排放不凝性气体 2. 洗罐检查 3. 与调度室联系提高汽压或提高真空度 4. 检修补焊
10	自控油阀打不开	1. 油压太低 2. 阀门结盐 3. 油换向阀失灵 4. 阀门的填料函太紧或未压平 5. 油换向阀电源切断	1. 调高油压或修油泵 2. 通电解液清洗盐垢 3. 检修油换向阀 4. 松螺栓，将压盖压平 5. 电工检查

三、液体烧碱生产主要设备

液碱生产的主要设备有蒸发器和循环泵。

（一）蒸发器

蒸发器是碱液蒸发浓缩的主要设备，根据是否循环分为循环型蒸发器与不循环蒸发器，根据沸腾区在加热管内或管外而分为内沸式或外沸式蒸发器，但不管是哪种型式的蒸发器，其主要结构和工作机理是相同的。

1. 蒸发器的基本结构

蒸发器由蒸发室、加热室和循环系统三部分组成。

（1）蒸发室

蒸发器的蒸发室一般都呈圆柱形筒体，它的作用是提供蒸发空间、对蒸发出来的二次汽进行汽液分离。为此，在筒体上部，一般都设有汽液分离装置。蒸发室的直径要根据表面汽化强度来确定，而其又与蒸发能力有关。表面汽化强度一般为（H_2O）1200～1600kg/（$m^2 \cdot h$），二次蒸汽的流速应取小于 5m/s，而气相空间的高度则取决于分离装置的能力，通常气相空间的有效高度一般都在 2.5m 左右，但随着分离装置性能的提高，气相空间的高度相应降低。如引进 Bertrams 公司的降膜蒸发器，由于采用了先进的镍丝网捕集器，设备的分离空间仅有 0.5m。

汽液分离装置的形式很多，这里介绍常用的几种。

① 惯性式分离装置 通过改变二次蒸汽的方向和速度来实现汽液分离的目的。常使用的有折流板式或球形式等，由于其分离效果不好，阻力降也比较大，在新制造的蒸发器中已经不常使用了。惯性式分离装置见图 3-7-4。

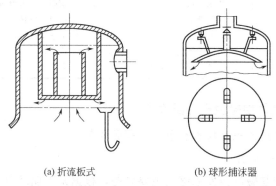

(a) 折流板式   (b) 球形捕沫器

图 3-7-4 惯性式分离器

② 旋流板式分离器 使通过该装置的二次蒸汽获得较高的旋转速度，依靠离心力来进行汽液分离。这种分离器是由旋流板、盲板、托架等组成（图 3-7-5），旋流板的穿孔负荷因子 F_0 常取 8～14，旋流板内径 D_0（即盲板直径）为外径 D 的 1/2。旋流板式分离器结构简单，分离效果好，操作弹性大，适应性强。其阻力降一

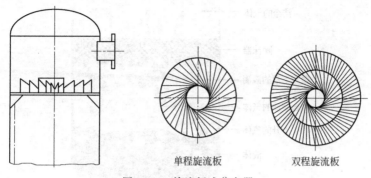

单程旋流板　　　　　双程旋流板

图 3-7-5　旋流板式分离器

般为 2.7～4.0kPa，新的蒸发器大都采用这种分离装置。

③ 表面型分离器　最典型的表面型分离器是丝网分离器，它又可分为盘形网及条形网两种形式。

盘形网是由很细的金属丝（镍或不锈钢）编织成连环状的圆筒形网套，再压平为具有双层折皱形的网带结构。这种丝网具有很大的自由体积，又有很大的比表面积。

条形网是用丝网一层一层地平铺，铺至规定层数，用定距杆与钩使其成为一整块。丝网分离器一般高度选用 100～200mm，其分离效果可达 99％以上。

离子膜碱液不含盐，因此，用于离子膜碱蒸发中不会发生像在隔膜碱蒸发时经常结垢的现象，因此丝网分离器在离子膜碱液蒸发中便得到了广泛的使用，是推荐采用的汽液分离装置。丝网分离器的工作原理如图 3-7-6 所示。

（2）加热室

加热室通常是列管加热器，其作用是把加热蒸汽的潜热（冷凝热）传递给料液，使料液升温、沸腾。一般加热料液在列管中流动，蒸汽则在管间。蒸发器的下部有冷凝水出口，上部有蒸汽进口管及不凝气体出口管。

蒸发器加热室的列管内径，一般在 Φ38～60mm，加热列管的

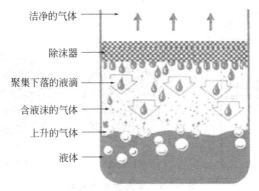

洁净的气体

除沫器

聚集下落的液滴

含液沫的气体

上升的气体

液体

图 3-7-6 丝网分离器

长度与蒸发器型式有关。加热室管板与列管的连接方式有胀接与焊接两种。加热管的材料多采用镍材或者低碳不锈钢（316L 不锈钢），而不与碱液接触的壳体则采用普通碳钢。

（3）循环系统

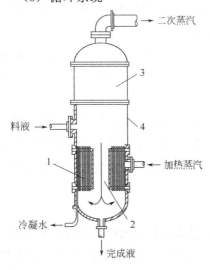

→二次蒸汽

3

料液 →

4

1

← 加热蒸汽

冷凝水 →

2

↓ 完成液

图 3-7-7 中央循环管标准式蒸发器

1—加热室；2—中央循环管；

3—蒸发室；4—外壳

循环系统是指自然循环或者强制循环蒸发器中的循环管和循环泵。蒸发器的循环系统是使需要蒸发浓缩的料液达到要求的循环速度，改善传热状况的重要部件，尤其是循环泵，对提高蒸发器的传热系数具有重要作用。

2. 各种类型的蒸发器及其特性

（1）自然循环型蒸发器

常见的自然循环型蒸发器有：标准式蒸发器、悬筐式蒸发器和外加热式蒸发器。

自然循环式蒸发器传热系数较低、温差小，生产强度不高。

　　① 标准式蒸发器　也称为中央循环管式蒸发器，是一内热式自然循环蒸发器，见图 3-7-7。在通常情况下，中央循环管的截面积应不小于加热管截面积的 35%，一般为 40%～50%。标准式蒸发器具有结构简单、制作方便、投资省等特点。缺点是循环速度低，约为 0.4～0.5m/s，更换和检修加热室较不容易。

　　② 悬筐式蒸发器　是一种内热式自然循环蒸发器，见图 3-7-8，其结构特点是加热室依靠一根从顶部插入的加热蒸汽管悬吊在蒸发器中，因此称悬筐式。悬筐式蒸发器中的液体通过壳体和加热室之间的环形间隙，按其密度差使料液向下流动，形成循环。由于间隙面积通常为加热管总截面积的 1.0～1.5 倍，所以，其循环速度比标准式蒸发器大。此外，由于加热室采用悬吊结构，其检修和更换比较方便，缺点是其结构比较复杂。

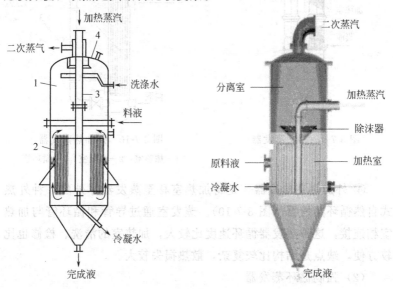

图 3-7-8　悬筐式蒸发器

1—外壳；2—加热蒸汽管；3—除沫器；4—加热室

③ 列文蒸发器　是一种外热室式蒸发器（图 3-7-9），属外热式自然循环蒸发器，它的加热室与循环管都较长，造成重度差大，使液体的循环速度加大，列文蒸发器的循环速度比内热式蒸发器大。

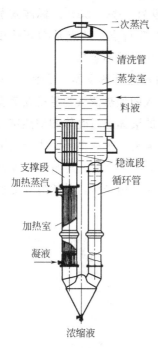

图 3-7-9　列文蒸发器

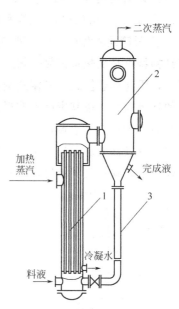

图 3-7-10　外加热蒸发器

1—加热室；2—蒸发室；3—循环管

④ 外加热室蒸发器　是将加热室移至蒸发器体外的一种外热式自然循环蒸发器（图 3-7-10）。蒸发室通过导管和循环管与加热室相连接，这种蒸发器循环速度比较大，加热室的清洗、检修也比较方便，缺点是结构比较复杂，散热损失较大。

（2）强制循环蒸发器

强制循环蒸发器是离子膜碱液蒸发中常被选用的一种蒸发器，通常可分为强制外循环蒸发器与强制内循环蒸发器，其区别在于强制循环泵在蒸发器的主体外还是在体内，前者为强制外循环蒸发器，后者为强制内循环蒸发器。强制循环蒸发器的传热系数高，蒸发能力大，但金属用量较大，增加了循环系统，也增加了设备的泄漏维修点。

① 强制外循环蒸发器如图 3-7-11，主要由四部分组成：即蒸发分离室、加热室、循环管、循环泵。料液进入蒸发器后经循环管由循环泵送至加热室加热，料液（碱液）与加热蒸汽进行热交换，温度升高，至沸腾，然后进入蒸发室中蒸发，并汽液分离，二次蒸汽由顶部出口，蒸发后的碱液由料液出口送出。

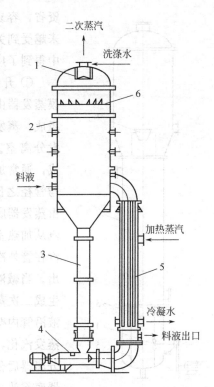

图 3-7-11　强制外循环蒸发器
1—液体捕集器；2—分离器；3—循环管；
4—循环泵；5—加热泵；6—旋流板

② 强制内循环蒸发器

典型的内循环蒸发器如图 3-7-12，由蒸发室、加热室、液体箱三部分组成。轴流泵叶轮安装在液体箱内。内循环蒸发器无循环节和膨胀节，因此结构紧凑，加热室管程为双程，使循环泵的流量比外循环蒸发器少了一半，因而也减少了循环泵的功率。碱液在蒸发器内的循环速度为 $1.8\sim2.5\mathrm{m/s}$。内循环蒸发器的缺点是结构较复杂，安装维护检修较困难。目前国内尚较少使用。

（3）不循环蒸发器

不循环蒸发器常见的有升膜蒸发器、降膜蒸发器、旋转薄膜蒸发器等，不循环蒸发器由于其传热系数高，流程简单，设备少，投

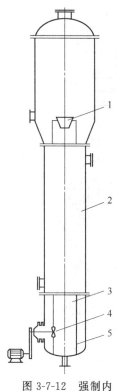

图 3-7-12 强制内
循环蒸发器

1—分布器；2—加热室；

3—上升通道；4—轴流泵；

5—下降通道

资省，容易操作控制等特点，近年来越来越受到关注，尤其在离子膜碱液蒸发中得到了广泛的运用。

① 升膜蒸发器 如图 3-7-13，升膜蒸发器由加热室和蒸发分离室两部分组成。蒸发器下部为加热室，上部为蒸发分离室。加热室由数根垂直长管组成，通常加热管径为 25～50mm，管长与管径之比为 100～150。碱液预热后由蒸发器底部进入加热室管内，加热蒸汽从加热室的上部进入走管间，加热蒸汽在管外冷凝，冷凝水从加热室下部排出。当碱液在加热室受热后沸腾汽化，生成二次蒸汽在管内高速上升，带动料液沿管内壁成膜状向上流动，并不断地蒸发汽化，加速流动，气液混合物进入分离器后分离，浓缩后的完成液由分离器底部放出。通常情况下，加热室的加热管的材质必须选用镍材，蒸发室宜采用钢内衬镍或镍复合板。升膜蒸发器具有传热系数高、结构紧凑等特点，在国内得到了广泛的运用。

② 降膜蒸发器 降膜蒸发器分为加热室与蒸发室两部分，加热室在上部、蒸发室在下部，如图 3-7-14所示。碱液从上部进入管内在膜状下降过程中与管壁外的蒸汽进行热交换，由于降膜层很薄，再加上气体的湍流作用，传热效果极佳，到达加热室下部的液体已呈沸腾状态，在蒸发室中蒸发并进行汽液分离，浓碱从底部排出，二次汽经高效丝网捕集器分离后排出，蒸汽冷凝液则从加热室底部排出。

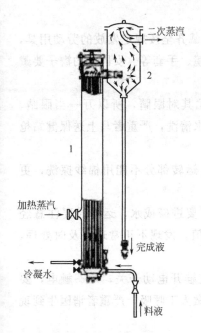

图 3-7-13　升膜蒸发器

1—加热室；2—分离室

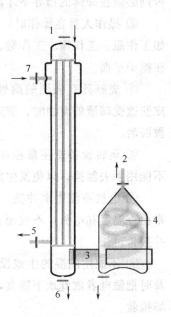

图 3-7-14　降膜蒸发器

1—原料；2—二次蒸汽；3—通
道；4—分离室；5—冷凝液；
6—成品；7—加热蒸汽

　　降膜蒸发器在国外离子膜碱液蒸发中运用相当普遍，国内只有引用装置使用，主要原因是丝网捕集器不能满足要求以及降膜管的壁厚较厚不能适合高效传热的需要。

　　降膜蒸发器具有传热系数高、蒸发强度大、设备紧凑、容易操作控制等特点，是值得推荐的一种高效蒸发器。

第三节　安全与环保

（一）安全操作要点

① 操作人员必须掌握本岗位的操作技术后，才能独立操作，

否则必须在师傅的指导下才能操作。

② 操作人员在操作时，必须穿戴齐全按规定发放的劳动用具，如工作服、工作帽、工作鞋、防护镜、手套等。女同志的辫子要戴在帽子里面。

③ 烧碱具有强烈的腐蚀性，尤其对眼睛，所以万一当眼睛、皮肤遭受碱液的腐蚀时，应迅速用水清洗，严重者马上送保健站抢救医治。

④ 运转设备要注意经常加油，运转部分不能用棉纱擦洗，更不能用手去触摸，以免发生危险。

⑤ 电机不能用水冲洗，注意不要进碱或水，运转时要注意经常检查温度和电流，不宜超过额定值，发现不正常现象及时处理，并报告班长。

⑥ 不能用潮湿的手或没有穿胶鞋开电动开关，万一触电，要及时把触电者放到地下躺直，然后做人工呼吸，严重者请医生到现场抢救。

⑦ 受压设备，如加热室、蒸发器及二次蒸汽管道大修后，要进行试压验收。

⑧ 检修人员在检修设备时，该设备必须停止运行和打好盲板以隔断操作管线，同时必须穿戴好防护用品，将容器和管道洗干净，且把存水、存碱、存气排空，切断电源，挂好检修牌，方可进行检修。

（二）蒸发岗位生产操作与安全环保

碱蒸发、精制工序的电解液、碱液在该系统中系高温苛性物料，应当充分注意对其物料防护措施的检查，防止烫伤、烧伤。

浓的氢氧化钠溶液溅到皮肤上，会腐蚀表皮，造成烧伤。它对蛋白质有溶解作用，有强烈刺激性和腐蚀性。粉尘刺激眼和呼吸道，溅到皮肤上，尤其是溅到黏膜，可产生软痂，并能渗入深层组织，灼伤后留有瘢痕；溅入眼内，不仅损伤角膜，而且可使眼睛深部组织损伤，严重者可致失明；误服可造成消化道灼伤，绞痛、黏膜糜烂、呕吐血性胃内容物、血性腹泻，有时发生声哑、吞咽困难、休克、消化道穿孔，后期可发生胃肠道狭窄。由于强碱性，对水体可造成污染，对植物和水生生物应予以注意。

大量接触烧碱时应佩带防护用具，工作服或工作帽应用棉布或适当的合成材料制作。操作人员工作时必须穿戴工作服、口罩、防护眼镜、橡皮手套、橡皮围裙、长筒胶靴等劳保用品，应涂以中性和疏水软膏于皮肤上。接触片状或粒状烧碱时，工作场所应有通风装置，室内空气中最大允许浓度为 $0.5mg/m^3$（以 NaOH 计）。可能接触其粉尘时，必须佩戴头罩型电动送风过滤式防尘呼吸器。必要时，佩戴空气呼吸器。操作人员必须经过专门培训，严格遵守操作规程。建议操作人员佩戴头罩型电动送风过滤式防尘呼吸器，穿橡胶耐酸碱服，戴橡胶耐酸碱手套。远离易燃、可燃物，避免产生粉尘，避免与酸类接触。搬运时要轻装轻卸，防止包装及容器损坏，配备泄漏应急处理设备。倒空的容器可能残留有害物，稀释或制备溶液时，应把碱加入水中，避免沸腾和飞溅。处理泄漏物须穿戴防护眼镜与手套，将泄漏物慢慢倒至大量水中，地面用水冲洗，经稀释的污水放入废水系统。碱液触及皮肤，可用 5％～10％的硫酸镁溶液清洗；如溅入眼睛里，应立即用大量硼酸水溶液清洗；少量误食时立即用食醋、3％～5％醋酸或 5％稀盐酸、大量橘汁或柠檬汁等中和，给饮蛋清、牛奶或植物油并迅速就医，禁忌催吐和洗胃。固体氢氧化钠可装入 0.5mm 厚的钢桶中严封，每桶净重不超过 100kg；塑料袋或二层牛皮纸袋外全开口或中开口钢桶；螺纹口玻璃瓶、铁盖压口玻璃瓶、塑料瓶或金属桶（罐）外普通木箱；螺纹口玻璃瓶、塑料瓶或镀锡薄钢板桶（罐）外满底板花格箱、纤维板箱或胶合板箱；镀锡薄钢板桶（罐）、金属桶（罐）、塑料瓶或金属软管外瓦楞纸箱。包装容器要完整、密封，应有明显的"腐蚀性物品"标志。铁路运输时，钢桶包装的可用敞车运输。起运时包装要完整，装载应稳妥。运输过程中要确保容器不泄漏、不倒塌、不坠落、不损坏，防潮防雨。如发现包装容器发生锈蚀、破裂、孔洞、溶化淌水等现象时，应立即更换包装或及早发货使用，容器破损可用锡焊修补。严禁与易燃物或可燃物、酸类、食用化学品等混装混运。运输时运输车辆应配备泄漏应急处理设备。不得与易燃物和酸类共贮混运。失火时，可用水、砂土和各种灭火器扑救，但消防人员应注意水中溶入烧碱后的腐蚀性。

（三）NaOH 应急处理处置方法

1. 泄漏应急处理

隔离泄漏污染区，周围设警告标志，建议应急处理人员戴好防毒面具，穿化学防护服。不要直接接触泄漏物，用清洁的铲子收集于干燥洁净有盖的容器中，以少量 NaOH 加入大量水中，调节至中性，再放入废水系统。也可以用大量水冲洗，经稀释的洗水放入废水系统。如大量泄漏，收集回收或无害处理后废弃。

2. 防护措施

呼吸系统防护：必要时佩带防毒口罩。

眼睛防护：戴化学安全防护眼镜。

防护服：穿工作服（防腐材料制作）。

手防护：戴橡皮手套。

其他：工作后，淋浴更衣。注意个人清洁卫生。

3. 急救措施

皮肤接触：不能立即用水冲洗，应先用抹布擦干，再用大量水冲洗。若有灼伤，就医治疗。

眼睛接触：立即提起眼睑，用流动清水或生理盐水冲洗至少15min，或用 3% 硼酸溶液冲洗，就医。

吸入：迅速脱离现场至空气新鲜处，必要时进行人工呼吸，就医。

食入：患者清醒时立即漱口，口服稀释的醋或柠檬汁，就医。

灭火方法：雾状水、砂土。

第四节　生产案例

一、离子膜法制烧碱生产工艺

（一）离子膜法碱液蒸发的特点

1. 流程简单，设备简化，易于操作

由于离子膜碱液仅含有极微量的盐，因此在其整个蒸发浓缩过程中，即使是生产 99% 的固碱，也无须除盐。这就是极大地简化了流程设备，生产隔膜碱蒸发必须有的除盐设备及工艺过程都被取消（如旋液分离器、盐沉降槽、分离机、回收母液贮罐等），而且由于在蒸发过程中没有盐的析出，也就很难发生管道阻塞、系统打水问题，使操作容易进行。

2. 浓度高，蒸发水量少，蒸汽消耗低

离子膜法碱液的浓度高，一般在 30%～33%，比隔膜法碱液的 10%～12% 要高得多，因而大量减少了浓缩所用的蒸汽。以 32% 的碱液为例，如果产品的浓度为 50%，则每吨 50% 的成品碱需蒸出水量为 1.1t。而隔膜法电解碱液若同样浓缩到 50%，则一般要蒸出 6.5t 的水量（隔膜碱液浓度按 10.5% 计）。也就是说，同样浓缩到 50%，离子膜碱液蒸发比隔膜碱液蒸发少蒸出约 5.4t 水。由于蒸发水量的减少，蒸汽消耗就大幅度下降。以双效流程为例，一般仅耗汽 0.73～0.78t/t（100% 碱），另外蒸汽的空间也相应地减少，使设备的投资也相应地降低。

（二）影响碱液蒸发的因素

1. 生蒸汽压力

蒸汽是碱液蒸发中的主要热源，生蒸汽（或称一次蒸汽）的压力高低对蒸发能力有很大的影响。通常较高的一次蒸汽压力，使系统获得较大的温差，单位时间所传递的热量也相应地增加，因而也使装备具有较大的生产能力。当然，蒸汽压力也不能过高，因为过

高的蒸汽压力容易使加热管内碱液温度上升过高，造成液体的沸腾，形成汽膜，降低了传热系数，反而使装备能力受到影响。同样，蒸汽压力偏低，经过加热器的碱液不能达到需要的温度，减少了单位时间内的蒸发量，使蒸发强度降低。

因此，选择适宜的蒸汽压力是保证蒸发强度的重要因素。另外，保持蒸汽的饱和度也是至关重要的。因为，饱和蒸汽冷凝潜热是其可提供的最大热量；再则，保持蒸汽压力的稳定也是保持操作的主要因素之一，因为，加热蒸汽压力的波动，就会使蒸发过程很不稳定，从而直接影响了进出口物料的浓度、温度，甚至影响液面、真空度、产品质量等。

2. 蒸发器的液位控制

在循环蒸发器的蒸发过程中，维持恒定的蒸发器液位是稳定操作的必要条件。因为液位高度的变化，会造成静压头的变化，使蒸发过程变的极不稳定，液位高度低，蒸发及闪蒸剧烈，夹带严重，使大气冷凝器下水带碱，甚至跑碱；液位过高，会使蒸发量减小，进加热室的料液温度增高，降低了传热有效温差，另外也降低了循环速度，最终导致蒸发能力下降。因此，稳定液位是提高循环蒸发器蒸发能力，降低碱损失，降低汽耗的重要环节。

3. 真空度

真空度是蒸发过程中生产控制的一个重要的控制指标，它是在现有装置中挖掘提高蒸发能力的重要途径，也是降低汽耗的重要途径。因为真空度的提高，将使二次蒸汽的饱和温度降低，从而提高了有效温度差，除外，也降低了蒸汽冷凝水的温度，因而也就更充分地利用了热源，使蒸汽消耗降低。

真空度的高低与大气冷凝器的下水温度有关（该温度下的饱和蒸气压），也与二次蒸汽中的不凝气含量有关。所以，提高真空度的途径之一是降低大气冷凝器下水温度，即降低其饱和蒸气压，但水温过低，耗水量过大，会造成成本升高。一般控制水温在 28～40℃。提高真空度的另一途径就是最大限度的排除不凝气体。通常的办法是：a. 采用机械真空泵；b. 采用蒸汽喷射泵；c. 采用水喷射泵。这三种办法中以 a、b 较佳，方法 c 因为受水压力的影响，很难获得较高的真空度。

采用蒸汽喷射泵排除不凝气体，这种方法在国外的蒸发流程中被广泛地运用，真空度一般可达到 90.7～96.0kPa。水喷射大气冷凝器在国内蒸发流程中被广泛地使用，其真空度仅在 80.0～88.0kPa。

4. 电解碱液浓度与温度

由于离子膜电解碱液的浓度较高，所以对其浓缩蒸发非常有利，其汽耗远比隔膜法低。我国从国外各公司引进的离子膜装置的电解碱液浓度略有差异，在 30%～35% 之间。但实际上除日本旭化成等少数公司外，大部分公司离子膜电解碱液都控制在 32%～33% 之间。

另外，尽管电解槽流出碱液温度都在 85～90℃，但许多工厂由于电解工序与蒸发工序不在一起，中间常常设有中间贮罐，这样使实际进入蒸发器的碱液温度下降，从而增加了能源消耗。

5. 蒸发完成液浓度

按照市场要求的商品规格，严格控制蒸发的完成液浓度，是在保证产品质量指标的前提下，减少蒸汽消耗的手段之一，同时也可以适当地降低高浓碱对设备的腐蚀。通常，国内的产品为 42%、45% 和 50% 三种。

6. 蒸发器的效数

如前所述，蒸发器的效数是决定蒸汽消耗量的最要因素之一。采用多效蒸发是降低蒸发蒸汽消耗的重要途径，但是它受到设备投资的约束。在离子膜电解碱液蒸发中，目前经常采用的是双效流程。但是，随着能源价格的不断上涨，将会有愈来愈多的企业选择三效蒸发的工艺流程。

7. 蒸汽分离器

气液分离器也称疏水器，是蒸发过程的一种辅助设备，往往被人忽视，但其性能的好坏，即对蒸发汽耗产生相当大的影响。在蒸发过程中，大量蒸汽在加热器内冷凝，需要及时排除，否则，不但阻碍传热，而且还会造成水锤，影响安全生产。而使凝水能顺利排除，又不带走蒸汽的设备就是气液分离器。气液分离器性能的好坏，不仅仅影响蒸发器能力的发挥和正常使用，也直接与蒸汽消耗的高低有关，因为气液分离器分离不好，跑气、漏气现象经常发生，造成大量蒸汽的流失，使汽耗升高，相反，气液分离很好，但凝水排放不畅，将直接影响蒸发能力和安全。所以设计选用合适的气液分离器是不容忽视的问题，目前，常用的气液分离器型式有：偏心热动式、浮子杆式、液面自控式三种，用于蒸发装置中一般用后两种。本设计选用液面自控式。

二、氯碱企业生产技术管理

（一）氯碱企业生产技术管理的主要任务

氯碱工业在国民经济中占有重要地位，10kt/a 氯碱生产装置可带动创造（6～10）亿元的工业产值。但氯碱工业属于化学工业，氯碱生产中不仅介质易燃、易爆、有毒、腐蚀性强，生产在高温、高压的条件下进行，而且消耗大量能源，易造成环境污染，因此，氯碱企业必须抓好生产技术管理工作。要抓好生产技术管理工作，就必须明确其主要任务和具体的工作内容。

① 给各级人员提供生产操作的技术依据和各产品的生产要求，提前组织编写、审核、修订各装置的工艺技术规程、岗位操作法、工艺卡片及开停车方案。

② 重视生产岗位原始资料的管理，严格岗位操作记录和交接班日志的管理，确保原始资料齐全、准确，并建立技术档案。

③ 根据生产运行中的物耗、能耗情况，认真搞好工艺技术分析，测定能耗、物耗，做好能耗、物耗的管理。

④ 广泛收集和对比国内外技术进展的情报资料，开展企业内外的技术交流工作，认真学习和研究国内外先进的工艺技术和管理经验，并结合企业的实际情况，逐步采用更先进的工艺技术和现代

化管理方法，不断提高工艺技术管理水平。

（二）工艺技术规程管理

工艺技术规程是各级生产指挥人员、技术人员和操作人员在生产中共同遵守的技术依据，是生产技术管理的重要内容和各项工艺文件的核心。工艺技术规程是用文字、表格和图示等对产品、原料、工艺过程、设备、工艺指标、安全技术要求等进行具体的说明，是一个综合性的技术文件，对企业具有法规作用。对每种产品的生产都应当制定相应的工艺技术规程，否则生产就很难平稳、安全地进行。

编写或修订工艺技术规程的依据是工艺设计、试车方案、试生产总结和国内外的先进生产经验。编写工艺技术规程最好按生产装置（或相当于生产装置的独立工序）进行，比较简单的辅助工序的工艺技术规程可以车间为单元进行编写。

工艺技术规程应包括如下主要内容。

（1）装置（工序）概述

其中包括：a. 产品说明，产品的化学名称、英文名称、分子式、结构式、性质、用途及产品质量标准等；b. 原材料规格，原材料及半成品的质量标准和理化性能；c. 设计条件，生产基本原理及化学方程式、工艺概况等；d. 消耗定额，原材料、能源的消耗定额。

（2）工艺流程图及简要说明

（3）操作条件一览表，即操作控制指标一览表

（4）设备一览表（包括工艺、机动设备、仪表、安全阀及其他）及主要设备简图

（5）装置开停车步骤及注意事项

（6）事故处理方法及装置安全规程

另外，随着生产技术的不断进步和生产设备的更新换代，应及时修改工艺技术规程，原则上 3～5 年进行 1 次大范围的修订。技术改造通过考核后应及时修改相应部分的工艺技术规程，新装置建

成投产时应根据设计资料及参考国内外已有的操作规程，编写开车方案及试行工艺技术规程，在新装置运行 1 年后编写出正式的工艺技术规程。

（三）岗位操作法管理

岗位操作法是确保岗位生产正常的基本法则，它是根据目的产品的生产工艺，工艺设计的给定条件，批准生效的工艺技术规程，工艺控制指标，岗位机械设备、电气、仪表等的特点和实际生产经验编写而成的各生产岗位的操作方法和要求。其内容包括：本岗位的基本任务，工艺过程概述（包括原材料规格和产品质量指标），所有设备、管道及仪表的操作程序（包括正常开停车、开车准备、正常生产、事故停车），操作条件，生产控制指标，仪表控制方案和使用规程，事故隐患与原因，不正常情况的处理，设备维护保养，巡回检查，交接班制度和安全守则。操作人员必须严格按照岗位操作法进行操作，确保安全、正常地完成生产任务。

岗位操作法的修订应与工艺技术规程的修订同步进行。修订岗位操作法前必须正式下达"岗位操作法修订通知单"，不允许无章或违章操作。老装置技术改造后，投产前应在修订工艺技术规程的同时修订岗位操作法。新装置建成投产前，必须在编写试行工艺技术规程的同时，编写试行岗位操作法。在任何情况下，无岗位操作法不得开工生产。新装置运行 1 年后，在编写正式的工艺技术规程的同时，编写正式的岗位操作法。

（四）交接班管理

氯碱生产的连续性比较强，且一般为倒班生产，事故往往发生在交接班期间，所以严格交接班管理也是氯碱企业生产技术管理中的一个重要环节。交接班制度是化工连续性生产岗位上下班之间交接管理的基本工艺管理制度。交接班制度对生产的连续、平稳、安全运行起着有效的保证作用。

交接班必须严肃认真、对口交接，岗位人员须对口询问与交代有关工作。在交接中要做到"五交"、"五不接"：交设备、交指标、交记录、交问题、交卫生；设备运行状况不明不接、操作情况交代不清不接、操作记录不全不接、存在问题原因不明不接、卫生情况不好不接。

交接班要做到接班者提前到岗，穿戴好劳保用品后，对职责范围内的工艺、设备的运行状况与安全状况进行巡检，了解后参加对口交接班；交班者要认真、仔细填写本岗位的交接班内容，做到内容齐全、真实准确、干净整洁。交接班人员要对原始记录报表中的装置和设备的运行状况、电器设备及仪表情况、工艺操作情况（如温度、压力、流量等）、本班生产任务的完成情况、上班遗留问题的解决情况、本班遗留的需要下一班解决的问题及其处理意见等内容逐一确认。交接过程中出现争议的问题，原则上要向各自的班长汇报，不能处理的及时向上级有关领导汇报。若在交班时出现异常情况或事故，应以交班者为主共同处理。班长及其他操作人员现场确认完毕，经双方核对确认符合交接条件后，在交接记录上签字，后面的工作由接班者负责。

另外，如接班者迟到或因其他原因没有按时到岗，交班者应坚守岗位，并向上级汇报，在上级未做出处理意见之前，不得擅自离岗。

（五）巡回检查管理

氯碱生产工艺流程复杂，存在很多不安全因素。巡回检查制度是指操作人员与设备管理人员在规定的时间按照规定的路线对设备运行状况进行检查和监控的基本管理制度，是及时发现设备异常、排除设备隐患、防止设备事故、确保装置安全经济运行的重要手段和保证。贯彻"维护为主，检修为辅"的设备管理原则，严格巡回检查，及时排除设备故障，不断提高设备管理水平，可更好地保证设备长周期运行。

巡回检查应做到：巡检人员按照规范的要求穿戴防护用品，并带上必要的巡检工具，按工段或岗位规定的巡回检查路线和内容进行巡检，以防遗漏；巡检应在规定时间间隔内进行，如发现异常应立即汇报，并增加巡回检查次数；对生产装置的重要部位进行全面检查，并认真做好检查记录；发现异常时，要认真查找原因并及时处理；若发现严重缺陷（对设备及人身安全有危险或可能导致事故发生）时，及时报告相关人员，并迅速组织人员进行处理，仔细填写处理记录。

巡检方法提倡按"五字操作法"进行，即"听"、"闻"、"摸"、"看"、"比"。

听：动设备机体有无异常震动，轴承有无杂音，机体各部运行情况是否正常。要求运行平稳，不震动。静设备有无异常声音。

闻：周围环境有无异常气味。

摸：检查动设备时，用手小心地触摸，感觉轴承温度、机体温度、润滑油温度、冷却水温度是否正常。要求不烫手，不超温，震动不超标。检查静设备时，感觉其表面温度是否正常。

看：检查动设备时，观察压力、转速、震动、轴位移、电流、油位、温度是否在规定范围内；润滑油、冷却水是否畅通；各仪表运行情况及参数变化情况；设备、管线有无泄漏。要求不超温，不超压，润滑油、冷却水畅通，无跑、冒、滴、漏。检查静设备时，检查压力、温度、流量、液面、界面是否在规定范围内，仪表运行情况及参数变化情况；管线、设备泄漏情况；支撑、基础、悬挂等有无安全隐患。

比：在进行"听"、"看"、"闻"、"摸"时，要求与上一时间段进行比较，及时发现运行变化情况，及时发现问题。

（六）操作记录管理

岗位操作记录是生产技术管理的原始资料，是抓好生产运行总结与分析和加强生产技术管理的重要依据。

岗位操作记录的内容应能满足生产工艺技术管理的要求，包括生产过程中的控制和数量、质量等工艺参数，生产中发生的不正常现象及处理过程，主要设备的开停车等。岗位操作记录必须如实、完整、准确、清晰和及时，项目内容应按生产特点和要求填写，做到简明易懂、直观、便于掌握、易于执行。

另外，岗位操作记录应由专业技术人员每天进行收集，并按工序加以整理、统计、分析、汇总。原始记录原则上保存 3 年，重要的原始记录及台账需长期保存。

(七) 生产工艺技术管理台账

要切实抓好生产工艺技术管理，真实反映生产的客观实际，便于分析生产情况和预测不正常情况，建立规范的生产工艺技术管理台账是十分必要的。生产工艺技术管理台账的内容一般应包括：各产品主要工艺控制参数；各项技术经济指标完成情况；各主要产品的产量、质量；各产品主要原料、燃料、动力及能源消耗情况；重要生产变化、调整及重大操作事故情况等。

另外，企业生产技术管理部门应及时对生产工艺技术管理台账进行分析与总结。当生产中出现工艺参数超出工艺指标，因操作原因发生事故，正常生产条件下产品或中间产品的产量、质量、消耗等突然变化，经调整仍然得不到扭转等问题或存在薄弱环节时，还应当深入基层进行现场处理，提出整改措施，不断提高生产装置运行的安全性和经济性。

(八) 消耗定额管理

消耗定额是生产技术管理的重要内容，是计划管理和经济核算的基础。生产过程中的原材料、辅助材料、燃料、水、电、汽等的消耗均属于消耗定额管理范围，必须加强控制与管理。制定消耗定额应保证其先进性和可考核性，编写依据一般是本年度及历史的平均先进水平。要建立消耗定额的各种台账，加强统计核算分析，及时找出消耗升降的原因，并积极地采取措施，及时总结推广先进经验。

(九) 节能管理

电是氯碱生产的重要原料之一。降低能源消耗、实现物质循环综合利用是氯碱工业发展的重要课题，也是可持续发展的必然要求。节约能源和合理使用能源也是我国的一项长期的战略方针。消耗最少的原料和能源，生产出更多的高质量产品，是企业生产经营管理的根本原则。国务院也多次发出了加大结构调整力度、推动技术进步、加强节能降耗管理、推进循环经济发展、强化污染防治、健全法规和标准、完善配套政策、强化节能宣传等节能减排的号召。加强节约能源管理，依靠技术进步，不断降低产品成本中能源消耗所占的比例，这是生产技术管理的一项主要任务。

① 抓好节能的基础工作　其主要内容一般包括：节能教育、能源计量、能耗定额、节能计划与统计、热力性质的检测和能耗监测、能量平衡与测试、设备经济运行和效率、节能措施与合理化建议、节能技术分析、节能标准化、节能信息、节能责任制、节能奖惩、节能目标和全员节能管理等。

② 建立健全节能管理体系，编制节能计划与节能措施，制定科学的节能目标及节能技术进步的重点与方向，将节能目标逐级分解，并与经济责任制考核相结合，推动节能目标的实现。

③ 采用节能新技术、新工艺、新设备、新材料，有计划地开展对现有工艺和设备的节能技术改造，不断提高能源利用效率。

④ 加速用能技术的优化。重点是开发和应用过程能量综合技术，开发和应用原料、生产方案及生产操作的优化控制技术，应用工艺过程模拟软件及先进控制系统，减少生产过程和储存过程中的损失。开展能源逐级利用和多次利用工作，充分利用燃料的化学能、压力能等。

⑤ 减少排弃造成的能量损失。排弃的能量包括冷却空气、冷却水、烟气等的显热，设备、管网散热和放空损失。要进一步开发和完善能量回收利用技术，在低温余热回收利用方面积极采用先进技术。

我国经济体制改革的不断深入和科学技术的飞速发展，给生产技术管理工作提出了更高的要求。从事氯碱生产技术管理的工作者，除与时俱进、加倍努力外，还要积极支持和参与企业的产品质量管理、科技研发管理、技术改造管理等，唯有这样，生产技术管理才能不断地创新和进步。

思 考 题

1. 碱液蒸发的目的是什么？
2. 多效蒸发的优势有哪些？
3. 如何合理选择蒸发设备？
4. 液碱生产有哪些安全注意事项？
5. 采用真空蒸发有何优点？
6. 液碱生产有哪些节能措施？

参 考 文 献

[1] 周莉菊，冯家满，赵由才．浅谈氯碱装置区域布局及盐泥的处理方法．氯碱工业，2006，(6)：3-6.

[2] 李风格．氯气干燥工艺流程选择．氯碱工业，2008，44 (12)：17-20.

[3] 周本省．工业水处理技术（第二版）．北京：化学工业出版社，2003.

[4] 祁鲁梁，李永存，李本高．水处理工艺与运行管理使用手册．北京：中国石化出版社，2002.

[5] 郑广俭，张志华．无机化工生产技术．北京：化学工业出版社，2010.

[6] 文建光．纯碱与烧碱．北京：化学工业出版社，2001.

[7] 程殿彬，陈伯森，施孝奎等．离子膜法制碱生产技术．北京：化学工业出版社，1998.

[8] 张志宇，段林峰．化工腐蚀与防护．北京：化学工业出版社，2005.

[9] 许淳淳等．化学工业中的腐蚀与防护．北京：化学工业出版社，2001.

[10] 李相彪．氯碱生产技术．北京：化学工业出版社，2011.

[11] 张麦秋，李平辉．化工生产安全技术．北京：化学工业出版社，2009.

[12] 曾之平，王扶明．化工工艺学．北京：化学工业出版社，2008.

[13] 谭世语，薛荣舒．化工工艺学．重庆：重庆大学出版社，2010.

[14] 古国榜，李朴．无机化学．北京：化学工业出版社，2010.

[15] 陈匡民主编．过程装备腐蚀与控制．北京：化学工业出版社，2005.

[16] 冷士良，陆清，宋志轩．化工单元操作及设备．北京：化学工业出版社，2007.